牛羊常见病诊治实用技术

视频升级版

王凤英 陶庆树 张 鲲 李升阳
马 健 孙景涛 顾红昌 编著

本书由山东农业工程学院具有30多年临床诊疗和教学经验的教授与服务于畜牧兽医一线的多名专家合作编写而成。全书共分为10章，介绍了牛羊病常用诊断技术、治疗技术，牛羊常发病临床症状鉴别诊断，牛羊常发的传染病、寄生虫病、内科病、外科病、产科病、营养代谢病、中毒病，对每种病不但阐明了临床诊断要点、主要防治措施，而且提供了典型病例和部分知识点的视频资料，设有“提示”“注意”等小栏目，不仅注重实用性、指导性和可操作性，同时注重语言通俗、规范、准确，突出了知识的新颖性。

本书特别适合规模化牛羊饲养场技术人员、牛羊饲养专业户、基层兽医人员使用，以学习与提高诊疗技术，也可作为基层临床兽医培训教材和兽医临床工具书，还可作为畜牧兽医及相关专业学生的辅导教材。

图书在版编目（CIP）数据

牛羊常见病诊治实用技术：视频升级版/王凤英等编著. —2版. —北京：机械工业出版社，2018.6

（高效养殖致富直通车）

ISBN 978-7-111-59432-1

Ⅰ.①牛… Ⅱ.①王… Ⅲ.①牛病-诊疗②羊病-诊疗 Ⅳ.①S858.23②S858.26

中国版本图书馆CIP数据核字（2018）第050799号

机械工业出版社（北京市百万庄大街22号 邮政编码100037）
总 策 划：李俊玲 张敬柱
策划编辑：高 伟 责任编辑：高 伟 周晓伟
责任校对：王 欣 责任印制：孙 炜
保定市中画美凯印刷有限公司印刷
2018年6月第2版第1次印刷
147mm×210mm · 8.5印张 · 4插页 · 270千字
0001—8000册
标准书号：ISBN 978-7-111-59432-1
定价：39.80元

凡购本书，如有缺页、倒页、脱页，由本社发行部调换

电话服务	网络服务
服务咨询热线：010-88361066	机 工 官 网：www.cmpbook.com
读者购书热线：010-68326294	机 工 官 博：weibo.com/cmp1952
010-88379203	金 书 网：www.golden-book.com
封面无防伪标均为盗版	教育服务网：www.cmpedu.com

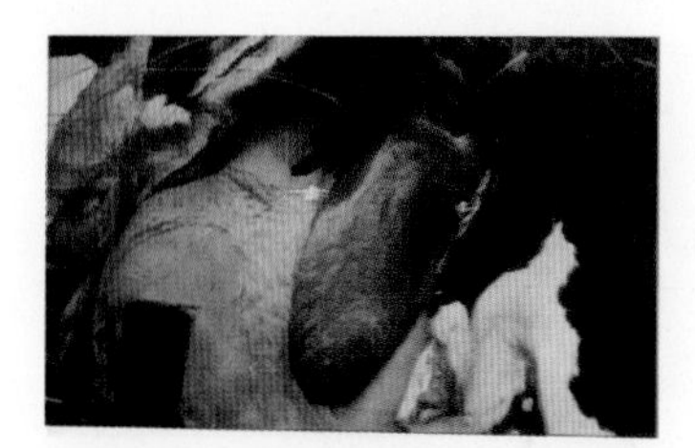

彩图9　牛炭疽病，脾脏极度肿大

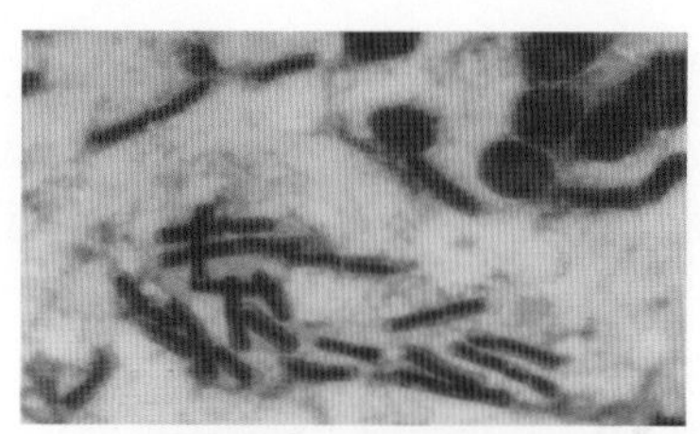

彩图10　牛炭疽：病料抹片，可见呈链状，周围有明显的夹膜的粗大杆菌

彩图11　下颌间隙肿胀

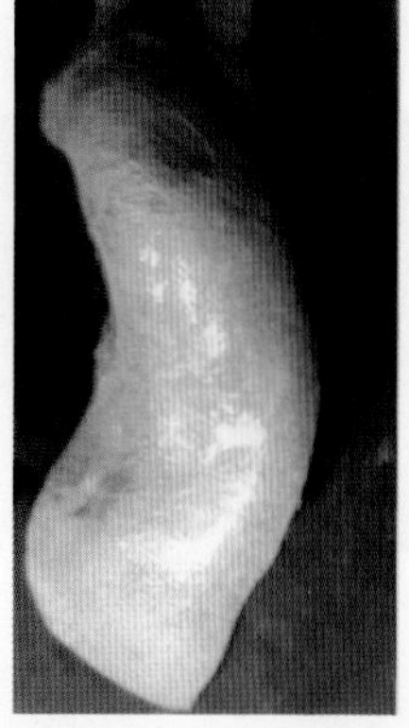

彩图12　犊牛副伤寒（牛沙门氏菌病）：脾脏肿大，如橡皮样

彩图13　羊快疫：肠壁紫红色并有出血，肠内容物呈红色

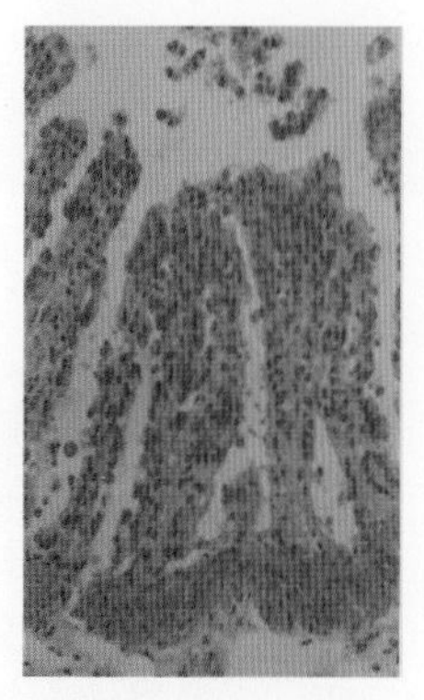

彩图15　羔羊痢疾：出血性肠炎，固有层充血、出血、炎症细胞浸润，肠腔中有一些红细胞、中性粒细胞和脱落的黏膜上皮细胞（HE ×400）

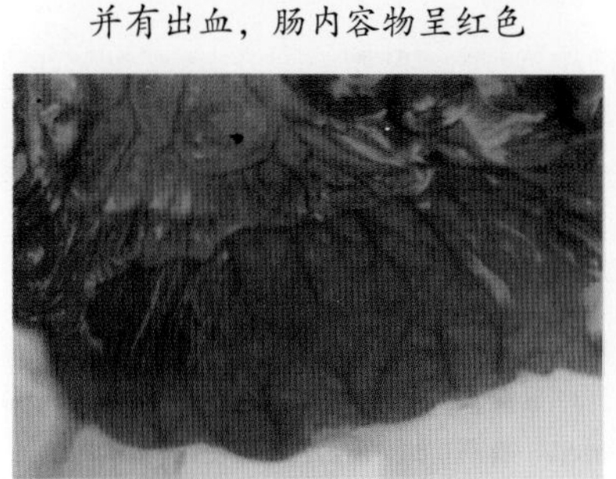

彩图14　羊猝狙：小肠黏膜明显充血、出血

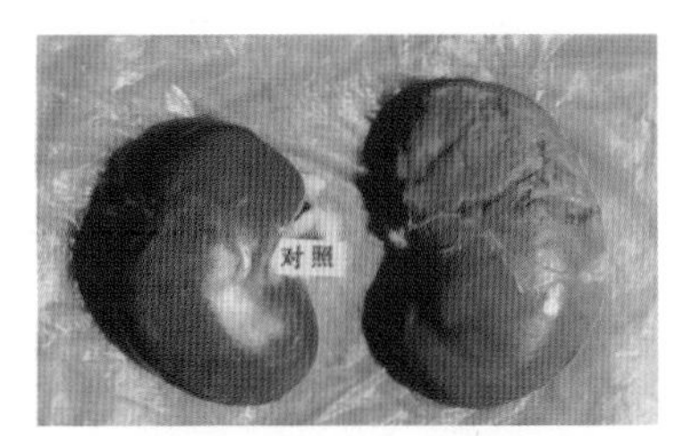

彩图 16　羊肠毒血症：肾脏明显软化，被膜不易剥离（右）；而对照肾脏大小颜色正常（左）

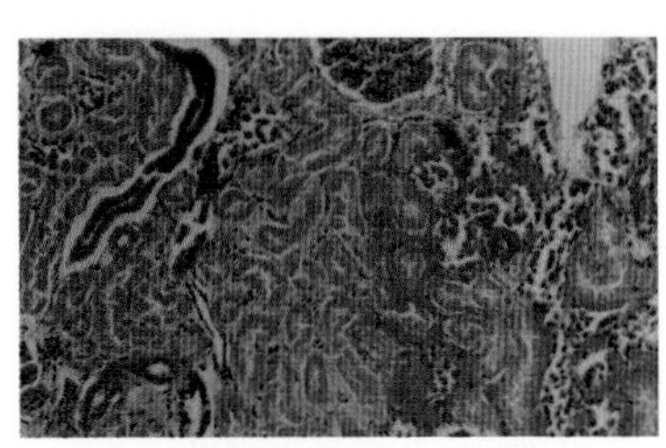

彩图 17　羊肠毒血症：肾皮质充血，肾小管上皮坏死（HE ×200）

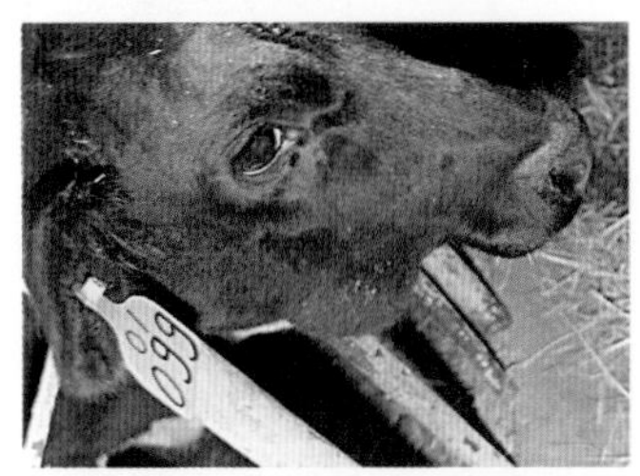

彩图 18　牛下颌放线菌肿块

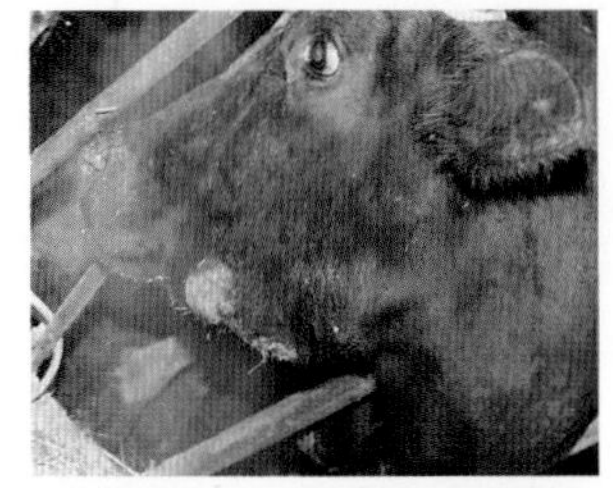

彩图 19　牛下颌放线菌肿块破溃

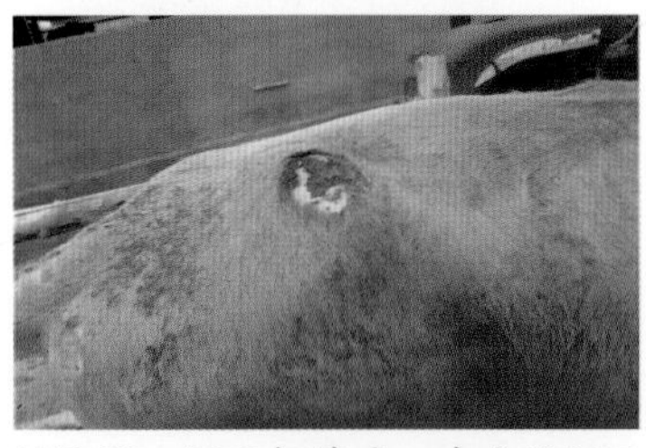

彩图 20　坏死杆菌病：牛皮肤坏死

彩图 21　牛口蹄疫（大量流涎）

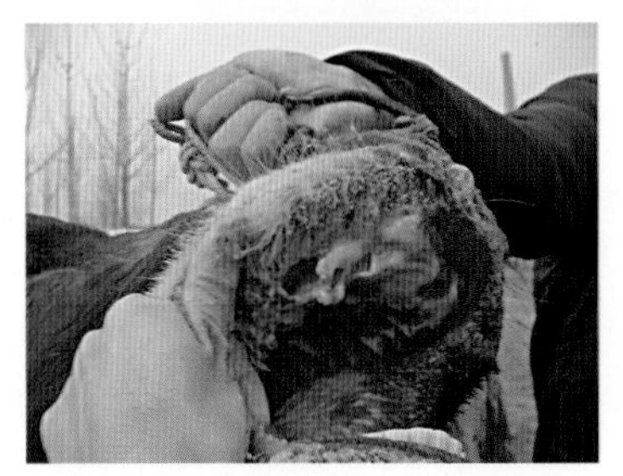

彩图 22　牛口蹄疫（口腔溃疡）

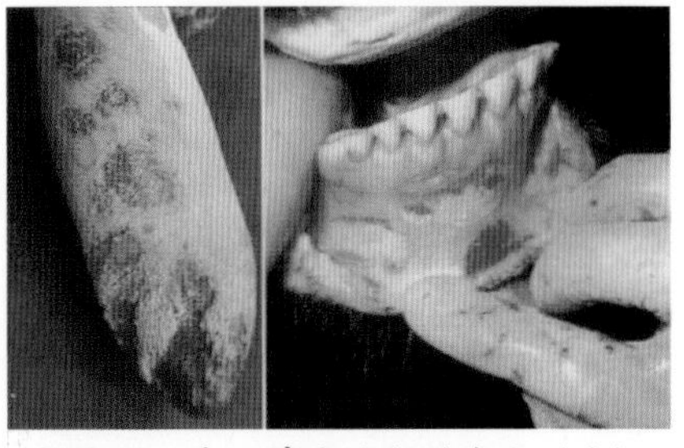

彩图 23　牛口蹄疫舌黏膜溃疡（左）；牛口蹄疫齿龈出血、溃疡（右）

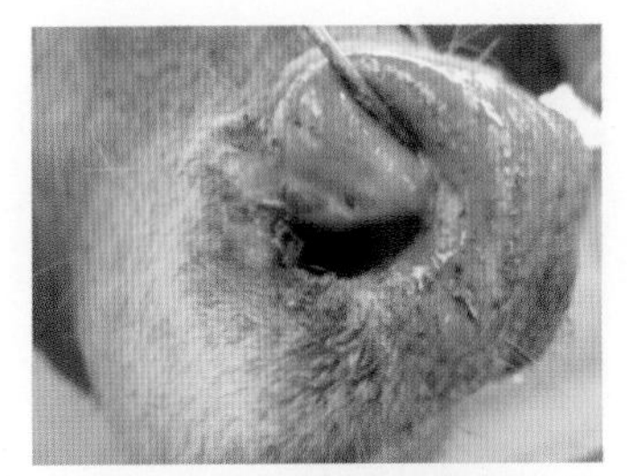

彩图 24　牛口蹄疫：鼻部溃烂

彩图 25　牛口蹄疫：流涎与鼻部溃烂

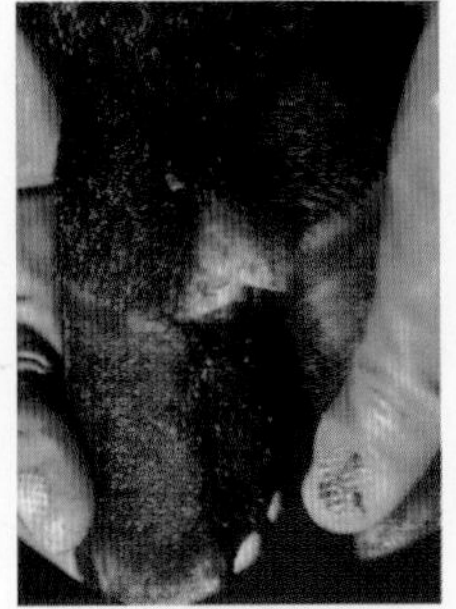

彩图 26　牛口蹄疫蹄叉水疱、破溃

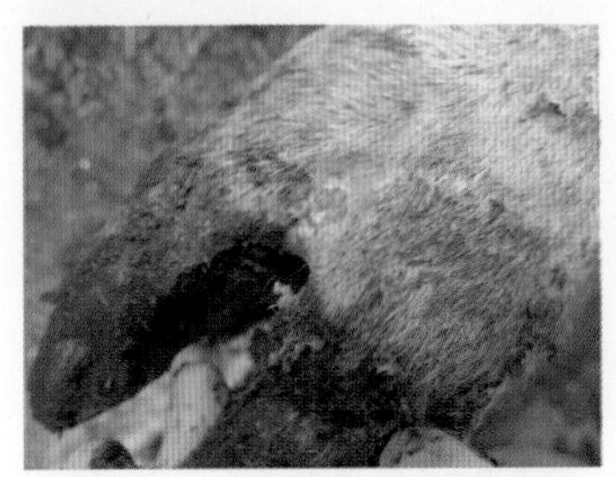

彩图 27　牛口蹄疫：蹄叉溃烂

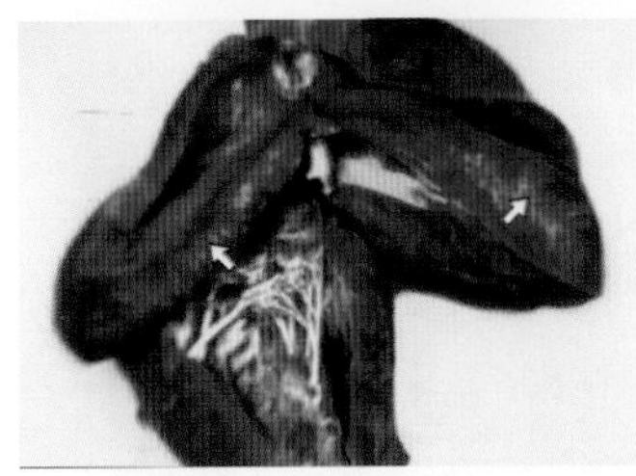

彩图 28　牛口蹄疫虎斑心：心肌变性、坏死

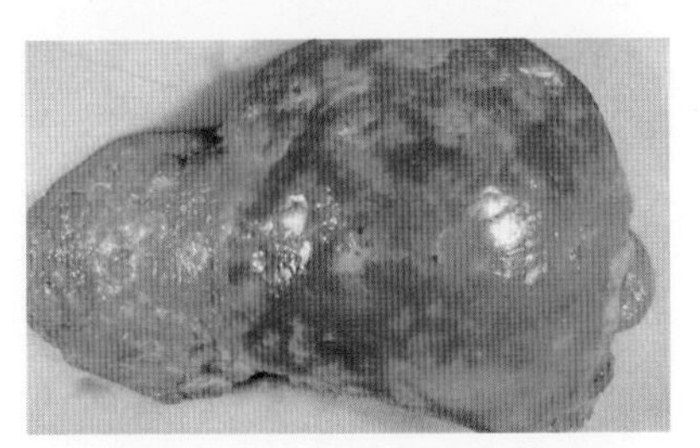

彩图 29　肝片形吸虫感染牛肝脏：表面凹凸不平

彩图 30　牛肝脏切面：肝片形吸虫

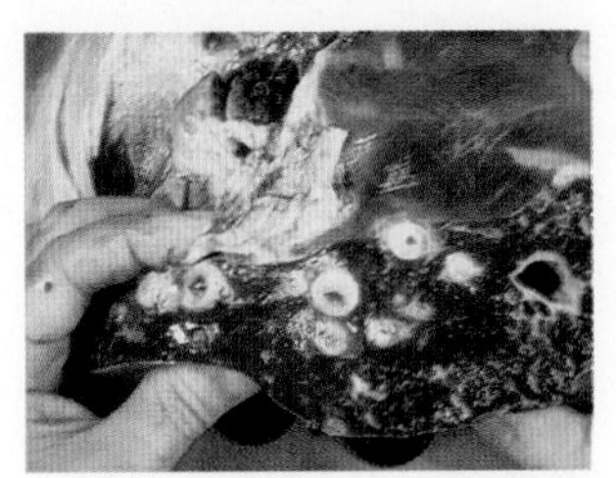

彩图 31　肝片形吸虫病：胆管壁粗糙，其内充满虫体和黏性液体

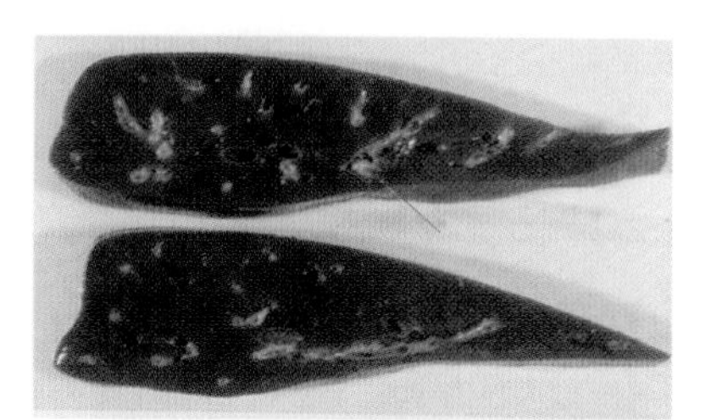

彩图32　双腔吸虫病：胆管内寄生的双腔吸虫

彩图33　胸前水肿

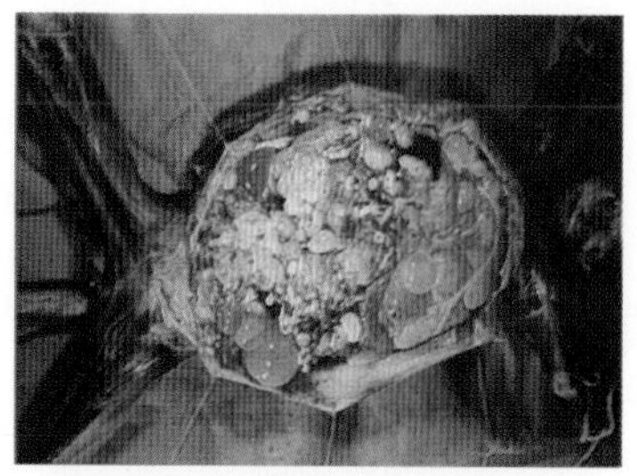

彩图34　棘球蚴病：寄生于肝脏的棘球蚴（包虫）

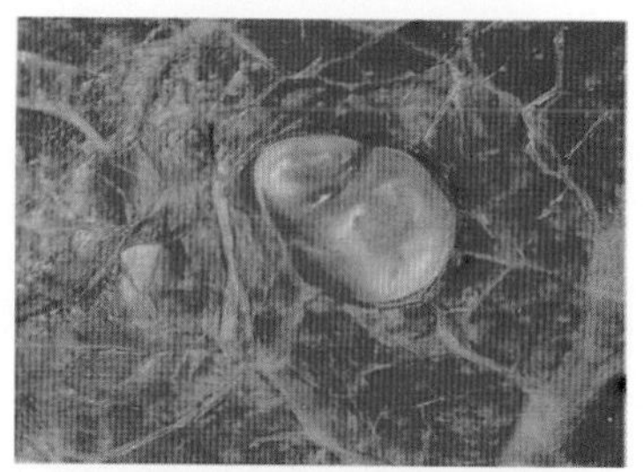

彩图35　寄生于肺脏的棘球蚴

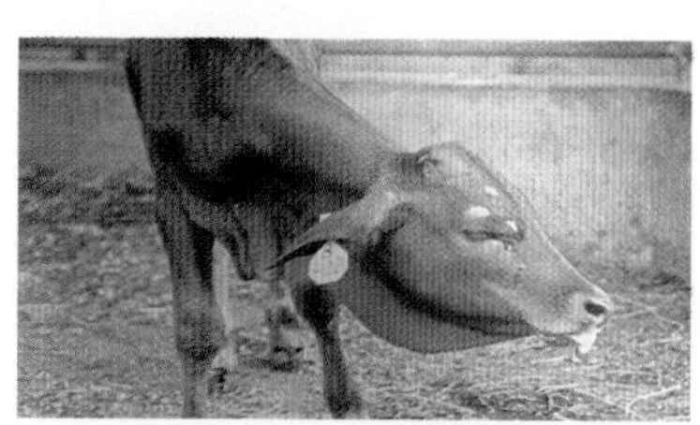

彩图36　环形泰勒虫病牛

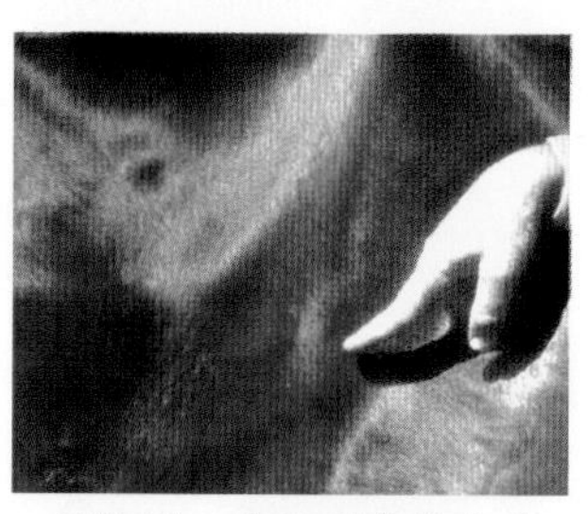

彩图37　牛环形泰勒虫病（浅表淋巴结肿大）

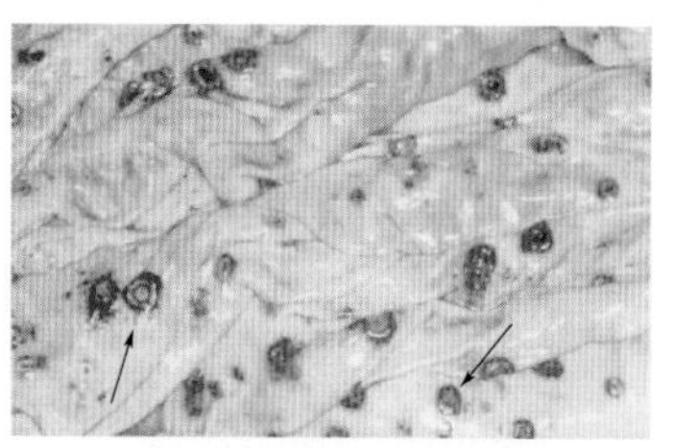

彩图38　牛环形泰勒虫病（皱胃黏膜结节、溃疡）

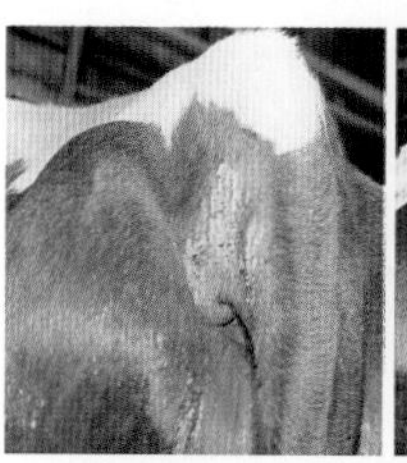

彩图39　牛疥螨引起的皮肤病变

彩图 40　牛咽炎（大量流涎）

彩图 41　瘤胃臌气（前面观）

彩图 42　瘤胃臌气（后面观）

彩图 43　创伤性网胃炎
（网胃壁与膈肌粘连）

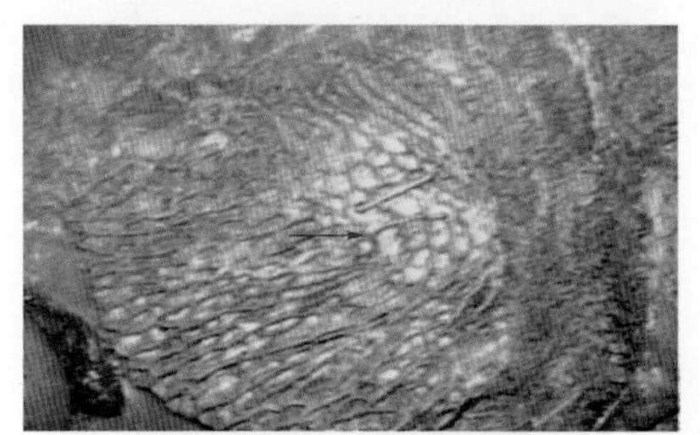
彩图 44　刺入网胃黏膜的
铁丝和铁钉

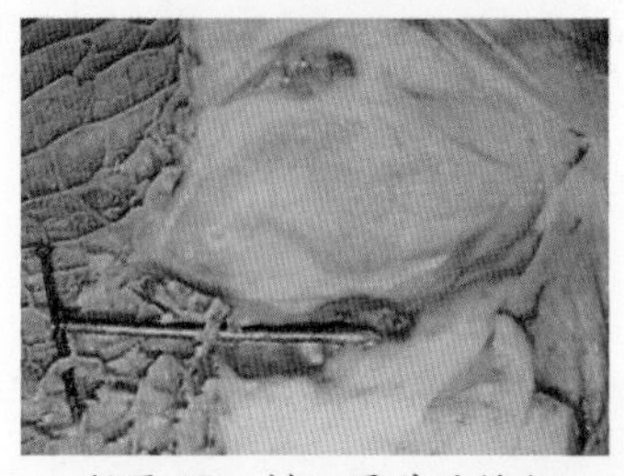
彩图 45　刺入胃壁的铁钉

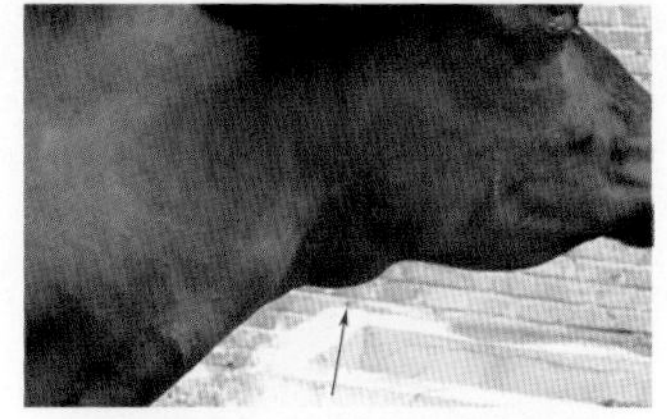
彩图 46　创伤性心包炎
（颈静脉怒张、下颌水肿）

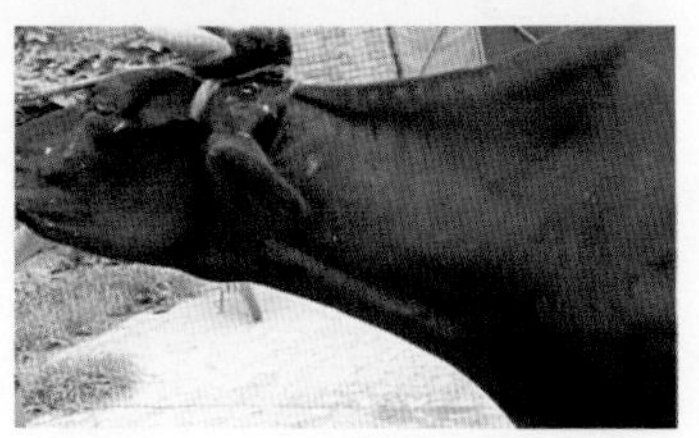
彩图 47　颈静脉怒张呈绳索状

彩图48　犊牛胃肠炎及血脓性粪便

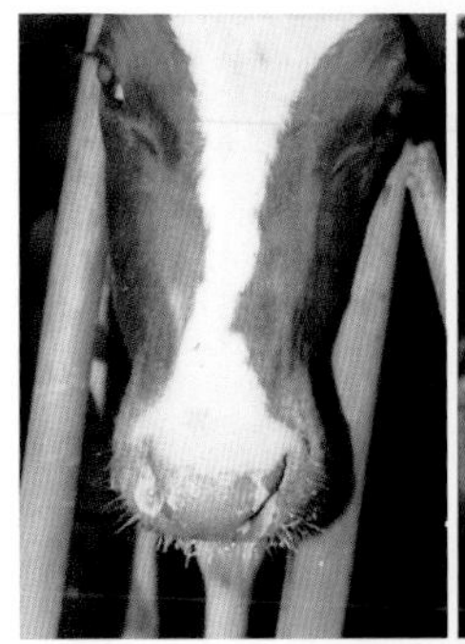
彩图49　感冒（大量流鼻液）

彩图50　创伤

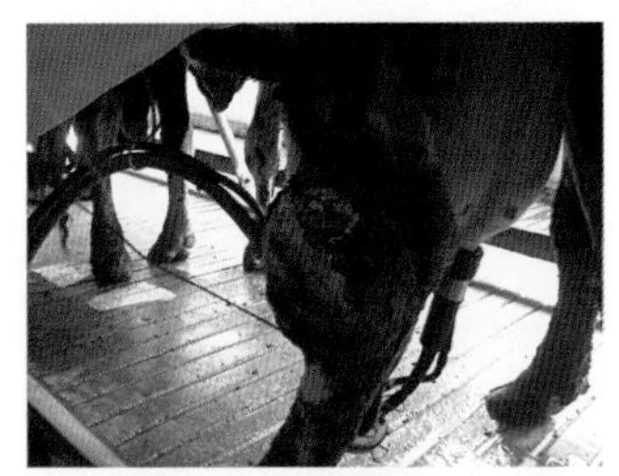
彩图51　牛后肢跗关节肿胀

彩图52　淋巴外渗（胸前水肿）

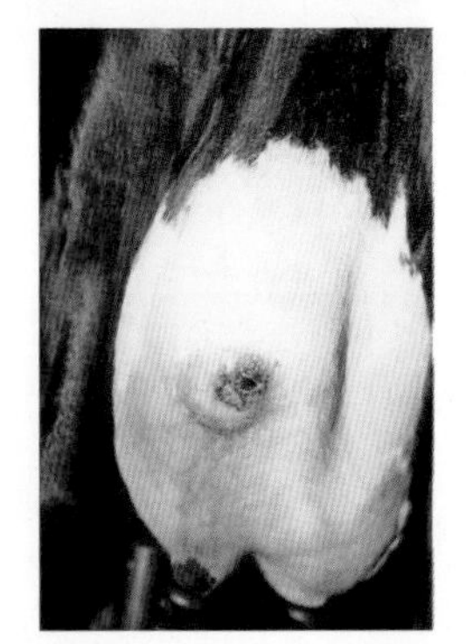
彩图53　乳房浅部组织局限性小脓肿（破溃）

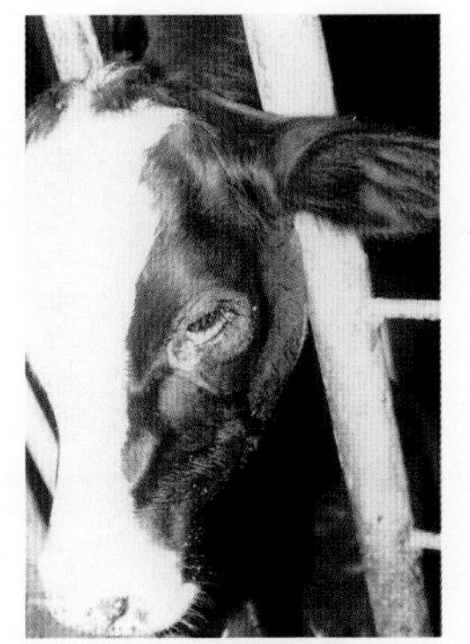

彩图 54　左眼下眼睑脓肿（破溃）

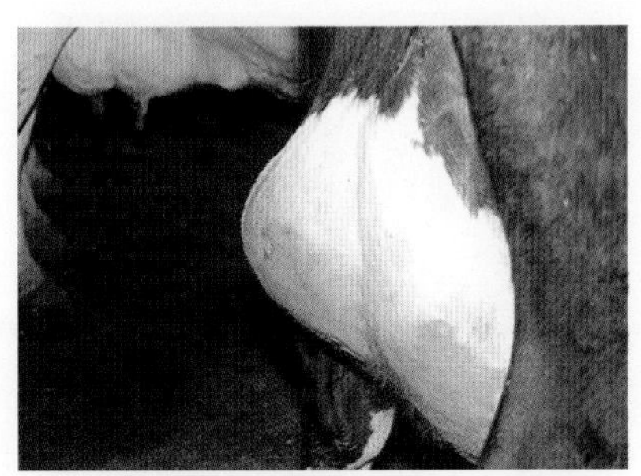

彩图 55　左后乳区的大脓肿

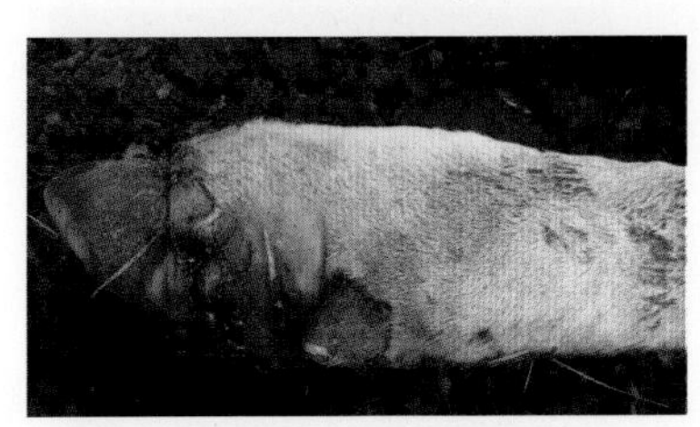

彩图 56　牛腐蹄病

彩图 57　牛腐蹄病

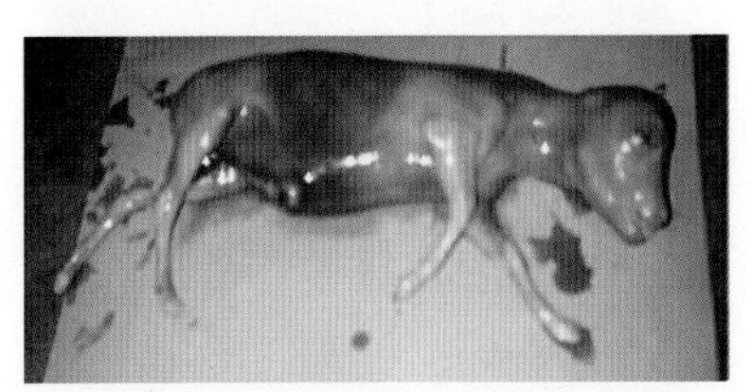

彩图 58　流产胎儿（4 月龄牛胎）

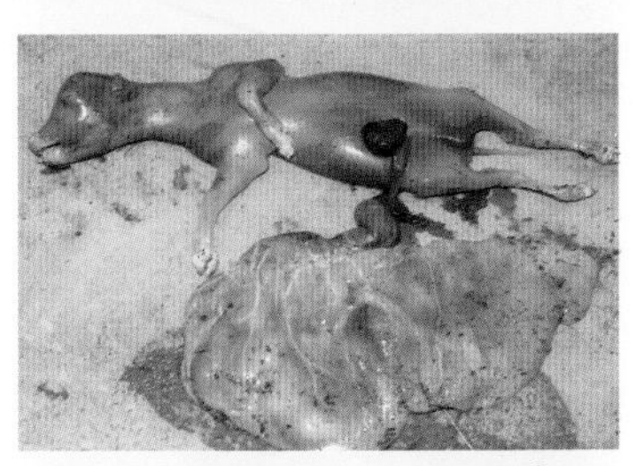

彩图 59　流产胎儿（5 月龄牛胎）

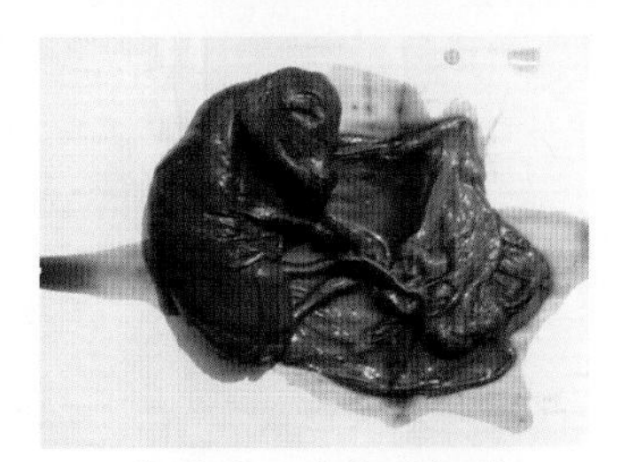

彩图 60　牛木乃伊胎

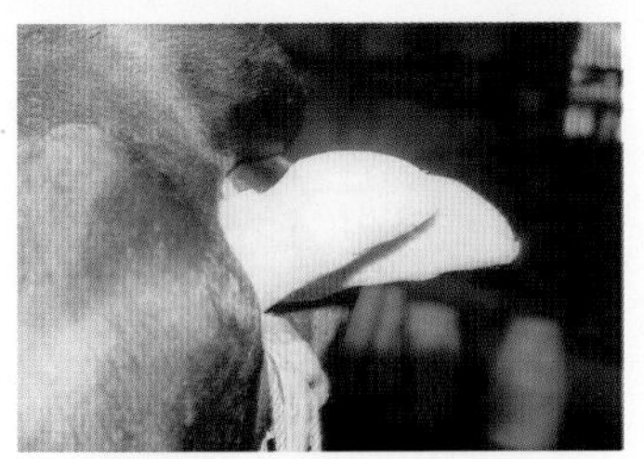

彩图 61　胎儿倒生难产

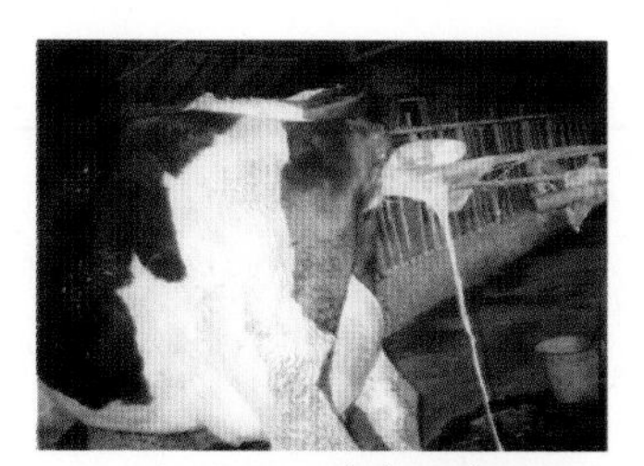

彩图 62　难产助产

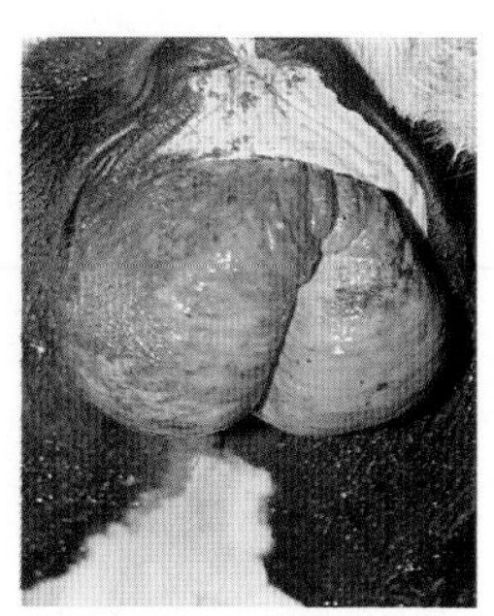

彩图 63　牛阴道脱出

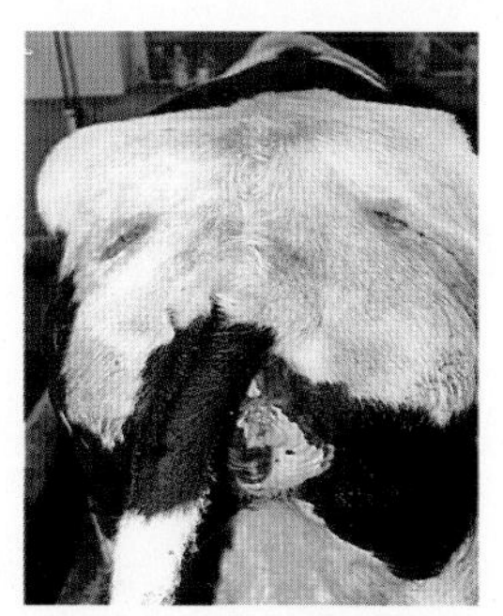

彩图 64　牛阴道脱整复和固定后

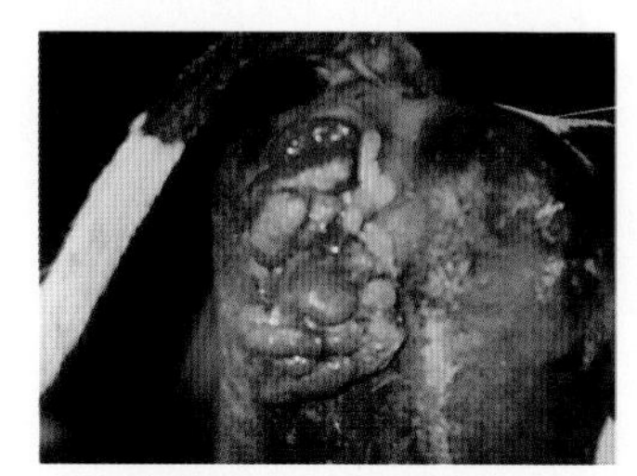

彩图 65　子宫脱出

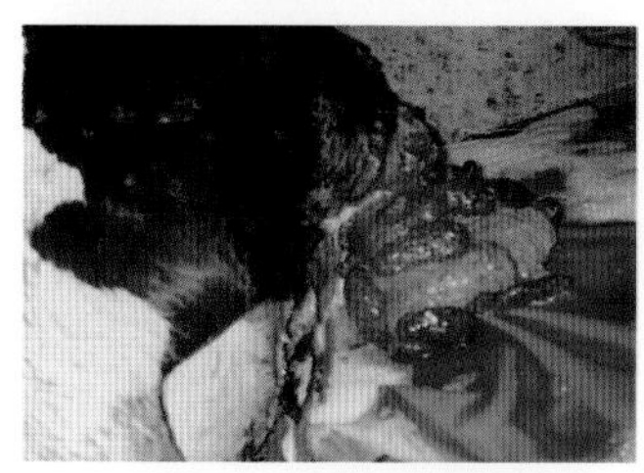

彩图 66　子宫完全脱出

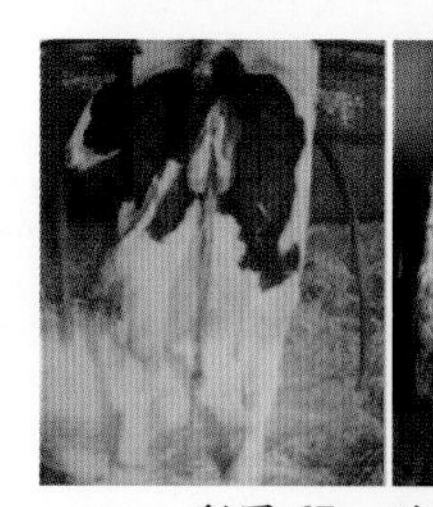

彩图 67　胎衣不下

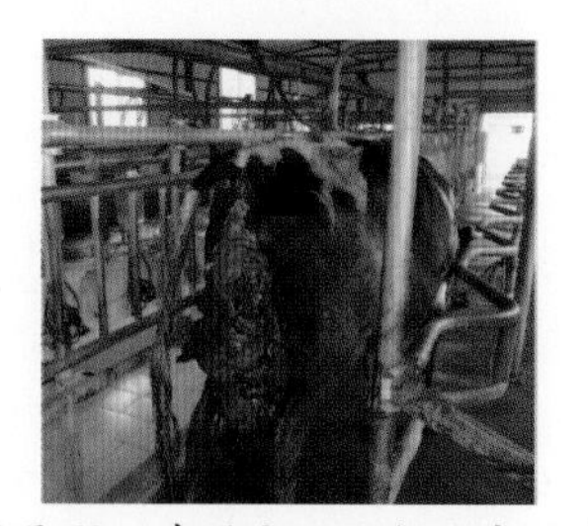

彩图 68　牛胎衣不下与子宫脱出

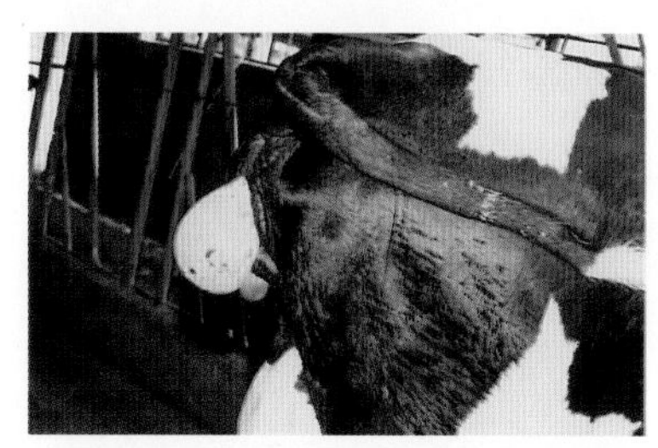

彩图 69　牛的分娩（羊膜囊外露）

高效养殖致富直通车

编审委员会

主　　任　赵广永

副 主 任　何宏轩　朱新平　武　英　董传河

委　　员　（按姓氏笔画排序）

丁　雷　刁有江　马　建　马玉华　王凤英　王自力
王会珍　王凯英　王学梅　王雪鹏　占家智　付利芝
朱小甫　刘建柱　孙卫东　李和平　李学伍　李顺才
李俊玲　杨　柳　吴　琼　谷风柱　邹叶茂　宋传生
张中印　张素辉　张敬柱　陈宗刚　易　立　周元军
周佳萍　赵伟刚　郎跃深　南佑平　顾学玲　徐在宽
曹顶国　程世鹏　熊家军　樊新忠　戴荣国　魏刚才

秘 书 长　何宏轩

秘　　书　郎　峰　高　伟

序 Foreword

改革开放以来，我国养殖业发展非常迅速，肉、蛋、奶、鱼等产品产量稳步增加，在提高人民生活水平方面发挥着越来越重要的作用。同时，从事各种养殖业也已成为农民脱贫致富的重要途径。近年来，我国经济的快速发展对养殖业提出了新要求，以市场为导向，从传统的养殖生产经营模式向现代高科技生产经营模式转变，安全、健康、优质、高效和环保已成为养殖业发展的既定方向。

针对我国养殖业发展的迫切需要，机械工业出版社坚持高起点、高质量、高标准的原则，于2014年组织全国20多家科研院所的理论水平高、实践经验丰富的专家、学者、科研人员及一线技术人员编写了“高效养殖致富直通车”丛书，范围涵盖了畜牧、水产及特种经济动物的养殖技术和疾病防治技术等。丛书应用了大量生产现场图片，形象直观，语言精练、简洁，深入浅出，重点突出，篇幅适中，并面向产业发展需求，密切联系生产实际，吸纳了最新科研成果，使读者能科学、快速地解决养殖过程中遇到的各种难题。丛书表现形式新颖，大部分图书采用双色印刷，设有“提示”“注意”等小栏目，配有一些成功养殖的典型案例，突出实用性、可操作性和指导性。四年来，该丛书深受广大读者欢迎，销量已突破30万册，成为众多从业人员的好帮手。

根据国家产业政策、养殖业发展、国际贸易的最新需求及最新研究成果，机械工业出版社近期又组织专家对丛书进行了修订，删去了部分过时内容，进一步充实了图片，考虑到计算机网络和智能手机传播信息的便利性，增加了二维码链接的相关技术视频，以方便读者更加直观地学习相关技术，进一步提高了丛书的实用性、时效性和可读性，使丛书易看、易学、易懂、易用。该丛书将对我国产业技术人员和养殖户提供重要技术支撑，为我国相关产业的发展发挥更大的作用。

赵广永

中国农业大学动物科技学院

Preface 前言

近年来，随着我国国民生活水平的提高、消费观念的改变，广大城乡居民对绿色畜产品的需求越来越迫切，牛羊肉、乳产品以其富含蛋白质、矿物质和维生素，低脂肪、低胆固醇、低饱和脂肪酸，成为需求量大、发展前途广的绿色食品。我国牛羊饲养业发展迅速，养殖数量和饲养规模都达到了一个新的高度。然而，牛羊疾病的威胁也随之增加，新病不断出现，传统疫病死灰复燃，尤其是人畜共患病频繁发生，这不仅危害牛羊的健康，影响其产品的数量和质量，更重要的是传播疫病，影响养殖者和消费者的人身安全，成为牛羊业健康发展的重要制约因素。为此，我们编著了这本《牛羊常见病诊治实用技术　视频升级版》。

本书总结了作者从事畜禽疫病教学、科研和临床诊疗实践30多年的经验和体会，以“实用技术”为主，共分为10章，介绍了牛羊病常用诊断技术、治疗技术，牛羊常发病临床症状鉴别诊断，牛羊常发的传染病、寄生虫病、内科病、外科病、产科病、营养代谢病、中毒病。本书中的每种病从临床诊断要点、主要防治措施、典型病例介绍三方面进行表述，力求通俗、规范、准确，注重其实用性、指导性和可操作性，同时也注意突出知识的新颖性。书中某些知识点配有以二维码形式链接的视频，建议读者在Wi-Fi环境下扫码观看。本书特别适合规模化牛羊饲养场技术人员、牛羊饲养专业户、基层兽医人员使用，以学习与提高诊疗技术，也可作为基层临床兽医培训教材和兽医临床工具书。

需要特别说明的是，药物有学名、商品名和常用名之分，一种药物也有不同的浓度、剂型和用法。建议读者在使用药物前，仔细阅读产品说明书，以确定药物用量、用法、疗程和配伍禁忌等，以保证最佳治疗效果。故本书所列药物剂量，仅供参考，切不可照搬，若无特别说明，药物的注射用量与食用量均按每头牛羊计。

全书由王凤英、陶庆树、张鲲、李升阳、马健、孙景涛、顾红昌编著，王显广、马玉华、宋传生、李淑青、王会珍、李晓光、张玲玲为本书的编著提供了宝贵的图片及案例素材。在编著过程中得到了编著者所属学院的大力支持，董传河、杨向黎、武道留等给予热情指导和帮助，国内外同行、专家的文献资料为本书注入了新的营养，特此致谢！

由于编著者水平有限，书中难免有不妥之处，敬请读者批评指正。

编著者

目录 Contents

序

前言

第一章 牛羊病常用诊断技术 …… 1

第一节 牛羊常用保定技术 …… 1
第二节 牛羊临床检查常用技术 …… 7
第三节 牛羊病临床检查基本程序 …… 18
第四节 牛羊病常用实验室检查技术 …… 21
第五节 牛羊常用的变态反应诊断技术 …… 30

第二章 牛羊病常用治疗技术 …… 33

第一节 投药技术 …… 33
第二节 注射技术 …… 38
第三节 穿刺技术 …… 50
第四节 冲洗技术 …… 54
第五节 物理治疗技术 …… 56
第六节 普鲁卡因封闭技术 …… 60
第七节 补液治疗技术 …… 63

第三章 牛羊常发病临床症状鉴别诊断 …… 69

第一节 表现呼吸困难症状的牛羊病 …… 69
第二节 表现发热症状的牛羊病 …… 70
第三节 表现腹泻症状的牛羊病 …… 72
第四节 表现繁殖障碍症状的牛羊病 …… 73
第五节 表现神经症状的牛羊病 …… 74
第六节 表现运动障碍的牛羊病 …… 75
第七节 表现皮肤、黏膜病变的牛羊病 …… 77
第八节 表现急性死亡症状的牛羊病 …… 78

第四章　牛羊常发的传染病 …………………………………………… 80
第一节　炭疽病 ……………… 80
第二节　结核病 ……………… 84
第三节　肉毒梭菌中毒症 …… 86
第四节　布氏杆菌病 ………… 89
第五节　破伤风 ……………… 95
第六节　巴氏杆菌病 ………… 98
第七节　沙门氏菌病（副伤寒） ………… 101
第八节　羊梭菌性疾病 ……… 104
第九节　牛放线菌病 ………… 112
第十节　坏死杆菌病 ………… 113
第十一节　气肿疽 …………… 115
第十二节　羊支原体肺炎 …… 117
第十三节　口蹄疫 …………… 120
第十四节　狂犬病 …………… 124
第十五节　羊痘 ……………… 126
第十六节　牛流行热 ………… 129
第十七节　牛恶性卡他热 …… 130

第五章　牛羊常发的寄生虫病 ………………………………………… 133
第一节　片形吸虫病 ………… 133
第二节　双腔吸虫病 ………… 136
第三节　阔盘吸虫病 ………… 137
第四节　前后盘吸虫病 ……… 139
第五节　莫尼茨绦虫病 ……… 140
第六节　棘球蚴病（包虫病） ………… 142
第七节　消化道线虫病 ……… 144
第八节　牛犊新蛔虫病 ……… 146
第九节　牛巴贝氏虫病（蜱热） ………… 147
第十节　泰勒虫病 …………… 150
第十一节　羊鼻蝇蛆病 ……… 153
第十二节　疥螨病 …………… 156

第六章　牛羊常发的内科病 …………………………………………… 159
第一节　口炎 ………………… 159
第二节　咽炎 ………………… 161
第三节　食道阻塞 …………… 163
第四节　前胃弛缓 …………… 165
第五节　瘤胃积食 …………… 168
第六节　瘤胃臌气 …………… 171
第七节　创伤性网胃炎 ……… 174
第八节　胃肠炎 ……………… 177
第九节　感冒 ………………… 179
第十节　支气管炎 …………… 180
第十一节　支气管肺炎 ……… 182
第十二节　坏疽性肺炎 ……… 185
第十三节　中暑 ……………… 188

第七章　牛羊常发的外科病 …………………………………………… 190
第一节　创伤 ………………… 190
第二节　挫伤 ………………… 192
第三节　脓肿 ………………… 194
第四节　蜂窝织炎 …………… 196
第五节　关节扭伤 …………… 198
第六节　关节脱位 …………… 199

第七节 风湿症 …………… 201
第八节 腐蹄病 …………… 203

第八章 牛羊常发的产科病 …………………………………… 205

第一节 流产 ………………… 205
第二节 难产 ………………… 207
第三节 阴道脱……………… 209
第四节 子宫内翻或脱出 …… 211
第五节 胎衣不下…………… 214
第六节 子宫内膜炎………… 216
第七节 乳腺炎……………… 219
第八节 生产瘫痪…………… 222
第九节 剖宫产……………… 224

第九章 牛羊常发的营养代谢病…………………………………… 227

第一节 酮病 ………………… 227
第二节 佝偻病……………… 229
第三节 骨软症……………… 231
第四节 维生素A缺乏症 …… 232
第五节 妊娠毒血症 ……… 234

第十章 牛羊常发的中毒病 ………………………………… 237

第一节 有机磷农药中毒 …… 237
第二节 氟乙酰胺中毒 ……… 240
第三节 磷化锌中毒………… 242
第四节 氢氰酸中毒………… 243
第五节 霉玉米中毒………… 245
第六节 棉籽饼中毒………… 248
第七节 酒糟中毒…………… 250
第八节 食盐中毒…………… 252
第九节 萱草根中毒………… 254
第十节 尿素中毒…………… 256
第十一节 瘤胃酸中毒 ……… 257
第十二节 犊牛水中毒 ……… 260

附录 常见计量单位名称与符号对照表 ………………… 262

参考文献 ………………………………………………… 263

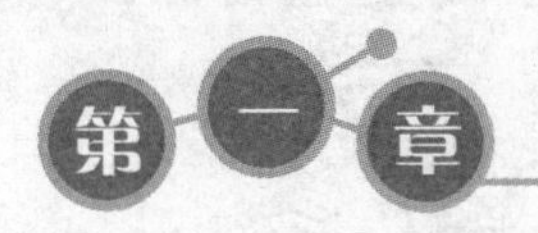

第一章 牛羊病常用诊断技术

第一节 牛羊常用保定技术

一、牛羊的接近

在实践中，为了诊断和治疗的需要，要近距离地靠近牛羊，从而进行有效的保定。

1. 接近牛羊的方法

不同的动物有不同的接近方法。一般来讲，牛，可从正前方或正后方接近；羊，从前方接近时可抓住羊角，从后方接近时应抓住颈部下端或尾。

2. 接近牛羊的注意事项

1）检查者应熟悉牛羊习性，特别是其异常表现，如牛羊低头凝视、前肢刨地等，以便及时躲避或采取相应措施。

2）检查者接近牛羊前，应向畜主了解其脾性，有无踢、咬、抵人的恶癖，做到胸中有数；了解该畜发病前后的临床表现，初步估计病情，做好个人防护，以防止恶性传染病的接触传染。

3）检查者接近牛羊时，要轻轻抚摸其颈侧或臀部，待牛羊安静无敌意后，再慢慢靠近。即使对性情温和的牛羊，也要提高警惕，随时准备躲避伤害。具体方法是将一只手放在牛羊的肩部或髋关节部位，一旦病畜出现剧烈骚动或抵抗时，即可将其作为支点迅速推动并离开。

二、牛的保定技术

1. 徒手保定技术

牛的徒手保定，在实践中常采用握鼻法。

保定方法：保定者站在被检牛头部一侧。以一手遮挡牛的眼睛，待牛闭眼时迅速以左手握住角，右手拇指及食指伸入牛的两鼻孔内，压迫

鼻中隔（也可以直接抓住鼻绳），并将鼻端向上后方提举，如图 1-1 所示。

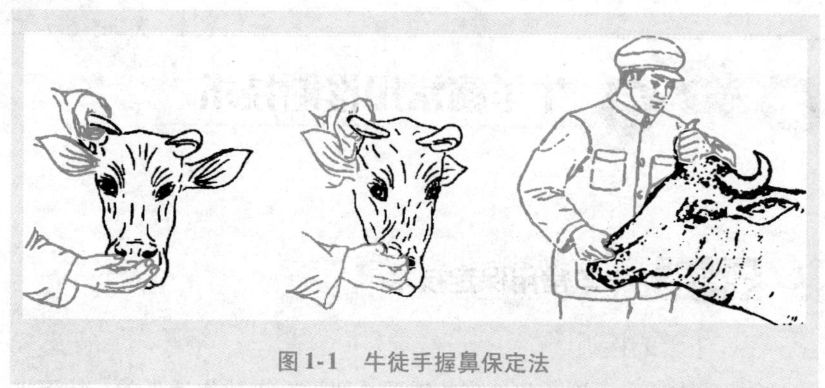

图 1-1　牛徒手握鼻保定法

提示

此法适用于牛的一般检查、灌药，以及肌内注射、静脉注射。

2. 牛鼻钳保定技术

保定方法：检查者先用一只手抓住牛的鼻中隔，用鼻钳夹住，然后用手握紧鼻钳，稍稍向上提举；或用绳子将鼻钳捆紧以便牵引行走，如图 1-2 所示。

图 1-2　牛鼻钳保定法

提示

此法适用于牛的一般检查、灌药，以及肌内注射、静脉注射。

3. 牛的角根保定技术和头部固定技术

角根保定法主要是对有角牛的特殊保定方法，无角牛可用头部固定法。

牛角根保定方法：将牛头略为抬高，紧贴木柱（或树木侧方），并使牛头向该侧偏斜，使牛角和木柱（或树干）卡紧，用一根长绳先缠于一侧角，用绳的另一端缠绕对侧角，然后将该绳绑在木柱（树干）上（将牛角呈“8”字形缠绕在柱上），如图 1-3 所示。

牛的头部固定法：用绳将笼头的上下端在木柱上缠绕数次以固定头部，如图 1-4 所示。

图 1-3　牛角根保定法

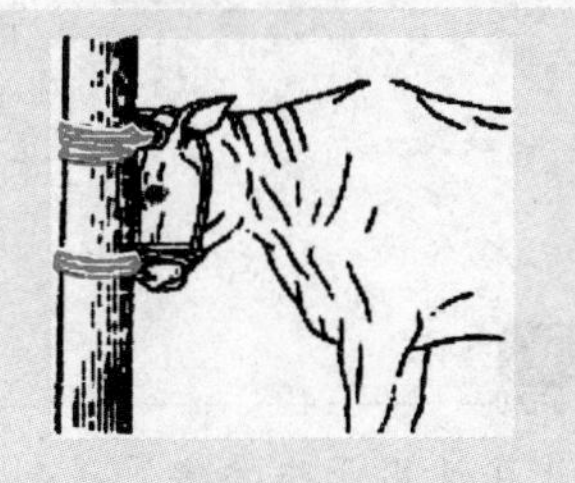

图 1-4　牛的头部固定法

提示

此法适用于牛的一般检查、肌内注射，以及内脏器官的临床检查或直肠检查等。

4. 牛的柱栏保定技术

（1）二柱栏保定法　该方法是我国民间兽医传统的保定方法，它具有方便、确实、安全的特点。

1）二柱栏的结构：二柱栏是用三根长约 3 米、直径 15 厘米的圆木或钢管做成。将两根圆木或钢管直立，相隔 1.5 ~1.8 米，埋入地下 0.6 ~1.2 米，横木装在两根直柱的顶上。在农村常以相距 1.5 ~1.8 米的两棵树来代替两根直柱，再用一根直径 15 厘米的木棒固定在两棵树之间。

2）保定方法：取一根长约 9 米、直径 1.5 厘米的绳作为围绳。将牛牵到二柱栏内，鼻绳拴在头侧柱栏上，先用围绳在前柱至后柱的挂钩上做水平环绕，将牛围在前后柱之间。然后用绳在胸部、腹部分别做上下、左右固定，最后分别在鬐甲和腰上打结。必要时，可用一根长木棍从右前方向左后方斜过腹，前端在前柱前外侧着地，后端斜向后柱挂钩下方，并在挂钩处进行固定，如图 1-5 所示。

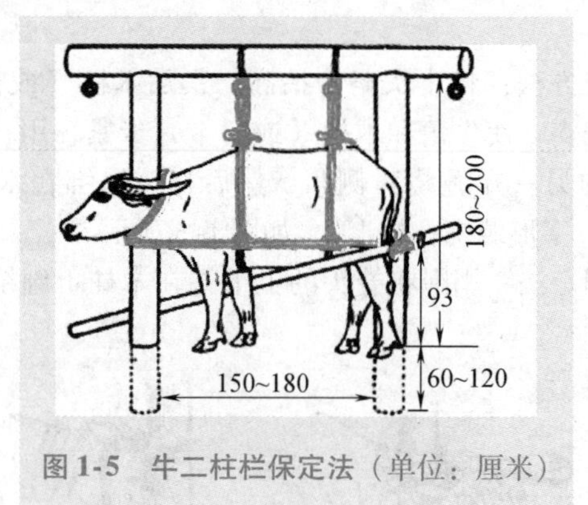

图 1-5　牛二柱栏保定法（单位：厘米）

提示

此法适用于牛的瓣胃注射、瘤胃穿刺、瘤胃手术及蹄部疾病的诊断和治疗等。

（2）三柱栏保定法　三柱栏取材方便、灵活，保定方法简单。

1）三柱栏的结构：用两根长约 3 米、直径 16 厘米左右的圆木，一头交叉捆在一棵树上，交叉点与牛肩端水平线同高。

2）保定方法：将牛牵入栏内，牛头置于树的一侧，使前胸接近树干，迅速将横木游离端用绳固定即可，如图 1-6 所示。

图 1-6　牛三柱栏保定法

提示

此法适用于牛的一般检查或治疗。

5. 拉提前肢倒卧保定法

牛的倒卧保定方法很多，但最有效而又简单可靠的还是蹄系绳倒卧法。

（1）蹄系绳倒卧法的操作方法　此法操作时需要 3 人，其中保定者 1 人，助手 2 人。一助手牵牛鼻绳保定头部，保定者与另一助手分站在被保定牛的左右两侧。取一根长约 10 米的绳，并折成长、短两段。保定者于折转处做一套结并套于被保定牛左前肢蹄部，将短的一端经胸下绕至右侧并绕过背部再返回左侧；将长绳一端从背上引至左髋关节前方并经腰部返回，绕一周半打结，再引向后方，递于对侧助手。此时，保定者拉紧左前肢短绳，令牛前行一步，当其抬举左前肢的瞬间，3 人同时用力拉紧绳索，牛即先跪下后倒卧；之后，牵鼻绳的助手迅速用脚踩住鼻绳，用手按住牛角，固定牛头；保定者按住鬐甲部；拉后面绳的助手迅速将缠在腰部的绳套后拉，并使其滑到两后肢跖部拉紧，最后将两后肢与左前肢捆扎在一起，打上活结。必要时，再固定右前肢，将四肢捆扎一起。

（2）倒卧保定注意事项

1）保定时应选择在平整、无坚硬物的地面或草地上进行。

2）保定前应检查绳索是否牢固。

3）倒卧时 3 人必须同心协力。

4）倒下后应注意保护牛的头部，并用力按住牛角和踩住鼻绳，如图 1-7 所示。

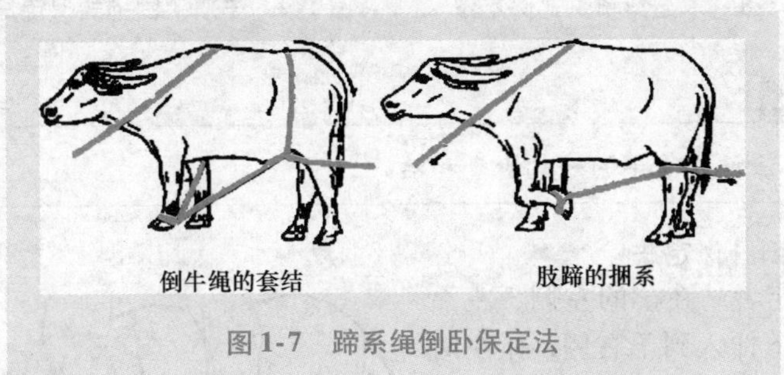

图 1-7　蹄系绳倒卧保定法

提示

此法适用于牛的去势及会阴部外科手术。

三、羊的保定技术

1. 握角骑夹式保定法

保定者双手抓住羊的两角，骑在羊背上，两腿将其胸部夹住，如图 1-8 所示。

提示

此法适用于羊的临床检查和治疗。

2. 双手围抱式保定法

保定者从羔羊的胸侧用双手分别围抱其前胸或后部，如图 1-9 所示。

图 1-8　羊握角骑夹式保定法

图 1-9　羊双手围抱式保定法

提示

此法适用于羊的一般检查和治疗。

3. 倒卧保定法

保定者站在羊的左侧，左手从羊颈下伸入到羊右侧，抓住两前肢系部或右前肢臂部，右手抓住腹肋部从膝襞处慢慢扳倒羊体后，右手改为抓住两后肢跖部，这样两只手分别抓住两前、后肢即可，如图 1-10 所示。

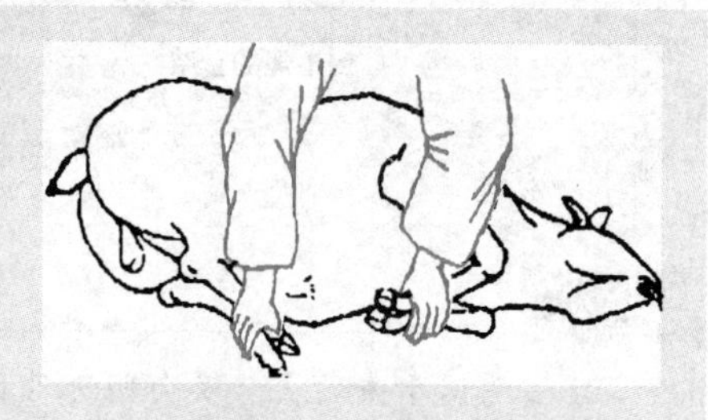

图 1-10　羊倒卧保定法

提示

此法适用于羊的治疗和外科手术。

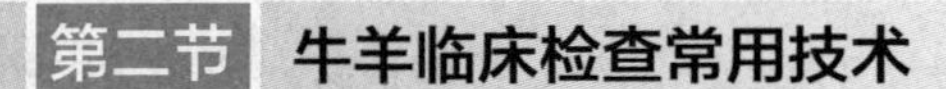

第二节　牛羊临床检查常用技术

牛羊临床检查常用的方法主要有问诊、视诊、触诊、叩诊、听诊及体温测定，这些方法简单易行、准确直观，是基层兽医技术人员应该掌握的基本技术。

一、问诊

问诊是以询问方式向畜主或饲养人员调查、了解病畜或畜群发病前后的各种情况和发病经过的一种检查方法。

1. 问诊方法

采用启发的方式询问病畜的症状。可先问诊而后再行其他检查，也可边问诊边进行其他检查。

2. 问诊内容

（1）既往病史　内容包括病畜过去患过什么病，本地区是否有地方性流行病；若为母畜，还应了解妊娠情况、胎次、胎数及是否曾流产。

（2）现病史　内容包括发病时间、地点、原因，发病后病畜的主要异常表现；发病后是否经过治疗；若经过治疗，采用的治疗方法、药物，治疗效果如何等。

（3）流行情况　主要了解本次发病前后，同圈、同村有无类似病例发生。

（4）饲养过程　平时的饲养、管理、使役情况及防疫措施。

3. 问诊注意事项

1）询问时态度要和蔼，语言要通俗易懂，耐心听取介绍，不随意打断发言，取得畜主的配合，有利于广泛了解、收集到有诊断价值的资料。

2）问诊所了解的情况，应详细、真实、全面。

二、视诊

视诊是指用肉眼直接观察被检查牛羊的动态、静态、整体、局部及各种状态等外在表现来判断其是否患病或者病在何处的检查方法。

视诊可分为个体视诊和群体视诊，个体视诊又分为整体视诊和局部视诊。

视诊的应用范围很广，通过群体视诊可以发现畜群中的病畜；而个体视诊却能了解病畜的一般病情，判断病变的部位、形状、大小及其疾病的性质。

1. 视诊的方法

检查者站在距被检病畜约2米处，围绕其缓慢地转一圈，边走边看。发现病变部位时，再进行局部视诊。

2. 视诊的内容

（1）外貌观察 包括体格大小、体质强弱、营养状况、发育程度等整体状态，以及被毛状态、皮肤性状、颜色等的检查。

（2）静态观察 包括精神、体态、姿势等的检查。

（3）与外界相通的腔道及其分泌物的观察 包括眼、口腔、鼻腔、阴道、肛门及其黏膜、分泌物、排泄物的检查（如色泽、数量、形状和混合物等）。

（4）生理活动观察 如呼吸、采食、咀嚼、吞咽、反刍、嗳气、排尿、排粪动作及数量等的检查。

（5）动态检查 包括运动状态及行为的检查。

3. 视诊的一般程序

群体发病，先检查畜群，观察群体的营养和发育状态，发现患病个体；对发病个体，先距病畜适当距离观察外貌，进行整体状态检查；然后按前—左—后—右—前的顺序，围绕病畜转一圈，仔细观察其静态、姿势的变化；再对与外界相通的腔道及其分泌物、排泄物和生理活动进行检查；最后牵遛，检查运动状态的变化。

4. 视诊注意事项

1）视诊应在安静状态下进行，让来就诊病畜先休息，待其呼吸平稳、对新的环境适应后再进行检查。

2）视诊应在自然姿势、自然光线下进行。

3）先进行整体视诊，而后进行局部视诊。

4）检查者视诊时，应与病畜保持适当距离（2米左右）。距离太远不易看清，距离太近容易惊吓到病畜。

5. 视诊的临床意义

1）判断牛羊的异常变化是否是因营养不良或发育不良造成的。

2）对某些具有特征性临床表现疾病的诊断，如破伤风、口蹄疫、狂犬病等传染性疾病；采食、吞咽、反刍异常，呕吐、腹泻等消化障碍性疾病；鼻塞、流涕、咳嗽、喘息等呼吸困难性疾病；关节肿胀、跛行等运动障碍性疾病；体表的创伤、溃疡、疱疹、肿物等外科病变。

3）为进一步的诊断提供重要的线索，如呼吸加快、呼吸次数增加，预示有肺炎的可能，下一步要检查体温是否升高；如畜体消瘦、采食下降、可视黏膜黄染，预示有肝脏的病变，要进一步进行肝脏的检查等。

三、触诊

触诊是检查者用手指、手掌、手背（有时还用拳头）对病畜体某一部位进行触摸检查的方法。常将触诊分为浅表触诊和深部触诊。

1. 触诊的方法

触诊时，检查者将一只手放在畜体适当部位作为支撑点，另一只手按先轻后重的方法进行检查；发现病变后对相应的部位进行对照检查。

（1）浅表触诊　包括两方面的内容：一是检查者以手背触摸病畜体表皮肤，感知病畜的温度、湿度，皮肤和皮下组织的质地、弹性、硬度，浅表淋巴结及局部病变等；二是检查者以手掌感知某些器官、组织的生理性或病理性冲动，如心区——心搏动的检查（图1-11），瘤胃的检查，浅表动脉的检查等。

图1-11　牛心区触诊

（2）深部触诊　根据被检查病畜的个体特点（如病畜品种、大小等）及器官部位和病变情况的不同又分为：

1）切入触诊。检查者以一指或五指并拢，沿一定的部位进行深入的切入或压入，以感知病畜内部器官的性状。检查肝脾边缘时，常用切入触诊。

2）按压触诊。检查者以手掌平放于病畜的被检部位，轻轻按压，以感知其内容物的性状及病畜对按压的敏感性。检查病牛胸、腹部的敏感性和羊腹腔器官及内容物性状时，常用按压触诊。

3）冲击触诊。检查者常以手掌或拳头对病畜被检部位连续进行2～3次的用力冲击，以感知病畜腹腔深部器官的性状与腹膜腔的状况，根据所感到的回振或听到的振荡音而判断病变的性质，如牛瘤胃、瓣胃、真胃内容物的检查。

4）直肠触诊。指通过直肠进行的内部触诊。在检查牛的后部腹腔器官和盆腔器官状况时，常用直肠触诊。

2. 触诊的内容

（1）浅表触诊　检查病畜皮肤的温度、湿度、弹性、厚度、敏感度及疼痛反应；感知某些器官的活动情况，如心搏动、呼吸运动、瘤胃蠕动；检查病理变化的位置、形状、大小及其内容物等；检查病畜机体某一部位的感受力与敏感性。

（2）深部触诊 检查病畜的内部器官性状、内容物及病变情况，如脉搏、瘤胃的触诊。

1）脉搏的触诊。

① 牛的脉搏检查。对牛通常检查尾中动脉。检查者站在牛正后方，左手握住尾梢部抬起牛尾，右手拇指放于尾根部的背面，食指、中指在距离尾根约10厘米处的腹面，用手指轻压即可感知尾中动脉的波动。一般应检查1分钟，也可测半分钟，所得数值再加倍；若病畜不安静，应测2~3分钟，再计算平均值。当其脉搏过于微弱不易感知时，可依心跳次数代替。

② 羊的脉搏检查。对羊通常检查股内动脉。检查者位于羊的侧后方，一手握住后肢，一手伸入股内侧，以手指轻压股动脉，体会其频率、性质并计数1分钟脉搏的次数。

③ 各种家畜的正常脉搏数（次/分钟）。正常家畜脉搏数受年龄、运动、采食、妊娠、分娩及气候等各种因素的影响而稍有变化，检查时应注意脉搏的次数、性质和强弱的变化。各种家畜的正常脉搏值为牛50~80次/分钟、水牛30~50次/分钟、羊70~80次/分钟。

2）腹部的触诊。

① 瘤胃的触诊。检查者站在牛的左侧，面向后方，左手放于牛背部作为支点，右手手掌或拳头放于左肷部上方，先后用大小不同的力量反复触压瘤胃以感知瘤胃内容物性状，也可用恒定的力量按压感知其蠕动次数。正常瘤胃上部有少量气体，中、下部内容物呈面团样硬度，轻压后可留压痕，能随瘤胃壁的收缩运动而抬起触压的手，且蠕动力量较强。病理情况下，内容物性状会发生改变。

② 网胃的触诊。网胃位于胸骨后缘、腹腔左前下方，相当于第6~8肋骨间，前缘紧贴膈肌。网胃的检查应针对其常发的疾病而定，常用的有捏压法、拳压法和抬压法。

- 捏压法：需2人完成，一人捏住牛的鼻中隔向前牵引牛头，使牛的额线与背线水平，检查者强压鬐甲部皮肤。若牛出现强烈的不安、呻吟、躲闪、反抗等反应，则提示有创伤性网胃炎。
- 拳压法：检查者蹲于牛的左前肢稍后方，以右手握拳，顶在牛的剑状软骨部，肘部放于右膝上，以右膝频频抬高，使拳不断顶压其网胃区，看牛是否出现上述反应。
- 抬压法：检查者2人分别站在牛的胸部两侧，以一木棒横放于剑状

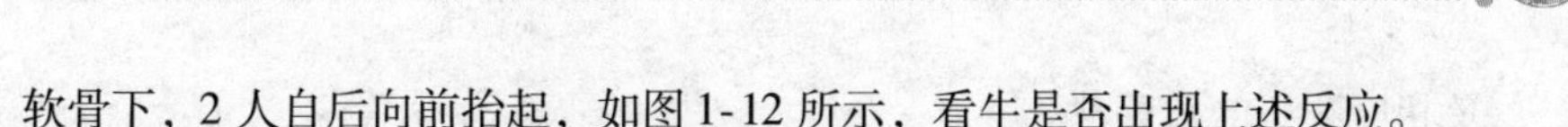

软骨下，2人自后向前抬起，如图1-12所示，看牛是否出现上述反应。

③ 瓣胃的触诊。瓣胃位于牛的右侧第7~9肋间，肩关节水平线上下各3~5厘米的范围内。瓣胃触诊方法有两种，一是在牛的右侧瓣胃区第7~9肋间，用伸直的手指指尖实施重压触诊；二是在靠近瓣胃区的肋骨弓下部，用平伸的指尖进行冲击触诊或切入触诊，如图1-13所示。看牛是否有敏感反应或瓣胃体积、位置的改变。

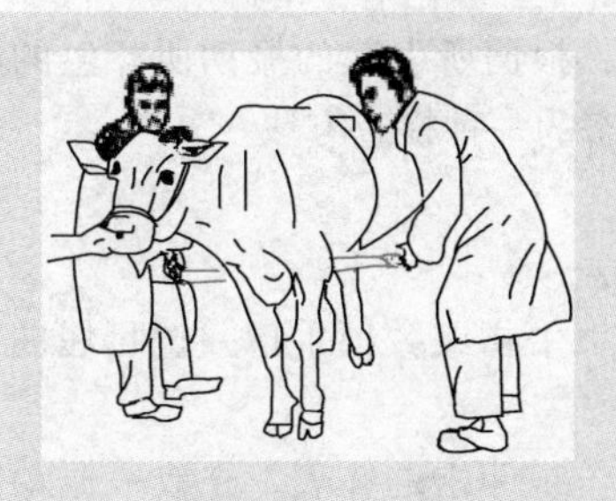

图1-12　牛网胃抬压法触诊检查

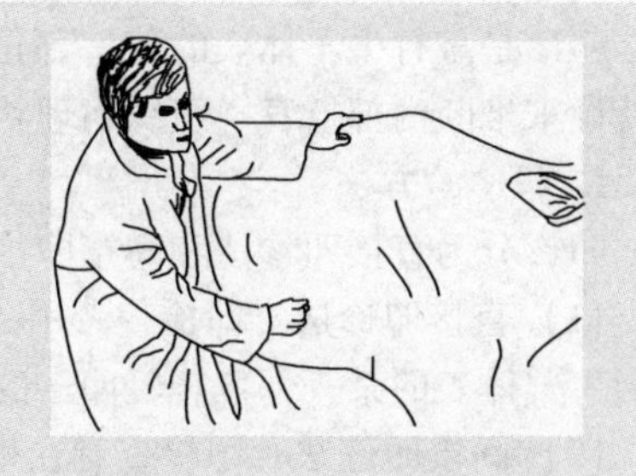

图1-13　牛瓣胃区触诊检查

④ 真胃的触诊。真胃又名皱胃，位于右腹部第9~11肋间，沿肋骨弓下部区域直接与腹壁接触。检查者站在牛的右侧，将手指插入肋骨弓下方进行强压触诊或冲击触诊，看真胃区是否敏感、真胃内容物是否坚硬、有无波动感和拍水音，以判断牛真胃状况。羊的真胃触诊则是使其行左侧卧姿势，将手插入右肋下进行深触诊。

3. 触诊的注意事项

1）触诊前应先向畜主或有关人员了解被检查家畜的习性，有无顶、踢、咬人的恶癖，必要时应进行保定。

2）检查某部位的敏感性时，应遵循宜先健区后病区的原则，并注意与相应部位进行对比。

注意

触诊应用“心”触摸，触诊时要做到手、脑并用，边触摸边思索。

4. 触诊的临床意义

1）了解病畜整体和局部的温度、湿度变化，判断皮肤、皮下组织、浅在淋巴结的正常生理状况和异常变化，检查病变部位的位置、形状、大小及其内容物，感知心搏动、呼吸运动、瘤胃蠕动等器官的功能活动

及相应区域的敏感性。

2）通过触诊能判断病畜某一部位的感受力与敏感性。

3）用深部触诊法可判定病畜的腹腔内腹水情况，牛瘤胃、瓣胃、真胃的状态与内容物、胃壁的性状，肝脾的边缘及硬度，肾脏与膀胱及母畜的子宫与妊娠情况，区分正常与异常。

四、叩诊

叩诊是敲打牛羊体表的某一部位，根据所引起的振动所产生的声响的特性来推断内部器官、组织病理状态的一种检查方法。

1. 叩诊的方法

叩诊分为直接叩诊法和间接叩诊法。

（1）直接叩诊法 即检查者用一根手指或数根手指并拢且屈曲，直接向牛羊体表的某一部位轻轻叩击的方法。

（2）间接叩诊法 即检查者在牛羊被叩击的体表，先放一振动能力较强的附加物（称为叩诊板），而后向这一附加物进行叩击的方法。间接叩诊法又分指指叩诊法与锤板叩诊法。

1）指指叩诊法。主要用于羊等中、小型家畜。检查者以左手的中指或食指（替代叩诊板）紧贴在被检部位上，避开肋骨，右手食指第2关节呈90°弯曲，用该指端以手腕的腕力垂直叩击左手中指或食指的第2指节，每次叩击2下，连续数次。注意替代叩诊板的手指要紧贴体表，作为叩诊锤的手指要垂直叩击，如图1-14所示。

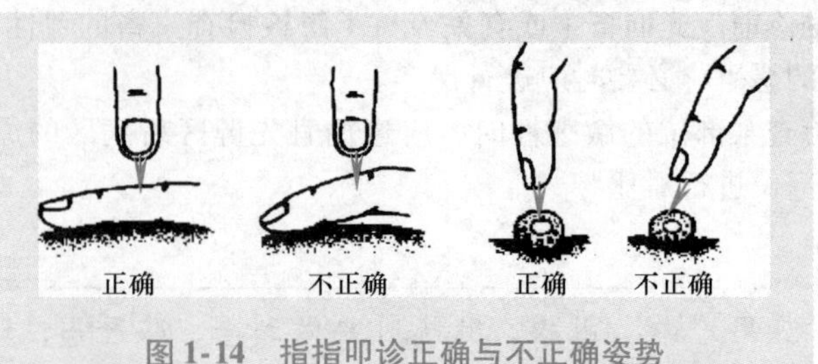

图1-14　指指叩诊正确与不正确姿势

2）锤板叩诊法。叩诊锤一般为金属的，其顶端嵌有软硬适度的橡胶头，叩诊板可为金属、骨质、角质或塑料制品，形态不一。检查者以左手持叩诊板紧贴在被检查部位上，注意避开肋骨，右手持叩诊锤，以腕关节为轴上下摆动，使之垂直叩击叩诊板，每次叩击2～3下，连续数次，仔细听取产生的声响。该法适用于牛等大型家畜的检查。

2. 叩诊的内容

（1）肺部的叩诊　叩诊区的确定：牛羊肺部的叩诊区基本相同，均近似三角形或椭圆形。背界（上界）：自肩胛骨后角沿肘肌向下至第5肋间所画的直线，止于第11肋间。前界：由肩胛骨后角沿肘肌向下画一条类似“S”形的曲线，止于第4肋间隙下端。后界：由髋结节水平线与第11肋相交，肩端水平线与第8肋相交，两点连成一条弧线，顺延止于第4肋间，牛在其肩端尚有一狭小的肩前叩诊区，如图1-15和图1-16所示。

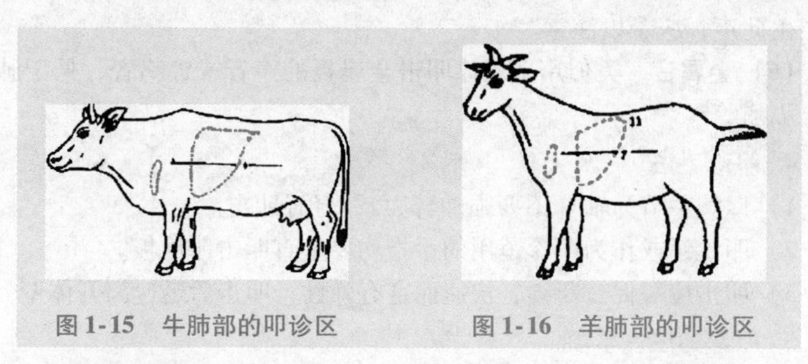

图1-15　牛肺部的叩诊区　　图1-16　羊肺部的叩诊区

（2）腹部的叩诊

1）瘤胃的叩诊。健康牛左腹肋部（又称左肷部）上部为鼓音，由肷窝向下则由鼓音逐渐变为半浊音，下部为浊音。瘤胃积食时浊音范围扩大，瘤胃臌气时鼓音范围增大。

2）网胃的叩诊。沿横膈附着线，即肺叩诊区后界，用较强力度叩击，看其敏感性。

3）真胃的叩诊。真胃位于右侧第9~11肋间，沿肋骨弓直接与腹壁相接。正常真胃叩诊为浊音，若出现鼓音，应疑为真胃扩张。

3. 叩诊音

叩诊畜体的不同部位时，由于被叩击的组织及其周围的条件和弹性不同，所产生的声响也不同，归纳起来主要有以下几种叩诊音。

（1）清音（满音）　是叩诊正常肺部发出的声音，以肺中1/3处最为清楚，而上1/3与下1/3声音逐渐变弱。

（2）浊音（实音）　是叩诊厚层肌肉部位（如臀部）及不含气的实质器官（如心、肝、脾脏）与体壁直接接触的部位时所发出的声音。但在渗出性胸膜炎、胸水肿等胸腔内有积液时，叩诊胸壁会出现水平浊音，大叶性肺炎的肝变期会出现弧形浊音区。

(3) 鼓音 是叩诊含气较多的器官（如叩诊健康牛羊的瘤胃上部1/3）所发出的声音。但在肺气肿、气胸时也会出现此病理叩诊音。

(4) 半浊音 介于清音与浊音之间的一种过渡声响。正常肺部叩诊区边缘的叩诊音为半浊音。但在各种肺炎的浸润期、肺肿瘤、胸膜肿瘤等时也会出现一定大小和形状的局限性半浊音区。

(5) 破壶音 如同轻叩带有裂纹的陶壶发出的声音。见于与支气管相通的肺空洞、开放性气胸。但是，在叩诊板没有与畜体紧密接触时也能产生此声，应予以注意。

(6) 金属音 类似用金属棒叩击金属板的声音或钟鸣音，见于肺空洞、膈疝等。

4. 叩诊手法

1）以腕关节为轴（不要强加臂力），轻轻叩击。

2）叩诊锤或作为叩诊锤用的手指均要垂直叩击叩诊板。

3）叩击应短促、断续、快速而富有弹性；叩击后迅速离开体壁。

5. 叩诊的注意事项

1）叩诊板或作为叩诊板的手指一定要避开肋骨而紧贴于畜体皮肤表面，不留空隙，但也不要过于用力压迫体壁。叩诊时，除作为叩诊板用的手指外，其余手指、手掌均不要接触家畜体壁，以免妨碍振动，影响叩诊结果。

2）使用比较叩诊法时，为判断声响变化，应在同等条件下，在相应部位进行相同力度、频率的叩击，以便区别。并注意：力度较强的叩诊效果不好时，应转为中等力度直至较弱力度的叩诊。

3）叩诊应在家畜保定状态下，在安静环境中进行。

4）肺部的叩诊除遵循一般规则外，必须注意：叩诊板的选择要大小适宜，并沿肋间隙放置；叩诊顺序是先由前至后，再自上而下；听取声音的同时还要注意观察家畜有无咳嗽、呻吟、躲闪等反应。

叩诊技巧

手、耳、脑并用，叩、听、思（对比）密切结合。

6. 叩诊的临床意义

直接叩诊法主要用于牛羊瘤胃臌气严重程度的检查（判断其含气量

及紧张度)、鼻旁窦、喉囊等的检查。

间接叩诊法主要用于牛肺部、心脏及胸腔病变的检查，也可以用于肝脏、脾脏的检查。

五、听诊

听诊是听取家畜体内的某些器官在生理或病理过程中机能活动所自然发生的声音，借以判定其病理变化的一种方法。

1. 听诊的方法

听诊分为直接听诊法和间接听诊法。

（1）直接听诊法　检查者先在家畜体表上放一块听诊布，然后两手分别放在畜体前后作为支撑点，直接用耳贴于该部位进行听诊的方法，如图 1-17 所示。

（2）间接听诊法　应用听诊器在家畜某一部位进行听诊的方法。听诊器由接耳端、橡胶软管、接体端（听头）组成。听诊时左手持听头，右手放在畜体上作为支撑点，进行听诊，如图 1-18 所示。

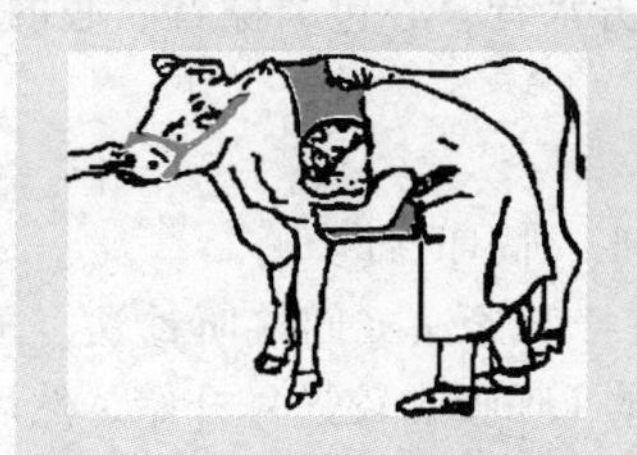

图 1-17　牛肺部直接听诊

图 1-18　牛肺部间接听诊

2. 听诊的内容

（1）心音的听取　包括心音的频率、强度、性质、节律及有无杂音、心包摩擦音和击水音。

1）心音的听取位置。一般在左侧心区听取，有必要时再于右侧心区听诊。

2）心音听诊方法。被检家畜呈站立姿势，使其左前肢向前伸出半步，以充分显露心区。最常用的听诊方法是间接听诊。听诊时，检查者带好听诊器，将听诊器的听头放于牛羊肘头后上方心区部位，使之与体壁紧密接触，仔细倾听，判断心音的频率、节律、心音的强弱及性质，以及有无心音分裂和心杂音，依次推断心脏的功能，如图1-19所示。

3）正常心音。心音是心室的收缩或舒张活动所产生的声音。正常情况下，一个心动周期内可以听到“咚—嗒”两个交互出现的声音。“咚”是心室收缩过程中产生的，称为收缩期心音或第一心音；“嗒”是心室舒张过程中产生的，称为舒张期心音或第二心音。

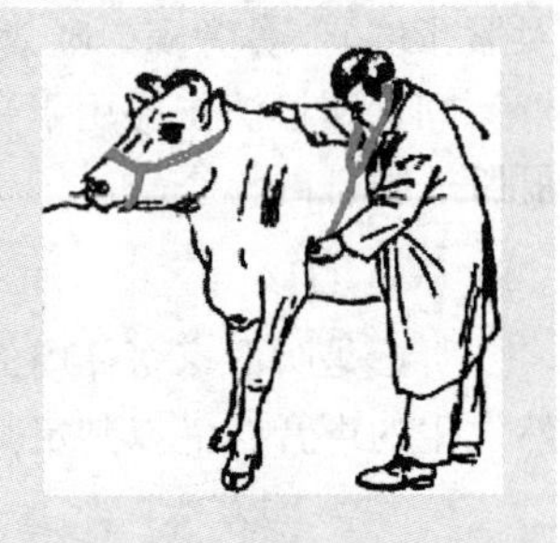

图1-19　牛心脏听诊

听诊心音时，要注意两个心音的区别，分清第一心音和第二心音。黄牛一般较马的心音清脆，尤其第一心音明显，并且与心搏动、动脉脉搏同时出现，但其第一心音的持续时间短；水牛及骆驼的心音则不如马和黄牛清脆，第二心音与心搏动、动脉脉搏出现时间不一致。

4）异常心音。主要表现在心音的频率、强度、性质、节律等方面，如心动过速、心动缓慢等频率改变，心音增强、心音减弱等强度改变，心音浑浊、胎心率、奔马调、金属性心音等性质改变，心音分裂，心律不齐、不规则心率等节律改变，心包击水音、心包摩擦音、心内杂音、心外杂音等心杂音等。

（2）胸部的听诊

1）肺听诊区。近似三角形或椭圆形，同叩诊区。

2）胸部的听诊方法。牛可采用直接听诊法或间接听诊法，羊只能用间接听诊法。听诊顺序为先从肺中部（呼吸音较强）开始，然后依次为肺区的上前部、上后部、下前部及下后部。注意左右侧对比，如呼吸音微弱可将家畜鼻孔暂时堵塞，然后立即放开引起其深呼吸再听，也可以驱赶家畜运动，增大其呼吸深度后再听。听诊时注意呼吸音的强弱、性质及病理呼吸音。

① 直接听诊法。检查者在家畜胸部垫上听诊布，将耳紧贴体表，为保证自身安全，听取肺前半部时面向家畜前方，手按家畜鬐甲部和腹部作为支撑点；听诊后半部时，面向家畜后方，手按胸部和髋结节作为支撑点。

② 间接听诊。检查者戴好听诊器，一手按压被检家畜的任何一部位作为支撑点，一手持听头紧贴于家畜体表，按顺序进行听诊。

3）生理呼吸音。家畜呼吸时，气流进出细支气管和肺泡发生摩擦，引起漩涡运动而产生声音，这种声音经过肺组织和胸壁，在体表即可听到，即为肺的生理呼吸音。

正常的呼吸为一呼一吸。在正常肺部可听到两种呼吸音，即支气管

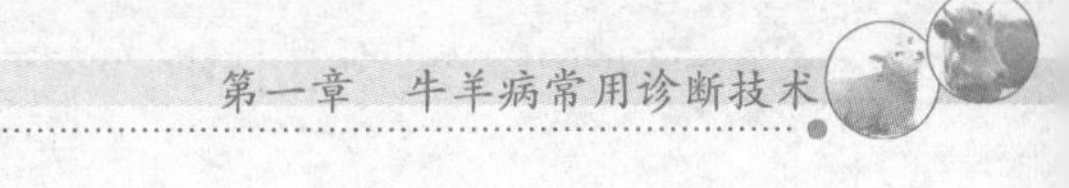

呼吸音和肺泡呼吸音。检查时，要注意呼吸音的强度、音调的高低、呼吸时间长短和呼吸音的性质。

① 支气管呼吸音是一种类似将舌抬高而呼出气时所发生“嗬、嗬”的声音。声音的特征为吸气时较弱而短，呼气时较强而长，声音粗糙而高。牛羊在肩胛骨后、肩关节水平线上下均可听到。

② 肺泡呼吸音是类似柔和吹风样的“夫、夫”音，其特征为吸气之末最清楚，呼气时较弱而短，仅在呼气之初可以听到。牛仅在肺区的后1/3 可以听到，羊在整个肺区均可听到。

4）病理性呼吸音。主要有以下两类。

① 生理呼吸音的性质和强度发生改变，如肺泡呼吸音增强、减弱或消失及断续性呼吸音。

② 异常呼吸音。主要有啰音、捻发音、胸膜摩擦音、拍水音（击水音）等。

• 啰音：主要出现于吸气的末期，呈尖锐或断续性，是呼吸道内积有病理性分泌物的标志。啰音分干性啰音和湿性啰音两类。

干性啰音：是支气管炎的典型症状。病变部位在大支气管时，其音类似“咕、咕”声或“嗡、嗡”声，强而粗糙；病变在中、小支气管时，其音类似哨声、笛声、飞箭声及“咝、咝”声，声调强，长而高朗，可随咳嗽而移动、消失。呼气和吸气时均可听到，但吸气时最清楚。

湿性啰音：是支气管疾病和肺部疾病的重要症状，其声音特征类似液体流动及水泡破裂声。大支气管声音大，中、小支气管声音较弱，可随咳嗽而移动、消失。呼气和吸气时均可听到，但吸气末期更为清楚。

• 捻发音：其特征类似在耳边捻发而发出的细微而均匀、短暂而断续的“噼啪”声，常发生于肺脏的后半部，一般出现在吸气之末或在吸气顶点最清楚。

• 胸膜摩擦音：特征类似于手背或皮革相互摩擦时发出的声音，其声音干而粗糙，似在耳下，以吸气之末与呼气之初明显，如强压听诊器听头时声音增强。摩擦音的出现，为纤维素胸膜炎的特征。

• 拍水音：特征类似摇动装有少量液体的瓶罐时所发出的声音，胸膜有液体、气体存在时，随呼吸运动或体位突变而发出拍水音，常见于渗出性胸膜炎、创伤性心包炎等。

（3）瘤胃的听诊　听诊位置在左腹肋部；正常蠕动音及蠕动次数：听诊瘤胃随每次的蠕动波可出现由远及近逐渐增强的类似风吹样的沙沙

声、雷鸣声或远炮声，牛每2分钟蠕动2～5次、羊每分钟蠕动2～4次。

3. 听诊的注意事项

1）听诊时的环境必须安静，被检查家畜和检查者均要在休息后、呼吸平和时才能进行听诊。

2）听诊器两耳塞与检查者耳的外道相接要松紧适当。听头要避开肋骨，紧贴于家畜的被听部位皮肤表面，防止无关声音的干扰。

3）听诊时要聚精会神，认真判别各种病理音的性质，并同时注意家畜的反应，注意安全。

六、体温测定

1. 测定方法

通常用直肠测温法。测温前先将体温表的水银柱甩至35℃以下，用酒精棉球擦拭消毒，并涂上润滑剂。

测定时，被检家畜应适当进行保定，检查者站于家畜的正后方，用左手将尾根提起，右手将体温计经肛门稍向前下方插入直肠，经3～5分钟后取出，用酒精棉球将体温计上的粪便及黏液擦拭干净后再读数。

测定体温后，甩下水银柱，放于消毒瓶中备用。

2. 正常体温值

牛的正常体温是37.5～39.5℃，水牛的正常体温是36.0～38.5℃，绵羊、山羊的正常体温是38.0～39.5℃。

3. 家畜体温的正常变化

健康家畜的体温受年龄、性别、季节及气温的影响，使役、运动和采食后也有一定程度不同的生理变化。正常情况下幼畜比成年家畜的体温高；妊娠家畜分娩前体温稍高；一天之中，早晨体温稍低，而午后的体温比上午的体温稍高。

4. 病理变化

（1）体温升高 见于某些传染病、感冒、中暑及某些炎症。

（2）体温降低 见于大失血、生产瘫痪、心力衰竭、病重的后期及中毒性疾病。

第三节 牛羊病临床检查基本程序

为了全面系统地收集病畜的临床症状，进行科学的分析并做出正确的诊断，临床检查工作应有计划、有步骤地按一定程序进行。

一、病畜登记

按病历表所列项目详细登记，如畜主姓名、住址及其联系方式，病畜种类、品种、性别、年龄、毛色、特征、用途、体重、临诊时间等。

二、病史调查及流行病学调查

通过问诊对发病情况进行调查，包括发病前后的饲养管理、既往病史、现病临床基本情况、流行概况等。

三、现症检查

在病畜发病初期，示病症状出现以前，要全面了解病情，一般可按以下步骤进行。

1. 一般检查

测定体温、脉搏及呼吸次数；观察整体状况（如精神、营养、体格、食欲、饮水、咀嚼、吞咽、姿势、运动等）；检查被毛、皮肤、可视黏膜及浅表淋巴结。

2. 心血管系统的检查

见本章第二节有关内容。

3. 呼吸（器官）系统检查

见本章第二节有关内容。

4. 消化（器官）系统检查

见本章第二节有关内容。

5. 泌尿、生殖（器官）系统检查

见本章第二节有关内容。

6. 实验室检验和特殊仪器检查

根据临床诊断的需要，在条件允许且必要时方可进行实验室检验和特殊仪器检查。

应注意，在某病的特征性症状或典型症状出现以后，不必再进行实验室检验和特殊仪器检查，应根据需要选择检查项目。

四、病历记录及其填写

病历记录是全面系统收集病畜临床症状的书面材料，也是总结经验和提高自己临床诊疗水平的重要资料。

病历记录包括病畜登记、病史调查、临床检查、初步诊断及用药情况等。病历记录要科学化、系统化，询问应简明扼要，通俗易懂。

1. 病历表的格式

一份完整的病历包括以下 5 个部分。

1）病畜登记事项。

2）病史资料的记载。

3）临床检查记载，包括实验室和临床辅助检查结果。

4）诊断意见，包括初步诊断和最后诊断意见。

5）治疗和护理措施。

2. 病历填写的原则

要求全面、详细、系统、准确、有条理并符合科学性。语言应通俗易懂，一目了然，最好现场记录，切忌补记、涂改。

3. 填写病历的方法与要求

1）病畜登记的病史资料。记载要如实填写，不加分析意见，不凭主观印象来取舍材料。填写时要求简明扼要，字迹清楚。

2）临诊检查部分的填写。

① 应先写三大生理指标（体温、呼吸、脉搏）；反刍兽应加瘤胃蠕动次数、反刍、嗳气及咀嚼次数，扼要记载一般检查的突出点。

② 各系统检查应先写变化突出点，后写变化次要点，其余无变化者，多以无异常发现（或未见异常）而结尾。

③ 初诊病例，应力求详细，文字要求精练、明确、通俗易懂。

3）能确诊的病例，直接在“最后诊断”栏内填写病名。暂不能确诊者，则在诊断栏内填写疑似的病名，一般填写初步诊断病名，经治疗过程结束后再填确切病名。

4）在“治疗及护理”栏内，应依例写出处方、处理方法及护理的原则和具体措施。

5）最后医生签上自己的姓名，以示负责。

4. 病历表及填写方法举例（表 1-1）

表 1-1　病历表及填写方法举例

NO：0020　　××× 兽医院

畜主姓名	×××		住　址	××市		联系方式	×××
畜　别	鲁西黄牛	性别	母	年龄	2.5 岁	体重	400 千克
病畜特征						毛色	黄
就诊日期	2010 年 5 月 20 日			初步诊断		胃肠炎	
转　归	痊愈出院			最后诊断		心功能衰竭	

（续）

病　史	5月11日上午发现该牛精神差，不食草料，当地兽医站按前胃弛缓治疗，每天静脉滴注10%氯化钠溶液400毫升、5%葡萄糖1000毫升，连用7天，未见好转，而胸前和包皮处各有一无热肿胀，已越来越大，特来就诊
临床检查	20日查：体温39.0℃，呼吸36次/分钟，脉搏60次/分钟 病牛精神差，营养中等，见胸前和包皮处有篮球大的圆形肿胀。触知无热、无痛感，指压留痕迹 胃肠蠕动音弱，次数稀少；心功能衰竭，节律不齐；粪便稀软、腥臭，被覆大量泡沫、黏液，色暗 血红蛋白11.5克，红细胞587万个/毫升，白细胞11358个/毫升。白细胞分类计数，其中嗜酸性粒细胞2%；中性杆状核粒细胞5%；中性分叶核粒细胞62%；淋巴细胞28%；单核细胞3%。尿少，尿色黄，尿稠，尿蛋白阴性，尿潜血阴性，粪便隐血检查（++++） 21日复诊：体温38.5℃，呼吸34次/分钟，脉搏50次/分钟 病牛精神好转，开始采食嫩草约2.5千克；胸前和包皮肿胀缩小，似排球大；胃肠蠕动音增强；粪中黏液减少，隐血检查（+）；尿量明显增加
分析	根据临床症状分析诊断为心功能衰竭
治疗及护理	1. 20%葡萄糖800毫升、10%氯化钙溶液100毫升、20%安钠加20毫升，一次静脉注射 2. 双氢克尿塞（氢氯噻嗪）粉2克、氢化钾粉10克，一次内服 3. SG 0.5×80片、SD 0.5×80片、碳酸氢钠100克，分4包，每天服3次，首服2包、间隔3小时服1包
小结	诊断基本准确，选用药物准确，给药方法恰当。治疗2次后痊愈

兽医师：×××

2010年5月25日

第四节　牛羊病常用实验室检查技术

一、血液原虫的检查技术

寄生在牛羊血液中的原虫如巴贝斯虫、泰勒虫、伊氏锥虫等，会大量破坏红细胞，使病畜出现高热稽留。实验室诊断时，一般在病畜高温时采取家畜血液，进行血液虫体的检查。常用的检查方法主要有血涂片染色观察、鲜血压滴的观察和虫体浓集法3种。

1. 血涂片染色观察

病畜耳静脉采血、涂片，用姬姆萨或瑞氏染液染色后观察。

（1）血片的制作　消毒针头刺耳尖采集血液。取 2 片干燥洁净的载玻片，一为载片，一为推片。左手持一载片两端，右手持推片；取被检血 1 滴（注意：直接涂片时第 1 滴血不要）滴于载片一端，推片一端与血接触呈 45°角，并使其血液自由沿推片边缘扩散，待均匀后，后拉推片 3 ~5 毫米，再以同等速度轻轻向载片另一端推动，将血均匀地涂抹在载片上，如图 1-20 所示。让血片自然干燥、待染，良好的血片以薄而均匀为宜，如图 1-21 所示。

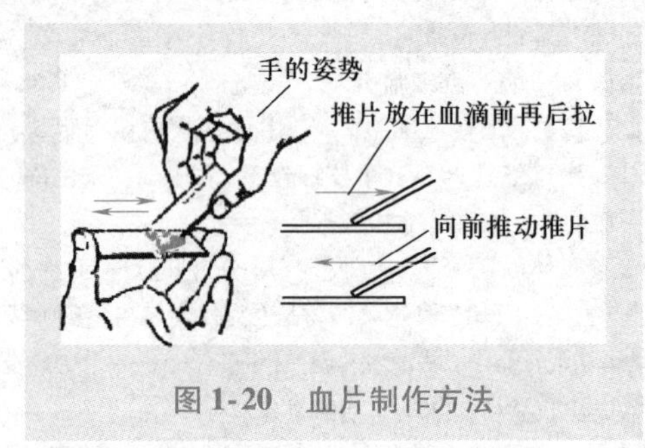

图 1-20　血片制作方法

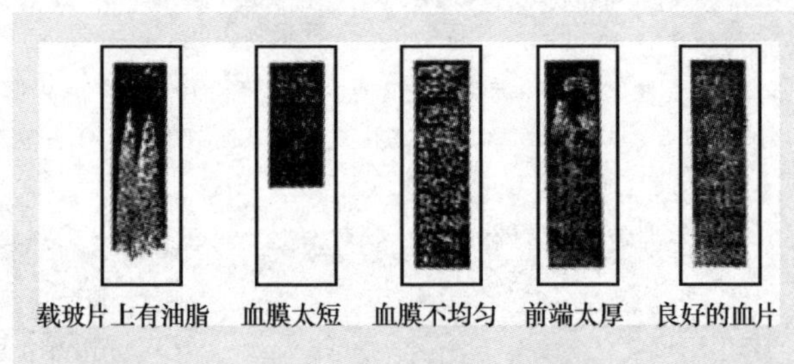

图 1-21　血片的比较

（2）固定　将已干燥的血片浸入甲醇中 2 ~3 分钟，取出晾干；或者在血片上滴加数滴甲醇使其作用 2 ~3 分钟，再自然挥发干燥。

注意

用姬姆萨染色法时血片要进行固定，而瑞氏染色法不用固定血片。

（3）染色

1）姬姆萨染色法。取已固定的血片，置于染色缸的染色架上，滴加姬姆萨染液至盖满整个血膜（约 2 毫升），根据室温高低和血片厚度，

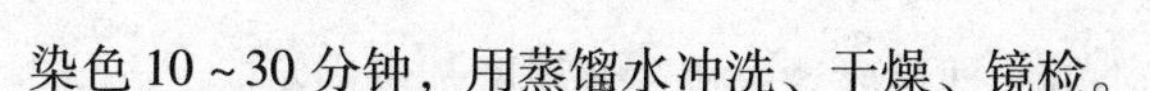

染色10～30分钟，用蒸馏水冲洗、干燥、镜检。

2）瑞氏染色法。取干燥血液涂片，置于染色缸的染色架上，滴加瑞氏染液于血片上，染液的量以刚覆盖血膜为宜。也可将血液涂片的血膜向下，滴加染液时由载玻片边缘浸入，以覆盖血膜（此法可避免颗粒状物沉于血膜上，而影响计数）。待染5～8分钟，再加等量的缓冲液，并轻轻摇动，使染液和缓冲液混匀。继续染色3～5分钟，再用蒸馏水冲洗，干燥后即可镜检。

（4）镜检　将血液涂片置于显微镜载物台上，用高倍镜观察，见红细胞变形、破裂，内有环形和卵圆形虫体（环形泰勒虫，见图1-22），或红细胞内有杆状和梨籽形虫体（瑟氏泰勒虫，见图1-23），或红细胞内有1个圆形虫体（山羊泰勒虫，见图1-24），或红细胞内有1～3个成双的梨籽形以尖端相连的呈锐角或钝角的虫体（双芽巴贝氏虫，见图1-25），即可确诊。

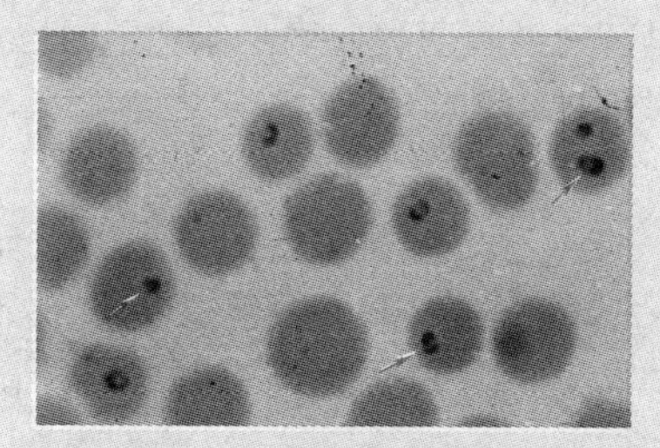

图1-22　血液中的环形泰勒虫

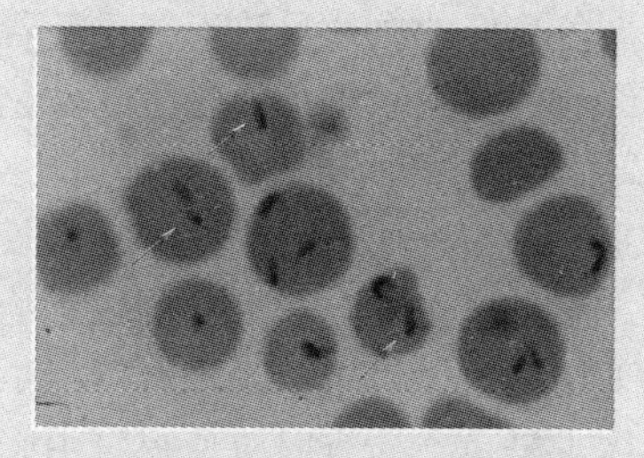

图1-23　血液中的瑟氏泰勒虫

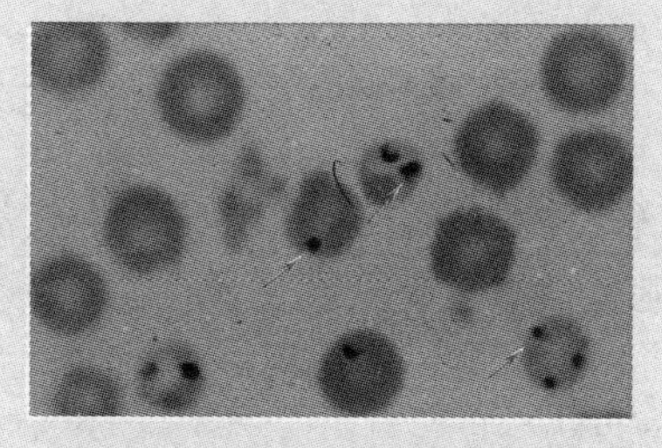

图1-24　血液中的山羊泰勒虫

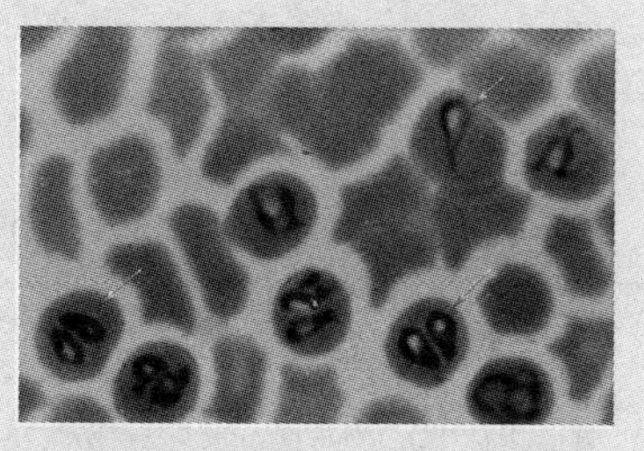

图1-25　血液中的双芽巴贝氏虫

（5）注意事项

1）载玻片必须清洁干燥，最好用硫酸—重铬酸钾溶液浸泡洗净后，烘干备用。冬季或寒冷情况下，宜将载玻片烘热到40℃左右，干燥速度

快，血细胞变形小，若不能立即检验，可用数滴甲醇加以固定。

2）姬姆萨染液的配制：姬姆萨染色粉0.5克、纯甘油（中性）33.0毫升、纯甲醇（中性）33.0毫升。

先将姬姆萨染色粉加入甘油内，置水浴（56～60℃）加温2小时，使染色粉溶解；再加入甲醇，混匀，保存于棕色瓶中。1周后，用滤纸滤过即成原液。

注意

姬姆萨原液中应绝对避免混入水分。

临用时，以清洁、干燥吸管吸取原液1毫升，加于蒸馏水10毫升中；或吸取原液1～2滴，加于蒸馏水1毫升中，配制成应用液使用。

3）本法所染血片，虫体呈蓝青色，组织细胞细胞质呈红色，细胞核呈蓝色，清晰鲜艳，各种白细胞易于辨别并适于血液原虫的检查。

染色良好的血片呈玫瑰红色。若呈灰色及青灰色，表示染色液过碱；呈鲜红色，则表示染色液过酸或染色时间过短。

2. 鲜血压滴观察

主要是检查血液中虫体的运动性。将1滴生理盐水置于洁净的载玻片上，滴被检血液1滴充分与之混合后，盖上盖玻片，静置片刻，放显微镜下用低倍镜检查，发现有可疑虫体运动时，可再换高倍镜检查。由于虫体未染色，检查时应使视野中光线弱些。

提示

鲜血压滴观察仅适用于锥虫、微丝蚴的检查。

3. 虫体浓集法

采病畜抗凝血6～7毫升，以500转/分钟离心5分钟，使其中大部分红细胞沉降；而后将含有少量红细胞、白细胞和虫体的上层血浆移入另一离心管中，补加一些生理盐水，再以2500转/分钟离心10分钟；弃去上清，取沉淀物制成抹片，按上述染色法染色检查。

提示

虫体浓集法适用于伊氏锥虫、梨形虫和微丝蚴等的检查。

血液中微丝蚴的检查方法是采血于离心管中，加入5%醋酸溶液以

使血液细胞溶解，待溶血完成后，离心并吸取沉淀物检查。

二、粪便虫卵的检查技术

寄生于消化道及其相通器官（肝脏、胰脏等）中的寄生虫及某些呼吸道寄生虫，因为其虫卵或幼虫常随痰液咽下而随粪排出。故而寄生虫卵或幼虫的检查常通过采集粪便进行检查。

虫卵粪便检查法主要有3种，即直接涂片法、饱和盐水漂浮法和自然沉淀法，常用的是饱和盐水漂浮法。饱和盐水漂浮法的原理是用密度较虫卵大的饱和盐水作为漂浮液，使虫卵、球虫卵囊浮于液体表面，进行集中检查。漂浮法对于大多数较小的虫卵，如某些线虫卵、绦虫卵和球虫卵囊等有很高的检出率，但对密度较大的吸虫卵和棘头虫卵检出效果较差。这些虫卵的检查，需用沉淀法。

1. 实验仪器与试剂

显微镜、小玻璃珠、量筒、食盐、常水、玻璃棒、载玻片、盖玻片、烧杯、试管、滴管、电炉、漏斗、显微镜、平皿、铜筛、纱布、接种棒（环）、锥形瓶、托盘天平、酒精灯、火柴等。

2. 实验操作

（1）粪便的收集　供寄生虫学检查的粪便必须从直肠内采取，若亲眼看到家畜排粪，也可从地面收集粪样，并且要每头份采集3份样品，每份不少于60克。

直肠内样品应用大镊子手柄采集或用手指采集，放于有盖玻璃瓶或塑料袋内。

注意

容器内空气尽量排尽，以减少虫卵的发育和孵化。

（2）粪便检查

1）直接涂片法。取50%甘油水溶液或普通水1～2滴滴于载玻片上，镊取黄豆大小的被检粪块与之混匀，剔除粗粪渣，加上盖玻片，在显微镜下检查虫卵。

注意

直接涂片法操作最为简便，但检出率不高。

2）虫卵漂浮法。常用饱和盐水漂浮法，其操作步骤为：

① 饱和盐水的制备。在水中加入足够的盐，煮沸后有结晶析出，即达饱和，一般1000毫升水中约加入食盐400克，用4层纱布或脱脂棉过滤，冷却后备用。

② 蠕虫卵的漂浮。取5~10克粪便置于100~200毫升烧杯或塑料杯中，先加入少量漂浮液用玻璃棒充分搅开，再加入约20倍体积的漂浮液搅匀，用60目（孔径0.25毫米）铜筛过滤，滤液在烧杯中静置40分钟左右使虫卵上浮，用火焰消毒过的直径为0.5~1厘米的金属圈与液面平行蘸取表面液膜，将液膜抖落于洁净干燥的载玻片上，如此多次蘸取不同部位的液膜，加盖玻片镜检；或用盖玻片直接蘸取液面，放于载玻片上，在显微镜下检查。

③ 蠕虫卵的镜检。将覆盖有盖玻片的载玻片置于显微镜载物台上，在80~100倍的低倍镜下观察，查找虫卵，比照各种虫卵的标准形态，进行鉴定，如图1-26和图1-27所示。

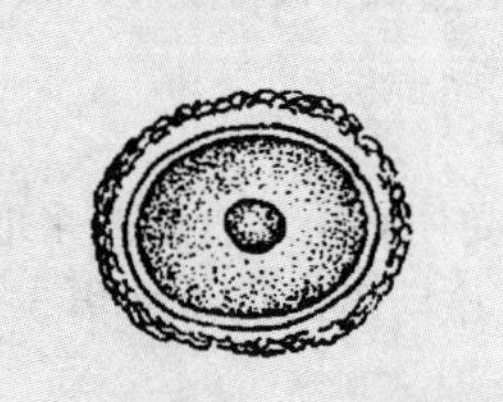

图1-26　牛犊新蛔虫卵

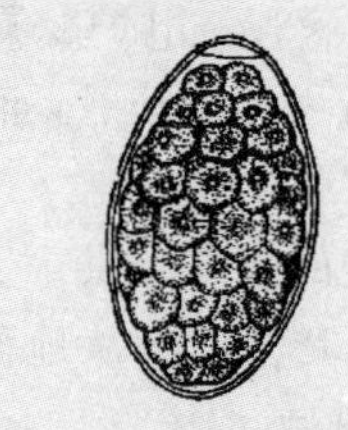

图1-27　肝片形吸虫卵

④ 注意事项。

a. 本实验要采集新鲜粪便，并及时检查。

b. 为了提高检出效果，还可用硫代硫酸钠、硝酸钠、硫酸镁、硝酸铵和硝酸铅等饱和溶液作为漂浮液，可大大提高检出效果，甚至可用于吸虫卵的检查，但易使虫卵和卵囊变形。因此，检查必须迅速，制片时可补加1滴水。

c. 本实验主要用于检查线虫卵、绦虫卵及球虫卵囊等密度较小的卵及卵囊。

提示

虫卵漂浮法操作较复杂，但检出率高。

3）虫卵沉淀法。

① 自然沉淀法。取5~10克粪便捣碎后，放于一容器内，加5~10倍

量清水搅匀，经 40～60 目（孔径 0.25～0.38 毫米）铜筛过滤后，让滤液自然沉淀约 20 分钟，倒掉上清液；如此反复 2～3 次，至上清液清亮为止，如图 1-28 所示。最后倾倒掉大部分上清液，留约沉淀物 1/2 的溶液量，用胶帽吸管吹吸混匀后，吸取少量于载玻片上，加盖玻片镜检，检查虫卵。

提示

自然沉淀法操作简便，费时较长，但检出率较高。

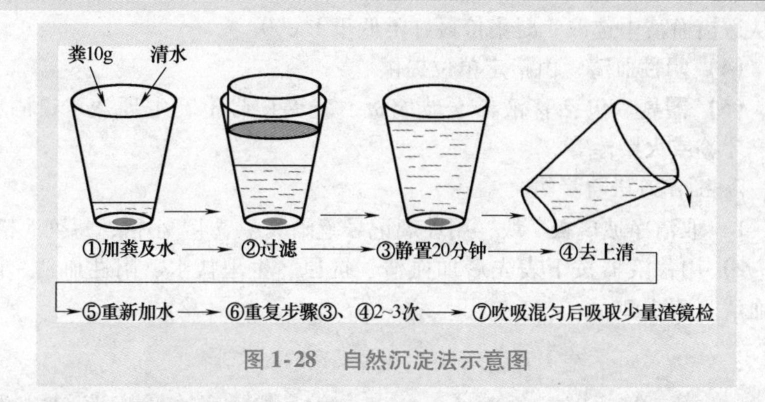

图 1-28　自然沉淀法示意图

② 离心沉淀法。取 5～10 克粪便捣碎后，放于一容器内，加 5～10 倍量清水搅匀，经 40～60 目铜筛过滤后在 1000 转/分钟的转速下离心 5 分钟，去上清液留沉淀物，加清水搅匀，再离心，如此反复 2～3 次。最后混匀取少量沉淀物涂片，加盖玻片镜检，查找虫卵。

提示

离心沉淀法操作较复杂，但节省时间，且检出率较高。

三、平板凝集试验技术

颗粒性抗原（细菌等大抗原）与相应的抗体混合后，在电解质的参与下，经过一定时间，抗原抗体凝集成肉眼可见的凝集块，这种现象称为凝集反应。

凝集反应分为直接凝集反应和间接凝集反应，直接凝集反应又可分为平板凝集与试管凝集。据《动物防疫法》的有关规定，奶牛羊每年均要进行布鲁氏菌的检测，常用玻板凝集反应进行初检，故以布鲁氏菌玻板凝集反应为例，介绍平板凝集试验技术。

1. 材料与试剂

(1) 抗原 本法所用抗原由指定单位提供，按说明书使用。本抗原为浅蓝色的悬浮液。使用前充分振荡，并使其温度达到20℃左右。

(2) 被检血清 被检血清必须新鲜，无明显蛋白凝固，无溶血现象和无腐败气味。加入防腐剂的血清自采血之日算起，最迟于15天内检验。试验前须置于温室中，使其温度达到20℃左右。

(3) 阳性血清 由指定单位提供。通常取自人工免疫的家畜，但也可从送检血清中选取。凝集价最好不低于1:800。

(4) 阴性血清 由指定单位提供。

(5) 器具 包括移液器、玻璃板、玻璃记号笔、生理盐水、酒精灯、牙签或火柴棒等。

2. 操作方法与步骤

1）取洁净玻璃板1块，用玻璃记号笔画成4毫米^{2}小格，每列5格。

2）用移液器按下表先后加血清、抗原、生理盐水、阳性血清、阴性血清（表1-2）。

表1-2 布鲁氏菌平板凝集试验术式表

编号	1	2	3	4	5（生理盐水对照）	6(标准阳性血清对照）	7（标准阴性血清对照）
血清/微升	80	40	20	10			
抗原/微升	30	30	30	30	30	30	30
生理盐水/微升					30		
阳性血清/微升						30	
阴性血清/微升							30
相当于试管反应效价	1:25	1:50	1:100	1:200			

3）用牙签自血清量少的格开始依次向前搅拌混合；每格血清用1根牙签；用过的牙签要放在固定容器内，工作完毕后，集中烧毁。

4）混合完毕后，放于酒精灯上稍加温，使之均匀达30℃左右，静置3~4分钟，再拿起玻璃板轻轻转动，于5~8分钟内判定结果。

5）结果判定与反应强度记录：

++++：出现大的凝集块或小的颗粒，液体完全透明，即为100%菌体凝集。

+++：有明显的凝块，液体几乎完全透明，即为75%菌体凝集。

++：有可见的凝块，液体不太透明，即为50%菌体凝集。

+：仅仅可以看出颗粒物，液体浑浊，即为25%菌体凝集。

-：液体均匀浑浊，无凝集现象。

3. 试验结果的判定标准

牛、马和骆驼的血清20微升，凝集呈“++”以上时，判定为阳性；40微升凝集呈“++”以上时，判为可疑。羊、猪血清40微升，凝集呈“++”以上时，判定为阳性；80微升凝集呈“++”以上时，判为可疑；判为可疑反应的，经3~4周，须重新采血、检验。如果重检时仍为可疑，则判定为阳性。

四、环状沉淀试验技术

可溶性抗原（如细菌的内毒素、外毒素、菌体裂解液、病毒、组织浸出液等）与相应的抗体结合，在适量电解质存在的情况下，经过一定时间，形成肉眼可见的白色沉淀，称为沉淀试验。沉淀试验分为液相沉淀试验和固相沉淀试验，环状沉淀试验为液相沉淀试验的一种。本试验是用小口径试管，在其中加入已知的沉淀素血清，然后沿管壁加入等量待检抗原于血清表面，使之成为分界清晰的两层，经数分钟后，两层液面交界处有白色沉淀环，称为环状沉淀试验。该试验主要用于抗原的定性检验。下面以诊断炭疽的Ascoli试验为例，介绍环状沉淀试验技术。

1. 实验材料

炭疽沉淀素、炭疽标准抗原、炭疽病料组织、剪刀、研钵、定性滤纸、毛细管、生理盐水、沉淀反应管（小试管）、试管架、胶头滴管、水浴锅、电炉、离心机。

2. 实验操作

1）待检抗原制备。取病畜病死组织1~2克，剪碎、捣烂，加5~10倍生理盐水，煮沸10~15分钟，冷却后用滤纸过滤或离心沉淀，透明滤液或离心的上清液即为被检抗原。

2）取沉淀反应管3支，分别编号为1、2、3号，并各加炭疽沉淀素血清0.1毫升。

3）用毛细管吸取待检抗原0.1毫升，沿管壁轻轻加入1号管，使其重叠在炭疽沉淀素血清上，使上下两液间有一整齐界面。

4）另两支沉淀反应管，2号管加炭疽标准抗原，3号管加生理盐水作为对照，方法同上。

5）将反应管直立静置，1～15 分钟内判定结果。若 3 号管无反应，而 1、2 号管两液的接触面出现白色的沉淀环，则判为阳性。

注意

肝脾、血液等制成的抗原多在 1～5 分钟内出现结果，而生皮病料抗原在 10～15 分钟内出现结果。

第五节 牛羊常用的变态反应诊断技术

变态反应是动物机体对再次接触的抗原产生的异常反应。利用变态反应的原理，通过在动物机体局部接种已知微生物或寄生虫抗原，根据是否引发变态反应，进而确定动物是否已被相应微生物或寄生虫感染，并进一步分析动物的整体免疫功能。牛羊常用的变态反应诊断有皮内变态反应和眼内变态反应。

一、皮内变态反应诊断技术

在牛的结核病的诊断中，提纯结核菌素皮内试验是目前最有现实意义的好方法，也是我国乳牛结核病检疫规程规定的方法之一，现做简要介绍。

1. 实验材料

提纯结核菌素（PPD）、1 毫升注射器、针头、剪毛剪、游标卡尺、碘酒棉球、酒精棉球、镊子、消毒盘、工作服、口罩、乳胶手套。

2. 实验操作

（1）确定注射部位及处理

1）注射部位：成年牛一般在颈侧中部 1/3 处，3 月龄内的犊牛也可在肩胛部。

2）处理：首先给受检牛编号，助手对牛进行站立保定，术者戴口罩、手套；术部剪毛或剃毛（需提前 1 天，范围为直径 10 厘米）。用卡尺测量术部中央皮皱厚度并记录。术部消毒：先用碘酒棉球涂擦，再用酒精棉球脱碘。

（2）牛结核菌素皮内注射 注射剂量：不论大小牛，一律皮下注射 1 万国际单位。先将牛型提纯结核菌素稀释成 10 万国际单位/毫升；用专用金属皮内注射器吸取稀释后的结核菌素 0.1 毫升；持注射器使针头

与皮肤成30°角刺入术部中心皮肤内注入，注射部位应出现小泡；然后进行皮肤常规消毒。

（3）观察记录反应　注射后经72小时、96小时、120小时分别观察局部有无炎性反应，测量皮皱厚度，并详细记录。

（4）结果判定　若注射后72小时注射部位有明显的热痛、肿胀反应，皮皱厚度差大于或等于4毫米，则判为阳性反应，记为“+”；若局部炎性反应不明显，皮皱厚度差在2.1~3.9毫米之间，则判为可疑反应，记为“±”；若局部无炎性反应，皮皱厚度差在2.0毫米以下，则判为阴性，记为“-”。

3. 注意事项

1）冻干牛型提纯结核菌素（PPD）稀释后当天用完。

2）对可疑反应牛，应在第1次注射30天后，在对侧用同一批次的结核菌素注射复检，若结果仍为可疑，再经30~45天后复检，若再为可疑，则判为阳性。

二、眼内变态反应诊断技术

牛感染结核杆菌后，可出现变态反应，并保持很长时间。用结核菌素点眼以后可出现特异性的脓性结膜炎。我国现行乳牛结核病检疫规程规定，以结核菌素（O.T）皮内注射法和点眼法同时进行，其中有一种为阳性反应即判定为结核阳性牛。此法简便易行，其特异性及检出率较高，无论对急性型或慢性型牛都有较高的价值。

1. 实验材料

结核菌素（O.T）、酒精棉球、点眼器、煮沸消毒器、镊子、消毒盘、工作服、口罩、乳胶手套。

2. 实验操作

1）保定。由助手对牛进行站立保定。

2）检查。点眼前必须对牛两眼进行详细的检查，眼结膜正常者才可进行。结核菌素一般点于左眼，若左眼异常可点于右眼，但须在记录上注明。

3）点眼时间。一般选在早晨进行，以便于观察。

4）点眼时，助手固定牛，术者戴口罩、手套，左手用食指插入上眼睑窝内使瞬膜露出，用拇指拨开下眼睑，使瞬膜与下眼睑构成凹兜，右手持吸取了结核菌素的点眼器保持水平方向，手掌下缘支撑于额骨之眶部，点眼器尖端距凹兜约1厘米，拇指按胶皮乳头滴入结核菌素3～5滴（0.2～0.3毫升）。

5）点眼后，注意将牛拴好，防止风沙侵入其眼内，避免阳光直射牛头部及其自行摩擦眼部。

6）观察反应。在点眼后的3小时、6小时、9小时各观察1次，必要时，可观察24小时的反应。观察内容包括两眼结膜和眼睑有无肿胀、流泪，泪液的性质和数量，食欲、精神等有无变化，并做好记录。

3. 点眼反应判定标准

（1）阴性反应 无反应或仅有结膜轻微充血、流出透明浆液性分泌物者，为阴性反应，记为“－”。

（2）疑似反应 有2个大米粒大小的呈灰白色半透明的黏性分泌物积聚在结膜囊内及眼角处，并无明显的眼睑水肿及其他全身症状者，判为可疑反应，记为“±”。

（3）阳性反应 有2个大米粒大小的呈黄白色的脓性分泌物自眼角流出，或散布在眼周围，或积聚在结膜囊及眼角内，或上述反应较轻，但有明显的结膜充血、水肿、流泪并有其他全身反应者，判为阳性反应。记为“＋”。

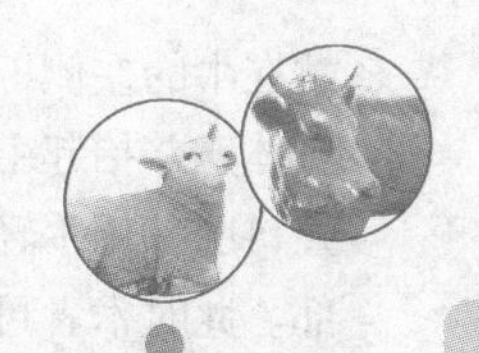

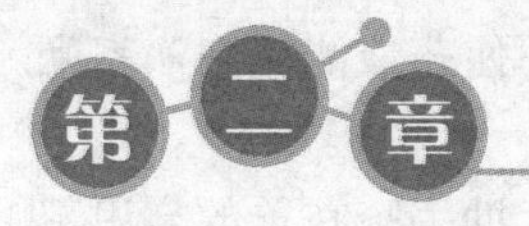

第二章 牛羊病常用治疗技术

第一节 投药技术

在进行疾病防治时，对不同种属的个体可采用不同的用药方法或不同形状的药物（如液体的煎剂、水剂、油类及流质药液，固体的丸剂、片剂、散剂等），同时根据动物的发病部位，选用合理的用药途径。

临床常用的投药方法有拌料、饮水、灌服、投服等，用药途径包括经口投药、胃管投药、直肠用药（灌肠）、阴道（子宫）投药等。合理的投药方法和途径，不仅会为临床操作带来很大方便，而且也有利于药效的发挥。

一、经口投药技术

经口投药是牛羊最常用的投药治疗技术之一，因其操作简单、易学而得以广泛应用。临床上根据病畜食欲的变化及所投药物的剂型而采用不同的投药方式。

1. 混料给药法

投药时，将药均匀地混入病畜的精料中，供其自行采食。本法适合于病畜尚有食欲、所投药物量少并且无特殊气味、用药时间较长的治疗过程。但是由于多数药物均有苦味和特殊气味，拌入精料中会使病畜拒绝采食或采食下降，因而该法的使用有很大的局限性。

2. 灌药技术

液状药物、可用水溶解或调成稀粥样的药物或中草药的煎剂等无强刺激性的药物，病畜自行采食困难，常采用强制方法将药物经口灌入其胃内。本法适用于多数病情危重、饮食废绝或者食欲尚可但不愿自行采食药物的病畜。常用的灌药用具有灌角、竹筒、橡皮瓶、长颈酒瓶、药盆等。

（1）牛的灌药技术 该操作需要2人完成。牛采取站立保定，一助手

站在牛的左侧，拉紧鼻环或用手、鼻钳等握住鼻中隔，让牛头紧贴自己的身体，并抬起牛头；术者站在牛的右侧，左手从牛的右侧口角处伸入，打开口腔并用手轻压舌体。右手持盛满药液的药瓶或灌角伸入并送向舌的背部。此时术者可抬高药瓶或灌角后部并轻轻振动，使药液能流到病畜咽部，待其吞咽后继续灌服直至灌完所有药液。

（2）羊的灌药技术 该操作也需要2人完成。助手骑在羊的鬐甲部将之保定好，并用双手从羊的两侧口角伸入，打开口腔并固定头部；术者将盛满药液的橡皮瓶送向羊舌背部，轻轻挤压瓶壁使药液流出，待其吞咽后继续灌服直至灌完所有药液。

（3）灌服法的注意事项

1）灌药时，病畜要保定好，术者动作要轻柔，避免不必要的伤害。

2）每次灌药量不能太多，速度不宜太快，药液温度不能太高或太低，以接近病畜体温为宜。

3）灌药过程中，应注意观察病畜的咀嚼、吞咽动作，以便于掌握灌药的节奏；当病畜出现剧烈挣扎、咳嗽时，应暂停灌服，并使其低头，让药液咳出，待病畜恢复平静后再继续灌服。

4）病畜头部不要抬得过高或过度扭转，应以口角与眼角的连接线略呈水平为宜，以免造成病畜误吸药物，引起异物性肺炎或窒息而死。

3. 口腔投药技术

片剂、丸剂或舔剂药物常用直接经口投药的方法给药，必要时可采用投药枪；舔剂一般可用光滑的木板送服。

（1）羊的口腔投药技术 对于个体较小的羊，由于口张不大，故可将药物做成指头大小的团块，用食指及拇指夹住送至舌根，也可将羊头抬高并打开口腔，对准舌根部投入使其咽下。

（2）牛的口腔投药技术 牛采用站立保定，助手适当固定其头部，防止其乱动。术者一只手从一侧口角伸入打开口腔，另一只手持药片、药丸或用竹片刮取舔剂从另一侧口角送入病牛舌背部，牛即可自然闭合口腔，将药物咽下。若药物不易吞咽，也可在投药后给病牛灌饮少量水，以帮助吞咽。

二、胃管投药技术

当病畜食欲废绝，所用水剂药物量过大或带有特殊气味，经口不易灌服时，一般需要使用胃管投给。

对病畜安插胃管，不仅是一种投药途径，也是常用的治疗方法。临床上主要用于马属动物的急性胃扩张、肠阻塞，牛羊的瘤胃臌气、瘤胃积食、瘤胃酸中毒、饲料或药物中毒、严重消化不良，以及食欲废绝的病畜。

胃管投药的常用药液包括防腐止酵剂（如鱼石脂酒精溶液）、健胃剂（如稀盐酸、食醋）、泻剂（如液状石蜡、人工盐）及各类中药煎剂等。

1. 牛的胃管投药技术

牛的胃管投药是从口腔或鼻腔经咽部把胃管插入食道，将药液灌入，常需2人完成。牛采取站立保定，助手给牛戴上木质开口器，固定好牛只头部；术者将胃管外壁涂布润滑油后，自开口器的孔送入咽喉部；或持胃管经鼻腔送至咽喉部。当胃管尖端到达咽部时，会感触到明显阻力，术者可轻轻抽动胃管，促牛吞咽，此时随牛的吞咽动作顺势将胃管插入食道，如图2-1所示，并参见彩图1、彩图2。

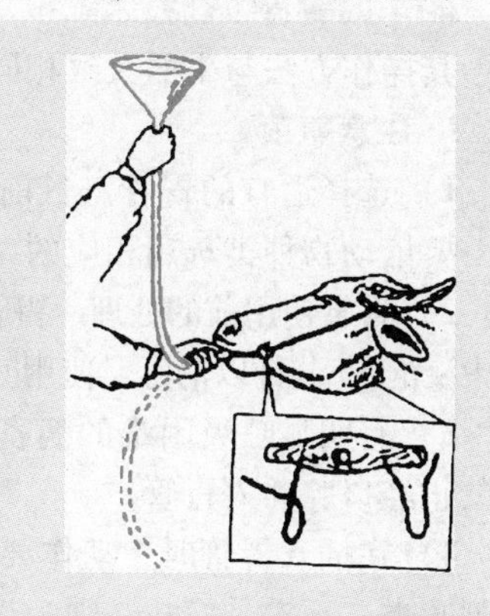

图2-1 牛的胃管投药示意图

注意

必须通过多种方法鉴别（表2-1），以确认胃管插入食道后才能投药。如果误将胃管插入到气管内而又未经过认真检查便盲目投药，则可能将药物直接灌入气管及肺内，引起异物性肺炎或窒息死亡。

表2-1 判断胃管插入食道或气管的鉴别要点

鉴别方法	插入食管	插入气管
胃管插入时的阻力	稍微感觉阻力	无阻力
病畜反应的观察	病畜安静，有吞咽、咀嚼动作	病畜不安，剧烈咳嗽
颈静脉沟触诊	食道内有一硬管状物	无
胃管外端听诊	可听到不规则的呼噜声	有较强的气流冲耳
胃管外端嗅诊	有酸臭味	无异味
从胃管外端吹入气体	随气流吹入，颈静脉沟可见明显波动	无波动

（续）

鉴别方法	插入食管	插入气管
胃管外端浸入水中	无气泡	伴随呼吸可见气泡
捏扁的橡皮球接胃管外端	橡皮球不鼓起	橡皮球迅速鼓起

2. 羊的胃管投药技术

其操作方法与牛的大致相同，可参见牛的胃管投药法。

3. 注意事项

1）选择适宜的胃管。目前市场上已有多种动物的特制胃管可供选择，要依动物种类选用相应的口径及长度。

2）胃管使用前的处理。胃管使用前要清洗干净，并置于高锰酸钾溶液中浸泡15分钟以消毒，使用时在其外壁涂布一层润滑油（液状石蜡）。

3）有明显呼吸困难的病畜不宜从鼻腔插入胃管，而患咽炎的病畜则禁止经口腔插入胃管。

4）在插入胃管时，动作要轻柔，注意人畜的安全。如果病畜出现剧烈咳嗽、不安、挣扎，则为误插入气管，应立即将胃管拉出，待病畜安定后再重新投放。

5）若经鼻腔插入胃管，可能会因管壁干燥、动作粗暴或病畜骚动不安，而使鼻部黏膜损伤出血，应视情况采取相应措施。若少量出血，可以不采取措施，不久可停止；出血较多时，应立即拔出胃管，并对病畜止血，将其头部适当抬高，进行鼻部、额部冷敷或用大块纱布、药棉塞紧出血一侧鼻腔。

6）根据表2-1所列的多种方法判断胃管是否已正确插入食道，不可单凭其中一种现象进行判断，以免造成误判。

三、灌肠技术

灌肠即直肠用药，是将药液灌入直肠内，常用于病畜采食障碍或下咽困难、食欲废绝时的人工营养（肠内补液）；直肠或结肠炎症时的消炎（灌入消炎剂）；肠阻塞时排除直肠内积粪（灌入泻剂）；病畜兴奋不安时的镇静（灌入镇静剂）。有时牛在直肠检查前也需灌肠。常用的灌肠药液包括温生理盐水、葡萄糖溶液、甘油、0.1%高锰酸钾溶液、2%硼酸溶液等。

操作技术：灌肠前，应准备好所用的药物及器械，助手将病畜保定

好，将尾向上或向一侧吊起。术者立于病畜正后方，右手戴乳胶手套先伸入直肠，清除其内积粪；洗净手后，手持灌肠器的一端胶管，缓慢送入病畜直肠内部，此时可通过抽压灌肠器活塞将药液灌入直肠内，参见彩图3、彩图4。溶液注入后由于努责，很容易将药液排出。为防止药液的流出，可拍打尾根部、捏住肛门促使肛门括约肌收缩，或塞入肛门塞。牛羊的直肠灌注量不可太多，一般牛为1000~2000毫升、羊为300~500毫升。

牛羊灌肠的注意事项：

1）动作要缓慢，以免对肠壁造成过大刺激。

2）所灌注药液温度要适宜，应接近病畜直肠温度。

四、阴道（子宫）投药技术

阴道（子宫）投药用于母牛、母羊生殖道炎症的治疗，可促进黏膜修复，以及尽早恢复生殖功能，是一种较为理想的投药方法，多用于母牛与母羊的阴道炎、子宫颈炎、子宫内膜炎等病的对症治疗。常用药液主要有温生理盐水、5%~10%葡萄糖、0.1%雷佛奴耳（利凡诺、乳酸依沙吖啶）、0.1%高锰酸钾溶液及抗生素和磺胺类制剂等。

1. 阴道内投药技术

将病畜保定好，充分洗净外阴部，插入开膣器开张阴道，通过一端连有漏斗的软胶管将配好的接近病畜体温的消毒或收敛药液冲入阴道内，待药液完全排出后，术者再戴灭菌手套将消毒药剂涂在阴道内，或者直接放入浸有磺胺乳剂的棉塞。

2. 子宫内投药技术

由于母畜的子宫颈口仅在发情期间开放，所以发情期是进行子宫投药的最佳时机。而在临床上，常需要在非发情期人工开张子宫颈口进行投药，且子宫内投药常与子宫冲洗合并进行。投药前，对病畜进行常规保定，配好所用药液，并调节药液温度接近病畜体温。

操作技术：充分洗净牛羊外阴部，先插入开膣器开张阴道；再用颈管钳夹住子宫颈外口左侧下壁拉向阴唇附近，然后依次应用由细到粗的颈管开张棒，插入颈管使之开张；术者再入手直肠把握住子宫颈，插入带回流支管的子宫导管或小动物灌肠器，其末端接以带漏斗的长橡皮管，将药液倒入漏斗内，使其缓慢流入子宫。为防止注入子宫的药液外流，药液量以20~40毫升为宜。

牛羊子宫内灌药的注意事项：

1）严格遵守消毒规则，切忌因操作人员消毒不严而引起医源性感染。

2）在操作过程中动作应轻柔，不可粗暴，以免对病畜阴道、子宫造成损伤。

第二节　注射技术

注射是防治畜禽疾病时常用的给药技术。与其他投药方法相比，注射法有五大优点：①利用注射法可将药物直接注入畜禽体内，从而避免胃内容物的影响，迅速发挥药效；②操作简便；③用药准确；④疗效迅速；⑤节省药物。因而，注射技术在临床上得到广泛的应用。

一、注射器械及其使用

1. 注射器械

注射器械包括注射器和注射针头。

（1）兽用注射器　有玻璃材质、金属材质和塑料材质3种，按其容量分为1毫升、2.5毫升、5毫升、10毫升、20毫升、30毫升、50毫升、100毫升等规格。

（2）针头　根据其内径大小及长短又分$4\frac{1}{2}$、5、$5\frac{1}{2}$、6、$6\frac{1}{2}$、7、8、9、12、16、20、22、24等不同型号。通常按畜禽种类、不同注射方法和药量来选择适宜的注射器和针头，见表2-2。

表2-2　常用注射针头规格及用途

注射针头规格	用　途	应　用
4~5号针头	静脉注射	多用于实验动物的静脉注射
6~7号针头	皮下注射；牛羊的皮内注射	多用于实验动物的皮下注射；牛羊的变态反应；鸡翅静脉采血
8~9号针头	小动物的静脉注射	多用于犬、鸡、猪的静脉注射或采血
12号针头	肌内注射；皮下注射	多用于畜禽的疫苗接种或药物注射
16号针头	静脉注射；肌内注射	多用于牛、羊、猪等动物的静脉输液；牛的肌内注射
20号针头	肌内注射	多用于黏稠度较大药液的注射
20号套管针头	胸腔注射；胸腔穿刺	多用于牛的胸腔注射、胸腔积液检查

2. 注射器的使用

1）使用注射器前，应仔细检查注射器是否破损，玻璃注射器的针管与芯杆是否合适，金属注射器的橡胶垫是否好用、松紧度的调节是否适宜，针头是否锐利、通畅，针头与针管的结合是否严密。注意，所有注射用具使用前必须清洗干净并进行严格消毒。

2）药液的抽取：①抽取药液前，应先检查注射液是否混浊、沉淀、变质、过期，药品质量合格才能注射；同时注入两种以上药液时应注意是否存在配伍禁忌，无配伍禁忌的药物才可混合注射。②从安瓿瓶内吸取药液时，要先用75%酒精棉球消毒安瓿瓶颈部，折断安瓿瓶；然后右手持注射器，左手拿安瓿瓶，将针头斜面向下插入安瓿瓶内液面之下，右手食指、中指和拇指固定注射器，无名指和小指缓缓抽动活塞柄吸药。③从密封瓶内吸取药液时，先除去铝盖中心部分，用5%碘酒和75%酒精棉球消毒瓶盖，此时有两种情况，若瓶内为液体，则将针头插入瓶内，注入适量空气，倒转药瓶和注射器，使针尖在液面以下，吸取所需药量；若瓶内为粉剂，则先向瓶内注入注射用水等溶剂，轻摇至药剂完全溶解，然后再吸取药液。④抽完药液后，将注射器针头垂直向上，轻推活塞以排尽注射器内的空气。

3）注射时要严格遵循无菌操作技术，注射部位应先进行剪毛、消毒（通常先使用5%碘酊消毒，再用75%酒精脱碘），注射完毕也要对局部进行同样的消毒处理。

注意

注射器械使用前应进行严格灭菌，并采用严格的无菌操作技术进行注射。

3. 常用注射方法

临床上最常用的注射方法有：皮下注射、肌内注射和静脉注射。特殊情况下还可以采用皮内、胸腔、腹腔、气管、瓣胃、乳房、眼球结膜等部位进行注射。选择用什么方法进行注射，主要根据药物的性质、数量及病畜的具体情况而定。

二、皮内注射技术

皮内注射法是将药液注射于皮肤的表皮与真皮之间。与其他注射方法相比，因其药量注入少，一般仅在皮内注射0.1～0.5毫升药液或菌

（疫）苗，主要适用于预防接种、药物过敏试验（彩图5）及某些疫病（如牛结核、副结核、牛肝蛭）的变态反应诊断等，一般不用于治疗。

1. 注射部位

通常在牛羊颈侧中部或尾根部位的皮肤注射。

2. 操作方法

注射部位按常规剪毛、消毒；选用经灭菌的1毫升注射器和6号短针头（长1厘米）；用注射器吸取0.1～0.5毫升药液，排尽注射器内空气。以左手拇指、食指将皮肤捏成皱褶，右手持注射器，针头斜面向上，针头与皮肤呈5°角刺入皮内（图2-2），缓缓地注入药液。若在推进药液时，感觉到阻力很大且注入药液后局部呈现一个丘疹状隆起，则为药液注入皮内。若无此现象，则可能误入皮下或肌肉。注射完毕，拔出针头，术部轻轻消毒。

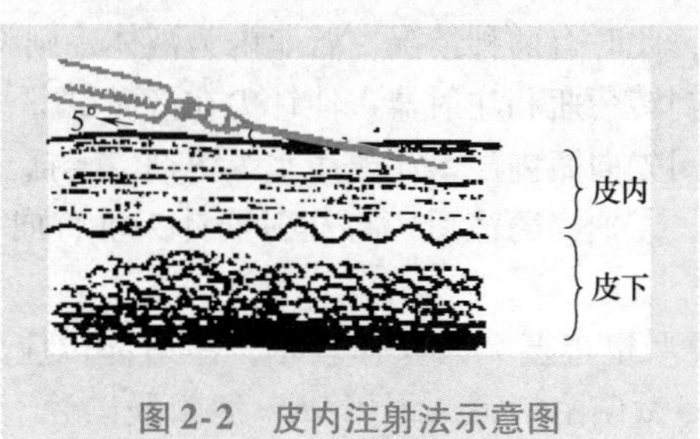

图2-2　皮内注射法示意图

3. 注意事项

注射部位要认真选择，准确无误，进针不可过深，以免刺入皮下，影响诊断与预防接种的效果。拔出针头后注射部位不可用棉球按压揉擦，以防药液由针孔溢出。

三、皮下注射技术

皮下注射是指将药物注射于皮下结缔组织内，经毛细血管、淋巴管的吸收而进入血液循环，以发挥药效。该法适合于各种刺激性较小的注射药液及疫（菌）苗、血清等的注射，达到防治疫病或局部麻醉等目的。

1. 注射部位

选择皮肤较薄而皮下疏松的部位，牛在颈侧或肩胛后方的胸侧，羊在颈侧、背侧或股内侧。

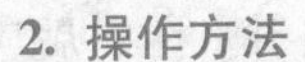

2. 操作方法

家畜采取站立保定；根据所注射药量选择适当规格的注射器和针头（一般选 12 号短针头）；局部剪毛、消毒后，术者用左手的拇指与中指捏起皮肤成一皱褶，食指压皱褶的顶点，使其呈陷窝状。右手持连接针头的注射器，针头斜面向上，与皮肤成 30°～40°角（图 2-3），迅速刺入陷窝处皮下约 2 厘米。此时，感觉针头无抵抗，可自由摆动。左手按住针头接合部，右手抽动注射器活塞柄未见回血时，可推动活塞柄注入药液。如果需要注入的药量较多，则不能在一个注射点注入过多药液，要注意分点注射。注射完毕，拔出注射针头，以酒精棉压迫针孔，最后用 5% 的碘酊消毒。

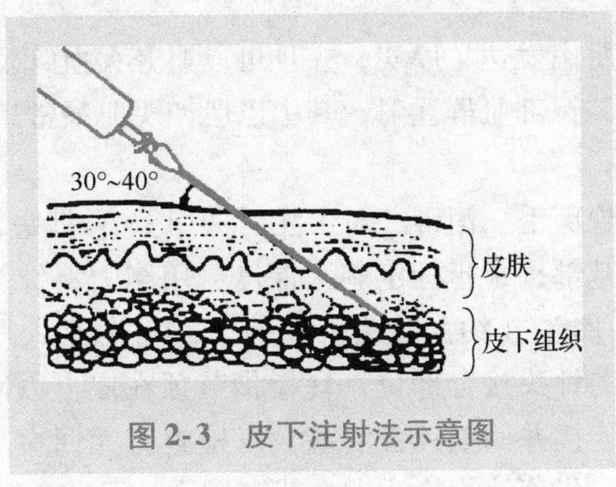

图 2-3　皮下注射法示意图

3. 特点

1）与经口给药相比，由于皮下注射的药液可由皮下结缔组织分布广泛的毛细血管吸收而进入血液，药物的吸收比经口给药和直肠给药快，药效好。

2）与静脉注射相比，皮下注射具有安全系数大、操作容易、药效作用持续时间较长的特点，而且也可注入大量药液。

3）与肌内注射相比，因皮下有脂肪层，会影响药物的吸收，所以，药物吸收较慢，一般经 5～10 分钟才能呈现药效。

4）皮下注射某些药物，有时可引起注射部位的肿胀和疼痛。

4. 注意事项

1）对局部刺激较强的钙制剂、砷制剂、水合氯醛及高渗溶液等刺激性强的药液不能进行皮下注射，否则，易诱发局部炎症，甚至导致组织坏死。

2）进行大量注射补液时，需将药液加热后分点注射。注射后应轻轻按摩或进行温敷，以促进吸收。

3）反复进行皮下注射者，应经常更换注射部位，建立轮流交替注射计划，达到在有限的注射部位吸收最大药量的效果。

四、肌内注射技术

凡肌肉丰满的部位，均可进行肌内注射。由于肌肉内血管丰富，注入药液吸收迅速，所以，在临床上肌内注射应用很广，包括大多数注射用针剂，一些刺激性较强、较难吸收的药剂（如乳剂、油剂等）和许多疫苗，均可进行肌内注射。

1. 注射部位

应选择家畜肌肉发达、厚实，并且可以避开大血管及神经干的部位。牛羊均多在颈侧、臀部肌群注射，其中以股四头肌最常用。

2. 操作方法

注射部位常规剪毛、消毒。对牛注射选用16号针头，先以右手拇指与食指捏住针头基部，中指标定刺入深度，用腕力将针头垂直于皮肤迅速刺入肌肉2~3厘米（约为针头长度的2/3）。然后，用左手拇指与食指握住露出皮外的针头接合部位，食指指节顶在皮上以固定针头，右手持注射器与针头连接并回抽针管活塞，以检查有无回血。若无回血，随即缓慢推动活塞，将药液徐徐注入。若有回血，可将针头拔出少许再进行试抽，直至无回血后方可注入药液。对羊注射选用12号针头，先将针头连接在注射器上，直接手持连有针头的注射器进行注射。注射完毕，迅速拔出针头，涂布5%碘酊消毒。

3. 特点

1）与静脉注射相比，肌内注射吸收缓慢，能较长时间保持药效，维持血药浓度。

2）与皮下注射相比，肌肉比皮肤感觉迟钝，所以，注射具有一定刺激性的药物，不会引起剧烈疼痛。

4. 注意事项

1）由于家畜的骚动或操作不熟练，注射针头或注射器（玻璃或塑料注射器）的接合头易折断，所以针体刺入深度一般为针头长度的2/3，切勿把针梗全部刺入，以防针梗从根部衔接刺入处折断。

2）强刺激性药物如水合氯醛、钙制剂、浓盐水等，不能肌内注射。

3）注射针头如刺到神经时，则家畜会感觉剧烈疼痛，此时应调换针头方向，再注射药液。

4）假若针体折断，要尽量保持家畜局部和肢体不动，迅速用止血钳夹住断端并拔出断针。当不能拔出时，应先将动物保定好，防止骚动，再行局部麻醉后迅速切开注射部位，用小镊子、持针钳或止血钳拔出折断的针体。

5）长期进行肌内注射的家畜，注射部位应交替更换，并适时进行热敷，以减少硬结的发生。

6）两种以上药液同时注射时，要注意药物的配伍禁忌，必要时在不同部位注射。

7）根据药液的量、黏稠度和刺激性的强弱，选择适当的注射器和针头。一般来说，注射黏度较大的药液时，要使用较大型号的针头。

8）避免在瘢痕、硬结、发炎、皮肤病及有针眼的部位注射。瘀血及血肿部位不宜进行注射。

五、静脉注射与输液技术

静脉内注射是指将药液直接注入静脉内，或利用液体静压将一定量的灭菌溶液、药液或血液直接滴入静脉，随着血液很快分布到全身，不会受消化道及其他脏器的影响而发生变化或失去作用。静脉注射药效迅速，作用强，注射部位疼痛反应较轻，但其代谢也快。它适用于大量的补液、输血和对局部刺激性大的药液（如水合氯醛、氯化钙），以及急需奏效的药物（如急救强心等），是临床治疗和抢救病畜的重要手段。

1. 牛的静脉注射技术

（1）注射部位　多在颈静脉中1/3处，也可利用尾静脉注射。

（2）操作方法

1）颈静脉注射：家畜采取站立保定，使其头部稍向前伸。注射部位进行剪毛、消毒。术者用左手压迫颈静脉的近心端（即靠近胸腔入口处），或者用细绳或乳胶管勒紧颈部中1/3下部，使静脉回流受阻而怒张。右手持针头用力迅速地垂直刺入皮肤（因牛的皮肤很厚，不易穿透，最好借助腕力采取突然刺针的方法）及血管，若见到有血液流出，表明已将针头刺入颈静脉中，再沿颈静脉走向稍微向前送入1～2厘米，固定好针头后，连接注射器或输液瓶的胶管，即可注入药液。

2）尾静脉注射：一般在近尾根（距肛门10～20厘米）的腹中线处进针。家畜采取站立保定，注射部位常规剪毛消毒，术者举起牛尾巴，使它与背中线垂直，另一只手持注射器在尾腹侧中线，垂直于尾纵轴进针至针头稍微触及尾骨，然后试着抽吸，若有回血，即可注射药液或采血。如果无回血，则可将针稍微退出1～5毫米，并再次用上述方法鉴别是否刺入。

奶牛的尾静脉穿刺适用于小剂量的给药和采血，可在很大程度上代替颈静脉穿刺法，而且尾部抽血可减轻患牛的紧张程度、避免过度保定，操作简便快捷，值得推广应用。

2. 羊的静脉注射技术

（1）注射部位 多用颈静脉注射，在羊颈静脉的上1/3与中1/3的交界处进行。

（2）操作方法 羊多采取站立保定，可将其头部拉紧前冲并稍偏向对侧，术部剪毛、消毒。术者用左手拇指在颈静脉的近心端（靠近胸腔气口处）压迫静脉管，使其充盈、怒张。右手持注射针头，使其与皮肤呈45°角，迅速刺入皮肤及血管内，如果见回血，则表明针头已准确刺入脉管；如果未见回血，则可稍微前后移动针头，使其进入血管。针头刺入血管后，将针头后端靠近皮肤，并近似平行地将针头在血管内前送1～2厘米。然后，术者的左手可松开颈静脉，将注射器或输液管与针头相连接，并用夹子将其固定于皮肤上，就可以徐徐进行注射。注射完毕后，以酒精棉球压迫注射部位并拔出针头，再用5%碘酒局部消毒。

3. 注意事项

1）要严格遵守无菌操作规程，对所有注射器械、注射部位都要严格消毒。

2）家畜确实保定，看准静脉并明确注射部位后再扎入针头，避免多次扎针而引起血肿。

3）注入药液前应该排净注射器或输液胶管中的气泡，严防将气泡注入血管。

4）对所要注射的药品质量（如有无杂质、沉淀等）应严格检查，不同药液混合使用时要注意配伍禁忌。对组织刺激性强的药液要严防漏于血管外，油类制剂禁止进行静脉注射。

5）给家畜补液时，速度不宜过快，大型家畜以30～60毫升/分钟为宜。药液在注入前应稍加温使其接近家畜体温。

6）要随时观察药液的注入情况，一旦出现液体输入突然过慢或停止，或者注射局部明显肿胀及针头滑出血管时，就应该立即检查，进行调整，直至恢复正常。

7）静脉注射过程中，要随时注意观察家畜的表现，如果家畜出现不安、出汗、呼吸困难、肌肉战栗等症状时，应立即停止注射，待查明原因后再行处置。

4. 药液外漏的处理

静脉注射时，常见因未刺入血管，或刺入后因病畜骚动而针头移位脱出血管外，致使药液漏于皮下的情况。当发现药液外漏时，应立即停止注射，根据不同的药液采取下列措施处理：

1）立即用注射器抽出外漏的药液。若为等渗溶液（如生理盐水或等渗葡萄糖），一般很快自然吸收；若为高渗盐溶液，则应向肿胀局部及其周围注入适量的灭菌注射用水，以将其稀释。

2）若为刺激性强或有腐蚀性的药液，则应向其周围组织内注入生理盐水；若为氯化钙液，可注入10%硫酸钠溶液或10%硫代硫酸钠溶液10～20毫升，使氯化钙变为无刺激性的硫酸钙和氯化钠。

3）局部可用5%～10%的硫酸镁溶液进行温敷，以缓解疼痛。

4）药液外漏较少时，一般不用处理。若为大量药液外漏，应做早期切开，并用高渗硫酸镁溶液引流。

六、气管注射技术

气管注射是将药液直接注射到气管内，使药物直接作用于气管黏膜的方法，适用于治疗动物气管与肺部疾病、肺部驱虫、局部或全身麻醉等，临床上主要用于猪和羊。

1. 注射部位

在羊颈部上1/3处，腹侧面的正中，在两气管软骨环之间进针注射。

2. 操作方法

病羊采取仰卧保定，使其前躯稍高于后躯。术部剪毛、消毒。术者左手触摸气管并找准两气管环的间隙，右手持连有针头的注射器，垂直刺入气管内，此时摆动针头，感觉前端空虚，而后缓慢注入药液。注射完拔出针头，再对术部消毒即可。

3. 注意事项

1）药液注射前，应将其加温至接近家畜体温以减轻刺激反应。

2）注射速度要缓慢，可一滴一滴注入，以免刺激动物气管黏膜，发生剧烈咳嗽，咳出药液。

3）若注射中家畜咳嗽，则要停止注射，直至其平静下来再继续注入。或为防止注射诱发家畜咳嗽，可先注入2%普鲁卡因液2～5毫升，降低气管的敏感反应，然后再注入所需药液。

4）注射药液量不易过大，一般猪、羊、犬为3～5毫升，牛、马为20～30毫升。避免大量药液阻塞气管而引起呼吸困难。

注意

注射速度一定要非常缓慢。

七、胸腔内注射技术

胸腔内注射是将药液直接注入胸腔的注射方法。注入胸腔的药液吸收较快，对胸腔炎症的治疗效果显著。所以，在家畜发生胸膜炎症时，可将某些药物直接注射到其胸腔内进行局部治疗；同时也可进行胸腔穿刺，抽出积液，进行实验室检查；还可进行疫苗接种（如猪喘气病疫苗）。

1. 注射部位

牛羊的注射部位可在左侧第6或第7肋间，也可在右侧第5或第6肋间，一律选择于胸外静脉上方2厘米处。

2. 操作方法

家畜采取站立保定，术部常规剪毛、消毒。牛的胸腔注射选用20号15厘米长针头。术者左手将术部皮肤稍向上方移动1～2厘米，以便使刺入胸膜腔的针孔与皮肤上的针孔错开，右手持连接针头的注射器，在靠近肋骨前缘处垂直皮肤刺入，深度为3～5厘米。针头通过肋间肌时有一定阻力，进入胸膜腔时阻力消失，有空虚感。注入药液（或吸取胸腔积液）后，立即拔出针头，使局部皮肤复位，再对术部进行常规消毒。

3. 注意事项

1）刺针时，针头应该靠近肋骨前缘刺入，以免刺伤肋间血管或神经。

2）若进行胸腔穿刺，针头刺入胸腔后，应该立即闭合好针头胶管，以防止空气窜入胸腔而形成气胸。

3）必须在确定针头刺入胸腔内后，才可以注入药液；所注入药液温度应接近病畜体温；药液注入速度一定要缓慢，并密切注意病畜反应。

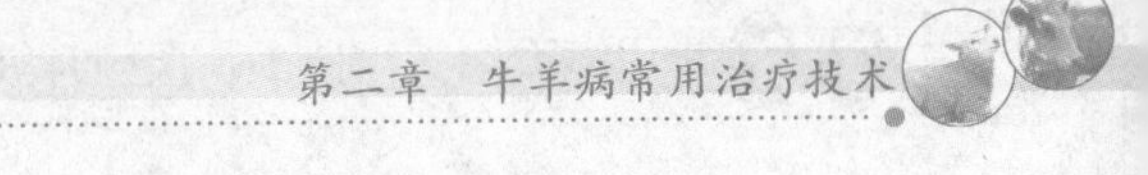

4）胸腔内注射或穿刺时要避免伤及心脏和肺脏。

八、腹腔内注射技术

腹腔内注射是将药液注入腹膜腔内，利用药物的局部作用和腹膜吸收作用达到治疗的目的。由于腹腔具有强大的吸收功能，药物吸收快，注射方便，适用于腹腔内疾病的治疗和通过腹腔补液，尤其在动物脱水或出现血液循环障碍，采用静脉注射较困难时更为实用。本法多用于中、小型动物，如猪、羊、犬、猫等，大型家畜有时也可采用。

1. 注射部位

牛羊在右侧肷窝部中央。

2. 操作方法

家畜采取站立保定，注射部位常规剪毛、消毒。术者手持连接针头的注射器或输液管，使其垂直刺入腹壁，深度一般为2～4厘米，当针尖刺入腹腔后，手感阻力消失，有空虚感。确定针头在腹腔内，然后左手固定针头，右手推动注射器注入药液或输液。注射完毕，拔出针头，对术部进行常规消毒处理。

3. 注意事项

1）所注药液预温到与家畜体温相近。

2）所注药液应为等渗溶液，最好选用生理盐水作为稀释液。

3）有刺激性的药物不宜进行腹腔注射。

4）注射或穿刺时避免损伤腹腔内的脏器和肠管。

九、瓣胃内注射技术

瓣胃内注射系将药液直接注入牛羊的瓣胃内，以使其内容物软化或局部给药的一种注射方法，主要用于牛瓣胃阻塞的治疗，或治疗血吸虫的吡喹酮等某些特殊药物的给药。

1. 注射部位

牛的瓣胃位于右侧第7～10肋间，注射部位在右侧第9肋间、肩关节水平线上下2厘米范围内，略向前方刺入即可。

2. 操作方法

将家畜在六柱栏内站立保定，注射局部剪毛、消毒。术者立于家畜右侧，左手移动皮肤，右手持16～20号15厘米的长针头，垂直刺入皮肤后，调整针头使其朝向对侧肘突方向刺入8～10厘米（羊稍浅），先有阻力感，当刺入瓣胃内阻力减小，并有沙沙感，可能刺入正确。但注

入药物前，必须确定针头刺入瓣胃。判定方法是：刺入的针头连接上注射器并回抽芯杆，如果见有血液或胆汁，说明针头刺入到肝脏或胆囊，可能是针头刺入点过高或其朝向上方所致。应将针头拔出，调整针头方向朝偏下方刺入再回抽。若无液汁抽出，可先用注射器注入 20 ~ 50 毫升生理盐水后再回抽，如果见混有草屑的胃内容物，即为刺入正确。连接注射器注入所需药物，注射完毕后，迅速拔出针头，进行局部常规消毒处理。

3. 注意事项

1）家畜一定要确实保定，对躁动不安的可先肌内注射镇静剂后再进行瓣胃内注射。

2）在注入药物前，一定要确保针头准确刺入瓣胃内。

十、皱胃内注射技术

皱胃内注射是将针头直接刺入牛羊的皱胃内，抽取其内容物进行检验，或通过针头向皱胃内注入所需药液，用于皱胃阻塞或皱胃变位的诊断，或治疗某些皱胃疾病。该技术在临床上应用广泛。

1. 注射部位

牛的皱胃位于右腹部第 9 ~ 13 肋间的肋骨弓区，当发生皱胃阻塞时，此区域出现局限性膨大，可作为刺入部位（第 11 ~ 13 肋骨下缘）；当发生皱胃变位时，左侧肋弓处突起明显，叩诊时发出高亢的叩击钢管音，可选择此处进行穿刺。

2. 操作方法

家畜采取站立保定，注射局部常规剪毛、消毒。术者立于家畜一侧，左手移动皮肤，右手持 16 ~ 20 号 15 厘米的长针头，垂直刺入皮肤后，调整针头使其朝向对侧肘突方向刺入 5 ~ 8 厘米时，手感刺入坚实物，此时可连接注射器，向内注入 50 ~ 100 毫升灭菌生理盐水，并立即回抽，若见回抽液中混有胃内容物，测定 pH 为 1 ~ 4，表明针头已准确刺入皱胃内。此时根据需要可以抽取皱胃内容物进行实验室检验，也可以注入所需药液。完毕之后，立即拔出针头，局部做常规消毒处理。

3. 注意事项

1）在确定注射部位时，需结合临床视诊及叩诊进行判断，有时需要通过直肠触诊进行辅助诊断。

2）注射过程中，家畜要确实保定，必要时可给予镇静药物。

3）当针头刺入一定深度后，要谨慎判断是否刺入皱胃，只有准确刺入后，才可进行积液抽取或注入药液等操作。

十一、乳房内注射技术

乳房内注射是将药液通过导乳管注入乳池内的一种注射方法，它主要用于奶牛、奶山羊乳腺炎的治疗，或通过导乳管送入空气，治疗奶牛生产瘫痪。

1. 操作方法

家畜采取站立保定。助手先挤干净乳房内乳汁，并用清水或25～75毫克/升的碘液清洗乳房外部，拭干后再用70%酒精消毒乳头。术者蹲于家畜腹侧，左手握紧乳头并轻轻下拉，右手持经灭菌的乳导管（或尖端磨光滑钝圆的针头）自乳头口徐徐导入，当乳导管导入一定长度时，术者的左手把握乳导管和乳头，右手持注射器，使之与乳导管连接，将药液徐徐注入。注射完毕，将乳导管拔出，同时术者一只手捏紧乳头管口，以防止刚注入的药液流出，用另一只手对乳房轻柔地按摩，使药液较快地散开。

治疗产后瘫痪需要送风时，可使用乳房送风器，或100毫升注射器，或消毒手用打气筒。送风之前，在金属滤过筒内，放置灭菌纱布，过滤空气，防止感染。先将乳房送风器与导乳管连接，或100毫升注射器接合端垫2层灭菌纱布与导乳管连接。4个乳头分别充满空气，充气量以乳房的皮肤紧张、乳腺基部的边缘清楚变厚、轻敲乳房发出鼓音为标准。充气后，可用手指轻轻捻转乳头肌，并结系一条纱布，防止空气溢出，经1小时后解除。

为了冲洗乳房注入药液时，将洗涤药剂注入后，随即挤出，经反复数次，直至挤出液体透明为止，最后注入抗生素溶液。

2. 注意事项

1）乳房内药物注射一定要选用特制的乳导管进行。

2）操作过程中要严格消毒，包括术者的手、乳房外部、乳头及乳导管等。使用注射器送风时更应注意，以免引起新的感染。

3）乳导管导入及药液注入时，动作要轻柔，速度要缓慢，以免损伤乳房。

4）注药前应挤净奶汁，注药后要充分按摩乳房。注药期间不要挤奶。

十二、关节内注射技术

关节内注射是将药液直接注入关节腔的方法，主要用于关节腔炎症、关节腔积液等疾病的治疗。

1. 注射部位

临床常见的病变关节主要有膝关节、跗关节、肩关节等，常发的病变为关节腔炎症和关节积液。注射部位为各关节囊的解剖位置。

2. 操作方法

将牛羊确实保定后，进行局部常规消毒。术者左手拇指与食指固定注射部位，右手持连接针头的注射器，与皮肤呈45°～90°角依次刺透皮肤和关节囊，到达关节腔后，轻轻抽动注射器内芯杆，若针头在关节腔内，即抽出少量黏稠或稀薄的液体。一般先抽部分关节液（视关节液多少而定），然后再注射药液。注射完毕，快速拔出针头，对术部进行常规消毒处理。

3. 注意事项

1）注射器械及手术操作均需严格消毒，以防关节腔继发感染。

2）注射前，必须全面了解所要注射关节的形态、构造，以免损伤关节周围血管、神经或韧带等其他组织。

3）注射药液不宜过多，一般每次1～10毫升。

4）注射操作要轻柔，以免损伤关节软骨。

5）关节内注射不宜频繁重复进行。必要时，间隔1～2天重复1次，最多连续注射1周左右。

注意

注射时要采用严格的无菌操作技术。

第三节 穿刺技术

穿刺是临床上较常用的诊疗技术，对辅助诊断或局部治疗具有重要意义，是临床兽医应该熟练掌握的一项基本技术。通过穿刺可以获取供实验室检查的特定病理材料，为疾病的确诊提供有力证据；而且对某些因急性胃、肠臌气而致的危急病例，可以通过穿刺放气、迅速缓解症状，为进一步诊断及治疗提供机会。但是，由于穿刺技术性强，应用范围较窄，且易引起穿刺部位或组织的损伤或感染，所以要求在

进行穿刺之前，对疾病进行认真诊断，充分论证，不要滥用，只有适应证才可以采用。

一、瘤胃穿刺术

在牛羊发生急性瘤胃臌气时，通过穿刺瘤胃放气，并向瘤胃内注入防腐制酵药液，以制止瘤胃内继续发酵产气的方法。

1. 穿刺部位

在左肷部，由髋结节向最后肋骨引一水平线的中点，距腰椎横突10～12厘米处，也可以选择肷部隆起最明显处穿刺。

2. 操作方法

家畜采取站立保定，术部常规剪毛、消毒后。术者选择适当的针头（牛选择16～20号15厘米长套管针头，羊选择16号长针头），站于动物左侧，左手将术部皮肤稍向前移，右手将瘤胃穿刺套管针针尖对准穿刺点，与皮肤呈45°角向右侧肘头方向迅速刺入，即可入瘤胃内。继续刺入深达10～12厘米，然后固定套管，拔出针芯杆，用手指间歇堵住管口，缓慢放气。如果套管阻塞，则可插入针芯杆，疏通堵塞物（彩图6、彩图7）。气体排除后，为防止臌气复发，可经套管向瘤胃内注入5%克辽林液20毫升或1%福尔马林液500毫升等防腐制酵药液。注射完毕，套管内插入针芯杆，并用力压住套管周围皮肤，拔出套管针，以免套管内污物落入腹腔或污染创道，然后创口涂以5%碘酊消毒。

3. 注意事项

1）要控制放气速度，不可过快，最好采用间歇放气，以免大量血液急速进入胃壁血管引起急性脑贫血而虚脱。

2）整个过程中要严格消毒，防止术部感染和继发腹膜炎。

3）注射完毕，拔出套管针之前，一定要插入针芯杆。

4）在紧急情况下，无套管针时，可用放血针头、竹管等迅速穿刺放气，以抢救病畜，然后再采取抗感染等措施。

二、胸腔穿刺术

胸腔穿刺是将套管针或输液针头插入胸腔内，采取胸腔液做检验样品，或冲洗胸腔并向胸腔内注入药液，或排除胸腔内的积液、积气、积血，以减轻对胸腔器官的压力的一种方法。临床上常用于胸膜疾病的诊断及辅助治疗。

1. 穿刺部位

穿刺部位基本与胸腔注射部位相近。牛、羊等家畜均可在左侧第7肋间或右侧第6肋间。为了避免损伤肋间血管或神经，穿刺时均在肋骨前缘、胸外静脉上方2厘米处或肩关节水平线下方2～3厘米处进针。

2. 操作方法

基本操作同胸腔注射。牛采取站立保定，羊一般采取横卧保定。术部常规剪毛消毒后，术者选择16～20号15厘米长套管针头。左手将术部皮肤稍向上方移动1～2厘米，右手持穿刺针，在紧靠肋骨前缘处与皮肤垂直刺入。穿刺肋间肌时手感有一定阻力，当阻力消失，有空虚感时，则表明已刺入胸腔内，刺入深度为3～5厘米。然后拔出芯杆，如果有大量积液时，则液体可自行流出，针孔如被堵塞，可用针芯疏通或用注射器抽吸。穿刺针可连接注射器，抽吸胸腔内积液或冲洗胸腔、向胸腔内注入所需药液。穿刺完毕，拔出针头，术部涂以5%碘酊消毒。

3. 注意事项

1）准确控制穿刺深度，以免损伤肺组织。

2）胸腔积液应间歇排放，速度不可过快，数量不宜过多，以免胸腔内压突然降低，引起胸腔内毛细血管破裂而造成内出血，或大量血液进入胸腔器官，出现一过性脑缺血。

3）胸腔积液数量较少时，为防止空气经针孔进入胸腔形成气胸，针头后应连接胶管并用止血钳夹住管口，抽吸胸腔积液时松开，不抽时再夹住胶管口。

三、腹腔穿刺术

腹腔穿刺是用穿刺针经腹壁刺入腹膜腔的方法。利用该法可采取腹腔内液体供实验室检验，以辅助诊断肠变位、胃肠破裂、膀胱破裂、肝脾破裂、腹腔积水及腹膜炎等疾病，并排除腹腔内积液或向腹腔注射药液用以治疗疾病。

1. 穿刺部位

牛羊的穿刺部位在脐与膝关节连线的中点。

2. 操作方法

牛采取站立保定，羊则横卧保定。穿刺部位常规剪毛、消毒后，术者左手固定穿刺部位皮肤并使其稍向一侧移动，右手持套管针使其垂直刺入腹壁，并控制深度在2～4厘米。当针尖刺入腹腔后，手感阻力消

失，有空虚感。拔出芯杆，腹腔液可自行流出，可以采集实验用样品。如果液体不能自行流出，则可插入芯杆疏通阻塞物或连接注射器进行抽吸。如果有必要，抽吸完毕后，则可向腹腔内注入药液。穿刺结束，拔出穿刺针，局部涂以5%碘酊消毒。

3. 注意事项

1）确实保定家畜，注意人畜安全。

2）术者要用手严格控制穿刺针刺入深度，不宜过深，以免刺伤肠管。

3）当腹腔大量积液时，应缓慢、间歇地排液，并注意观察心脏机能状态，防止因腹压剧降而导致心、脑急性缺血。

4）用于腹腔冲洗或向腹腔内注入的药液应加温至接近家畜体温。

四、皮下血肿、脓肿、淋巴外渗穿刺术

皮下血肿、脓肿、淋巴外渗穿刺，是指用穿刺针穿入上述病灶，进行疾病诊断和病理产物清除的一种穿刺方法。

1. 穿刺部位

一般在肿胀发生后10~14天，在触诊松软部位进行穿刺。

2. 操作方法

牛羊采取站立保定，术部常规剪毛、清洗、消毒。术者左手固定患处，右手持注射器使针头直接穿入患处，然后抽动注射器内芯，将病理产物吸入注射器内。待充分排除积血、积脓后，注入一定量的消毒药液或抗生素，并以常规消毒处理术部。

如果穿刺不能排除大量积血或积脓时，则可行切开术，对术部进行严格消毒。在触诊最柔软的部位行横向或纵向小切口（注意切口不可过长），避免伤及健康皮肤及肌肉组织。将注射器与软导管相连，注入消毒药液进行彻底冲洗，排除积血积脓，清理创腔，而后注入抗生素。

3. 注意事项

1）穿刺部位必须固定确实，以免术中家畜骚动伤及其他组织。

2）在穿刺前须制定穿刺后的治疗处理方案，如血液的清除、脓肿的清创及淋巴外渗治疗用药品等。

3）血肿、脓肿、淋巴外渗穿刺液的鉴别：血肿穿刺液为稀薄的血液，脓肿穿刺液为脓汁，淋巴外渗液为透明的橙红色液体。穿刺中确定

穿刺液的性质后，再采取相应措施（如手术切开等），避免因诊断不明而采取不当措施。

第四节 冲洗技术

冲洗是用刺激性较小的药液洗去黏膜上的渗出液、分泌物和污物，以促进黏膜组织的恢复。临床常用于与外界相通的器官如胃、阴道、子宫、尿道、膀胱等疾病的治疗。

一、导胃和洗胃技术

导胃和洗胃是将一定量的溶液灌入胃内再吸出，如此反复数次，以清除胃内容物的方法。临床上主要用于马属动物急性胃扩张、牛羊的瘤胃积食、瘤胃酸中毒及动物的饲料或药物中毒的救治。

根据家畜的病情不同，有时需要先行导胃或洗胃，再配合胃管投药。比如饲料中毒，急救时要先行导胃，洗除胃内容物及残存毒物，避免毒素的吸收；在牛羊瘤胃臌气和瘤胃积食治疗时，也要先行导胃放气、洗胃，而后进行胃管投服防腐止酵剂和健胃剂。

1. 准备

牛牵于柱栏内站立保定，羊可站立保定或手术台侧卧保定。准备胃管和漏斗，对牛使用内径 2 ~ 4 厘米的导胃管，对羊可使用较细的导胃管。用导胃管测量从牛的下唇到倒数第 5 肋骨的长度，从羊唇到倒数第 3 肋骨的长度，便为导胃管插入胃的深度，并做好记号；洗胃用的溶液，根据病情需要，可选用常水、2% ~ 3% 碳酸氢钠溶液、1% ~ 2% 食盐水、0.1% 高锰酸钾溶液等作为洗胃液，但均要加温至 36 ~ 39℃。

2. 操作方法

需要术者和助手 2 人。其方法和基本操作同牛羊的胃管投药技术。只是目的不同。经多方验证，导胃管确实插入胃内后，先放低牛头部和胃管外端，看胃内容物能否自行喷出；若不能流出，可接上漏斗，灌入 1000 ~ 2000 毫升的洗胃液，利用虹吸原理，高举漏斗，不待液体流尽，随即放低头部和漏斗，使胃内容物排出；或用抽气筒反复抽吸，以排出胃内容物。如此反复多次，逐渐排除大部分胃内容物；然后，根据需要再灌入防腐、制酵、健胃剂。

3. 注意事项

洗胃时，每次灌入溶液的体积要和吸出的体积基本相符，开始灌

注量不宜过多，以防胃破裂；瘤胃积食和瘤胃酸中毒时，宜反复灌入大量温水，才能洗出胃内容物；中毒时，洗胃液可选用温开水和等渗盐水。

二、阴道及子宫冲洗技术

为了排出阴道内的炎性分泌物，在阴道炎的治疗中，常采用阴道冲洗的方法；而在子宫内膜炎和子宫蓄脓的治疗中，也常采用冲洗的方法，排除子宫内的分泌物和脓液，促进黏膜的修复。有时根据病情需要，可以配合子宫内投药。

1. 准备

牛在柱栏内站立保定，羊可站立保定，也可在手术台上侧卧保定。据家畜种类准备相应型号的开膣器、颈管扩张棒、颈管钳子、子宫冲洗管、橡胶管、洗涤器等。

冲洗液可选用温生理盐水，或0.1%雷佛奴耳溶液，或0.1%~0.5%高锰酸钾溶液，也可用抗生素和磺胺制剂等。

2. 操作方法

操作需要2人完成；助手固定牛尾；术者先用肥皂水充分洗净外阴部，插入开膣器开张阴道，此时即可用洗涤器冲洗阴道。若做子宫冲洗，伸入颈管钳子钳住子宫外口左侧下壁拉向阴道附近，依次应用由细到粗的颈管扩张棒，插入颈管使之扩张，再插入子宫冲洗管。通过直肠检查确认冲洗管进入子宫角内，用手固定好颈管钳子与冲洗管，然后将洗涤器的橡胶管连接到冲洗管上，将药液注入子宫内，边注入边排除，直至排出液透明为止。另一侧子宫角也用此方法冲洗。

3. 注意事项

1）操作过程中要认真，防止粗暴，尤其是冲洗管插入子宫内时，要谨慎缓慢，以免造成子宫壁穿孔。

2）冲洗液要适当加温，防止过热或过冷；牛的冲洗液用量一般为500~1000毫升，不宜过多。

3）冲洗结束，尽量排净子宫内残留的冲洗液。

三、尿道及膀胱冲洗技术

为了排除尿道和膀胱内的炎性分泌物，促进黏膜的修复，在尿道炎和膀胱炎的治疗中，常采用冲洗的方法。同时，也可导出尿液用于尿滞留的治疗或采集尿液，进行实验室诊断。

1. 准备

牛在柱栏内站立保定，羊可在手术台侧卧保定。据家畜种类及性别准备不同类型的导尿管，公畜选用不同口径的橡胶导尿管，母畜选用不同口径的特制导尿管。临用前将导尿管置0.1%高锰酸钾溶液或温水中浸泡5~10分钟，插入端蘸少许液状石蜡。注射器、洗涤器均要经过严格灭菌。

冲洗液应选择刺激性、腐蚀性均小的消毒、收敛剂。常用的有生理盐水、2%硼酸溶液、0.1%~0.5%高锰酸钾溶液、1%~2%石炭酸（苯酚）溶液、0.1%~0.2%雷佛奴耳溶液等，也可用抗生素或磺胺制剂。

2. 操作方法

以母牛膀胱冲洗为例：助手将牛尾拉于一侧或吊起，进行外阴清洗、消毒。术者将导尿管握于掌心，前端与食指平齐，呈圆锥状伸入阴道15~20厘米。先用手指触摸尿道口，轻轻刺激或扩张尿道口，适时插入导尿管，徐徐推进。进入膀胱后，先排净尿液，然后用导尿管另一端连接洗涤器或注射器，注入冲洗液，反复冲洗，直至排出液体透明为止。最后将膀胱内冲洗液排除。

3. 注意事项

1）操作中使用的物品均要经严格消毒，按无菌操作规程进行，以防尿路感染。

2）所选导尿管要大小适宜、光滑，前端涂抹润滑剂，插入动作要轻柔，以防造成尿道、膀胱黏膜的损伤。

3）对于膀胱积尿严重且极度衰弱的病畜，导尿要缓慢，导尿量不宜过多，以防腹压剧降引起虚脱。

第五节 物理治疗技术

物理治疗是指用机械、温度、光、电等物理因素作用于动物机体的某一部位，达到治疗疾病的目的。物理疗法主要有按摩疗法、水疗法、光疗法、电疗法、烧烙疗法5种。此处主要介绍在临床常用的按摩疗法、水疗法和烧烙疗法。

一、按摩疗法

按摩，俗称推拿，是一种以机械性刺激为主的物理疗法，即术者用

手或器械按压病畜患部或特定的部位（穴位），从而达到治疗疾病的目的。通过按摩可以增强病畜局部血液及淋巴液的循环，促进溢血、渗出物和纤维素的消散；改善组织的新陈代谢，促进组织的再生，提高肌肉的紧张度和收缩力；可以使神经麻痹恢复机能等，从而达到治疗或增强其生理功能的目的。按摩疗法主要用于挫伤、肌肉萎缩、神经麻痹、关节扭伤、黏液囊炎、腱鞘炎等慢性及亚急性过程。

1. 准备

家畜自然站立，将患部刷拭干净。术者将手洗净擦干，用滑石粉涂抹。

2. 操作方法

按摩有以下 6 种基本手法。

（1）按法　用手指或手掌在穴位或患部按压。按压时缓缓用力，反复进行。此法适用于全身各部，有疏通经活络、调畅气血的作用。

（2）摩法　用手掌或手指旋转式地抚摩患部。抚摩时主要靠腕力，力度达皮肤或皮下，可向不同方向进行。指端须移动皮肤，不能只贴着皮肤滑动，最好与推法结合使用。有理气和中、调理脾胃的作用。

（3）推法　用手掌向前、后、左、右用力推动，通常配合摩法使用。推法可分为单手推、双手推、指手推及手掌推多种。

（4）拿法　用拇指和其他手指把皮肤或筋膜提拿起来，拿法可分为单手拿和双手拿。适用于肌肉丰满的部位，有祛风散寒、疏通经络的作用。

（5）揉法　用手指或手掌在患部做按压和回环往复刺激，有和气血、活经络的作用。

（6）打法（叩击法）　分拳打和棒打两种方法。拳打法以手握空拳，击打患病部位；棒打法多用圆木锤打患部或穴位。应用打法时，应注意轻重变换，快慢交替。打法有宣通气血、祛风散寒的作用。

根据需要，按摩可以每天进行 1~2 次，每次 15~20 分钟，7~10 次为 1 个疗程。必要时，间隔 3~5 天进行第 2 个疗程。具体进行的次数和手法的轻重要依据疾病的性质和疾病所处的阶段灵活掌握。

二、水疗法

水疗法是利用不同温度、压力、成分的水，以不同形式作用于畜体外部进行治疗疾病的一种方法，一般包括冷疗法和温热疗法。

1. 冷疗法

在急性炎症的最早期，为使患部血管收缩，减少炎性渗出和炎性浸润，防止炎症扩散和局部肿胀，消除疼痛，常应用冷疗。但是，一切化脓性炎症忌用冷疗，有外伤的部位不可用湿的冷疗。冷疗的方法如下。

（1）冷敷 用冷水把毛巾或脱脂棉浸湿，稍微拧干后敷于患部，也可用装有冷水、冰块或雪块的胶皮袋敷于患部，并用绷带固定。每天数次，每次30分钟。临床上常用于肌肉、腱、腱鞘、韧带、关节等处的各种急性和亚急性炎症初期的治疗。

（2）冷蹄浴 让患肢站在冷水桶内浸泡，不断更换桶内冷水，每次30分钟。冷水中最好加入0.1%高锰酸钾，以增强防腐作用。有条件时也可用自来水浇注患部或将病畜牵至小河中浸泡30分钟，也可达到治疗目的。该法主用于治疗蹄、趾、指关节的疾患。

2. 温热疗法

温热疗法的作用是提高患部温度，扩张患部血管，促进局部血液循环，增强机体细胞氧化作用和新陈代谢功能，加强局部细胞吞噬作用等。临床上常用于治疗各种急性炎症的后期和亚急性炎症，如亚急性腱炎、腱鞘炎、肌炎及关节炎和尚未出现组织化脓溶解的化脓性炎症的初期。但是，恶性肿瘤和有出血倾向的病例禁用温热疗法，有创口的炎症也不宜使用温热疗法。温热疗法有以下几种。

（1）热敷 用40～50℃的温水浸湿毛巾，或用温热水袋敷于患部，每天3次，每次30分钟。为加强热敷效果，可用热药液替代普通水，如复方醋酸铅液（醋酸铅25克、明矾5克、水5000毫升）、10%～25%的硫酸镁溶液、食醋及中药等，均有较好的热敷效果。

（2）温蹄浴 具体方法与冷蹄浴相同，只是将冷水换成42℃左右的温水。

（3）酒精热绷带 将95%酒精或白酒放在水浴中加热到50℃，用棉花浸渍，趁热包裹患部，再用塑料薄膜包于其外，防止挥发。塑料膜外包上棉花以保持温度，最后用绷带固定。这种绷带维持治疗作用的时间可长达10～12小时，所以每天更换1次绷带即可。

（4）石蜡疗法 对患部仔细剪毛，用排笔蘸65℃的融化石蜡，反复涂于患部，使局部形成0.5厘米厚的防烫层。然后根据患部不同，选用以下适当方法。

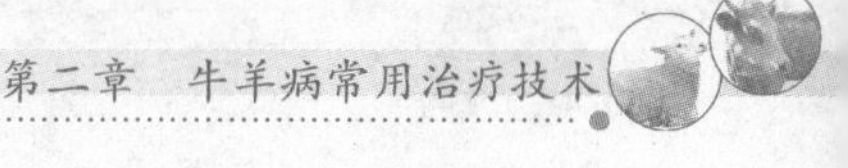

1）石蜡棉纱热敷法：适用于各种患部。用4~8层纱布，按患部大小叠好，浸于石蜡中（第1次使用时，石蜡温度为65℃，以后逐渐提高温度，但最高不要超过85℃），取出，挤去多余蜡液，敷于患部，外面加棉垫保温并固定。也可把融化的石蜡灌于各种规格的塑料袋中，密封、备用。使用时，用70~80℃水浴加热后，敷于患部，外面用绷带固定，治疗效果很好。

2）石蜡热溶法：适用于四肢游离部。做好防烫层后，从肢端套上一个胶皮套，用绷带把胶皮套下口绑在腿上固定，把65℃石蜡从上口灌入，而后上口用绷带绑紧，外面包上保温棉花并用绷带固定。

石蜡疗法可隔日进行1次。

注意

正确把握冷疗和温热疗法的使用时机，才能提高治疗效果。

三、烧烙疗法

烧烙疗法是将特制的烙铁烧红后，在动物体表划烙或熨烙的一种方法。该法主要用于慢性炎症的治疗，尤其对慢性骨、关节疾病，如慢性骨化性骨膜炎、跗关节内肿等，疗效较好。烧烙也可以用于外科手术过程中的烧烙止血或烧烙组织等。

1. 准备

病畜要确实保定，对患部剪毛、消毒。烧烙要用专门的器械，最常用的是各种形状的火烙铁，另外还有自动烧烙器、白金烙铁等。

2. 操作方法

烧烙的方法因炎症的性质不同而有差别，常用到的有点状烧烙、线状烧烙、穿刺烧烙。操作时，先在患部用0.25%普鲁卡因溶液进行浸润麻醉，以使病畜减轻痛苦。然后将事先烧好（或预热好）的烙铁对准患部烙下去。另外，为了加强烧烙的治疗作用，可于烧烙后立即在患部涂布5%~7%的碘酊，然后用绷带包扎，每天涂1次，连续涂抹15天。

注意

烧烙完毕，应切实防止患畜啃咬或摩擦烧烙部位，以免影响治疗效果。

第二章

第六节 普鲁卡因封闭技术

普鲁卡因封闭技术是将一定浓度和剂量的普鲁卡因溶液，注射于机体一定部位的组织、器官内，以治疗疾病的一种方法。普鲁卡因溶液可调节神经机能，并使其恢复对组织器官的正常调节作用，而且在炎症过程中可以使炎灶内血管收缩、减少渗出、减轻疼痛，以促进炎症的修复，因而在临床上得到广泛应用。

一、病灶周围封闭技术

在病灶周围约2厘米处的健康组织内，分点注入0.25%～0.5%盐酸普鲁卡因溶液，牛为20～50毫升、羊为10～20毫升，所注药量以能达到浸润麻醉的程度即可，每天或隔天1次。为了提高治疗效果，可在药液中加入50万～100万国际单位青霉素，实践表明效果更佳。

本法常用于治疗创伤或局部炎症，但在治疗化脓创时须特别注意，注射点要距病灶稍远，以避免病灶扩展。

注意

治疗化脓创时，封闭注射点不可距病灶太近，以免因注射而引起病灶扩展。

二、环状分层封闭技术

本法常用于治疗四肢蜂窝织炎初期，愈合迟缓的创伤及蹄部疾病。一般在四肢病灶上方3～5厘米处的健康组织上进行环状分层注射。前肢在前臂部及其下1/3处和掌骨中部，后肢在胫部及其下1/3处和跖骨中部。注射时，先将针头刺入皮下再刺达骨膜，然后边注药边拔针，使药液浸润到皮下至骨的各层组织内，可分成3～4点注射。注射所用药量根据部位的直径大小而定，一般每次用0.25%盐酸普鲁卡因溶液100～200毫升。注射时，应注意局部解剖结构，不要让针头损伤到较大的神经和血管。

三、腰部肾区封闭技术

腰部肾区封闭是将盐酸普鲁卡因溶液注入肾脏周围脂肪囊中，通过浸润麻醉肾区神经丛来治疗疾病的方法。临床上适用于治疗各种急性炎症，如创伤、蜂窝织炎、腱鞘炎、黏液囊炎、关节炎、溃疡、去

势后水肿、精索炎等。此外，对胃扩张、肠臌气、肠便秘也有一定的治疗效果。

注射方法：牛腰部肾区封闭一般在右侧进行，穿刺部位选在最后肋骨与第1腰椎突之间，或在第1、2腰椎之间，从横突末端向背中线退1.5～2.0厘米作为刺入点。穿刺时，穿刺部位和穿刺针具要经过严格消毒，用10～12厘米长穿刺针头垂直于地面刺入，刺入深度为8～11厘米。确定针头在肾区脂肪囊的标志：一是拔出芯杆不应有血液流出；二是此时可先试注少量药液，注射就犹如注入皮下一样没有阻力；三是分离针头与针筒，残留在针头内的药液不会被吸入。确定针头在肾区脂肪囊后，可注入0.25%盐酸普鲁卡因溶液，马、牛的用量为1毫升/千克体重，总量不要超过600毫升。注射结束，常规消毒处理。

注意

牛腰部肾区封闭时，注入药液要加温至接近体温；注射速度要缓慢，每分钟约60毫升。

四、静脉封闭技术

静脉封闭是将普鲁卡因溶液注入病畜的静脉内，通过药物作用于血管内壁感受器而达到封闭治疗疾病的方法。静脉封闭的注射部位、注射方法同一般的静脉注射。临床上适用于牛羊乳腺炎、创伤、烧伤、化脓性炎症和过敏性疾病。一般选用0.1%普鲁卡因生理盐水缓慢注入，其速度以50～60滴/分钟为宜。其用量牛为100～200毫升、羊为20～50毫升。

静脉封闭注意事项：注射后，要密切注意患畜表现，以便采取相应处理措施。

（1）药物作用正常反应

1）注射后呈兴奋状态，表现为脉搏加速、竖耳、刨地、不安或惊恐等，部分家畜有此表现。

2）注射后呈抑制状态，表现为精神沉郁、站立不动、垂头闭眼等，多数家畜有此反应。

以上表现一般不需处理，不久即可自行恢复。

（2）过敏反应　个别家畜在注射后出现呼吸抑制、呕吐、出汗、黏膜发绀、瞳孔散大或惊厥等，应立即给病畜皮下注射盐酸麻黄碱或静脉注射硫喷妥钠液进行救治。为了防止此类过敏反应发生，可在每100毫

升的0.1%普鲁卡因溶液中加入0.1克维生素C。

五、盆神经封闭技术

盆神经封闭是将盐酸普鲁卡因溶液直接注入骨盆部结缔组织间隙内，通过浸润麻醉骨盆神经丛来治疗盆腔器官的急、慢性炎症。临床上应用于子宫脱、阴道脱、直肠脱或上述各器官的急、慢性炎症的治疗及其脱垂时的整复手术。

注射方法：病畜采取站立保定，注射部位在第3荐椎棘突顶点，向两侧旁开一掌（5~8厘米）处。常规剪毛、消毒后，用长12厘米的穿刺针垂直刺入皮肤后，以与刺入点外侧皮肤呈55°角由外上方向内下方进针，当针尖达荐椎横突边缘后，将进针角度稍加大，沿荐椎横突侧面穿过荐坐韧带（手感似刺破硬纸）1~2厘米，即达骨盆神经丛附近。此时可以注入0.25%普鲁卡因溶液，剂量为1毫升/千克体重。牛需要注入药液总量大，需要分成左右两侧注射，每隔2~3天注射1次。同时，为防止继发感染，可在普鲁卡因溶液中加入青霉素80万~100万国际单位。

六、尾骶封闭技术

尾骶封闭是将盐酸普鲁卡因溶液直接注入直肠与荐椎之间的尾骶处，通过药物作用于该部位的腰荐神经丛、阴部神经和直肠后神经来治疗盆腔器官的急、慢性炎症，临床上用于子宫脱、阴道脱、直肠脱或上述各器官的急、慢性炎症的治疗及其脱垂时的整复手术。

注射方法：病畜采取站立保定，提起尾部。刺入部位在尾根与肛门之间的三角区中央，即“后海穴”。局部消毒后，用长15~20厘米的针垂直刺入皮下，将针头稍向上翘并与荐椎平行刺入。先沿正中方向边注边拔针，然后再分别向左右方向各注入1次，使药液呈扇形分布。所用0.25%普鲁卡因溶液的量，一般牛为150~200毫升、羊为50~100毫升。

七、穴位封闭法

穴位封闭是将盐酸普鲁卡因溶液直接注入病畜的抢风、百会、大胯等穴位，来治疗疾病。临床上常用于牛、羊等家畜四肢的扭伤、风湿、类风湿等疾病。

注射方法：病畜确实保定后，术者首先找准穴位，局部剪毛、消毒，依据不同穴位注入不同浓度的普鲁卡因溶液，刺入穴位后注入药液即可。为了确保疗效，可在盐酸普鲁卡因溶液中加入强的松龙（泼尼松龙）、丹参（或复方丹参）注射液、青霉素等药物。每天1次，连用

2~3天即可。

第七节　补液治疗技术

由于各种原因使动物体液平衡发生紊乱时，由静脉输入不同成分和数量的溶液进行纠正，这种治疗方法称为补液疗法。补液疗法具有调节体内水和电解质平衡、补充微量元素、维持血压、中和毒素、补充营养等作用，以促进机体康复。

临床上在实行补液治疗技术时，主要从两方面着手，一是补足有效的循环血量，因为血容量不足，不但组织的缺氧无法纠正，而且肾脏也不能恢复正常的泌尿功能，代谢产物无法排出；二是调节体液的酸碱平衡，纠正机体的酸碱中毒。

一、应用范围

各种原因引起的大失血、脱水、中毒、休克、烧伤的病理过程；某些发热性疾病或败血症；手术前、后伴有某些并发症；口、咽、食管疾病不能饮水、采食时；静脉输入某些药物时。

二、需用的药液

复方氯化钠注射液（林格氏液）、生理盐水（等渗盐水）、5%葡萄糖注射液（等渗溶液）、5%葡萄糖生理盐水（糖盐水）、10%~25%葡萄糖注射液（高渗溶液）、10%氯化钠注射液（高渗盐水）、全血、血浆、6%右旋糖酐注射液、5%碳酸氢钠注射液、10%氯化钾注射液、10%氯化钙注射液、11.2%乳酸钠注射液等。

三、补液治疗方案

补液治疗应根据病畜的具体情况，本着“缺什么补什么（缺水补水，缺盐补盐），缺多少补多少”的原则，根据病畜的临床检查指标和必要的实验室检验数据，做出明确的判断，制定合理的补液治疗方案。

1. 水、盐代谢紊乱的补液技术

（1）高渗性脱水（以失水为主）

1）病因病理：患咽炎、咽麻痹、食道梗塞、破伤风等疾病时，常造成病畜失水多、失钠少的以失水为主的脱水。其临床表现为口干舌燥，饮欲增加，尿少而稠；血液变化不大；病畜体温升高，运动失调，甚至出现昏迷。

2）处置方法：应以补水为主，盐和水的比例为1∶2，即补液由1份生理盐水和2份5%葡萄糖注射液构成。

（2）低渗性脱水（以失盐为主）

1）病因病理：病畜严重腹泻、反复呕吐、大面积烧伤或在中暑、急性过劳时全身大出汗等，导致体液大量丧失后，如果补液不当或仅饮大量的水而不补盐，则会造成失盐多、失水少的以失盐为主的低渗性脱水。病畜的临床表现为口腔湿润，无渴感，尿量多；血液黏稠；病畜疲乏无力，皮肤弹力极差，眼窝下陷，循环衰竭。

2）处置方法：应以补充盐类为主，盐和水的比例为2∶1，即补液由2份生理盐水和1份5%葡萄糖注射液组成。

（3）等渗性脱水（混合性脱水）

1）病因病理：此类脱水在临床上最为常见，多发生在家畜患急性胃肠炎时的腹泻、呕吐、剧烈而持续的腹痛、大出汗后或低渗性脱水未及时补液的情况下。其临床表现为口腔干燥，口渴欲饮，尿量减少，血液浓稠，严重时因微循环障碍、有效循环血量减少而导致休克。

2）处置方法：补液以补充复方氯化钠溶液或5%葡萄糖生理盐水为宜，也可将生理盐水与5%葡萄糖注射液按1∶1比例输入。

（4）补液量的确定　确定的方法主要有以下3种。

1）按红细胞压积容量来判定脱水程度及确定补液量的简易方法（表2-3）。

表2-3　红细胞压积容量与脱水、补液量的关系

红细胞压积（%）	脱水程度	脱水占体重的比值（%）	补液量/（升/500千克体重）
45	轻度	5	25
50	中度	7	35
55	重度	9	45
60	极度	12	60

注：根据美国21届兽医协会年会（1975年）资料。

2）测定红细胞压积（PCV）来计算补液量。一般红细胞压积每超出正常值最高限的一个小格（温氏测定管壁的1毫米），一天内应补液量为800~1000毫升。

3）在临床实践中，若无条件测定红细胞压积，也可以根据病畜的

临床症状来判定脱水程度，确定补液量。

① 轻度脱水：病畜表现精神沉郁，口腔干燥，皮肤弹力减退，有渴感，尿量减少。其失水量约占体重的4%，若体重为200千克，则失水量为8升。

② 中度脱水：病畜尿少或不排尿，血液黏稠度增高，可视黏膜发绀。其失水量约占体重的6%，若体重为200千克，则失水量为12升。

③ 重度脱水：病畜眼窝及静脉管塌陷，角膜干燥无光，或兴奋或抑制，甚至昏睡。其失水量约为体重的8%，若体重为200千克，则失水量为16升。

2. 酸碱平衡紊乱的补液技术

健康的动物机体主要依靠血液缓冲体系、肾和呼吸系统功能来维持体液的酸碱平衡。由于各种原因常引起动物的酸碱平衡紊乱，临床常发有代谢性酸、碱中毒，有时还可能出现混合性酸碱平衡失调现象。因此，补液时需根据病畜具体情况加以纠正。

（1）代谢性酸中毒　病畜长期禁食、急性肾功能减退、严重腹泻、吞咽障碍、严重感染、大面积创伤或烧伤、大手术、休克、机械性肠阻塞等及饲料中磷过多，均可引发代谢性酸中毒。病畜出现呼吸深而快，黏膜发绀，体温升高，出现不同程度的脱水表现；实验室检查红细胞压积增高，血液浓稠；血液分析pH和HCO_3^-含量明显下降，二氧化碳结合力降低。

处置方法：在针对病因治疗并补充水和电解质的同时，根据HCO_3^-含量测得值计算碳酸氢钠用量，静脉输注5%碳酸氢钠注射液。

$$HCO_3^- 需要量（毫摩尔）=$$
$$[HCO_3^- 含量正常值(毫摩尔/升) - HCO_3^- 含量测得值(毫摩尔/升)] \times 体重(千克) \times 0.4$$

注意

注射前要将5%碳酸氢钠注射液用5%葡萄糖液稀释成1.5%碳酸氢钠注射液（等渗溶液），再行滴注。

（2）代谢性碱中毒　肠套叠、皱胃扭转或变位、皱胃阻塞等胃肠疾病，可引发严重的代谢性碱中毒。临床表现则为呼吸浅而慢，并可有嗜睡甚至昏迷等神志障碍；实验室检查，pH和HCO_3^-血液浓度均

升高。

处置方法：因这类病畜多同时伴有低氯、低钾，而补钾有助于碱中毒的纠正，故临床治疗多采用补氯、补钾的方法。一般轻度代谢性碱中毒呕吐不剧者，只需静脉滴注等渗盐水即可达到治疗目的（因等渗盐水中含氯离子较多，有助于纠正低氯情况）；重度代谢性碱中毒，可用2%氯化铵溶液加入500～1000毫升5%葡萄糖生理盐水中缓慢滴注。

3. 电解质紊乱的补液技术

（1）钾代谢紊乱 临床常见的钾代谢紊乱包括低钾血症和高钾血症。

1）低钾血症。常见于慢性消耗性疾病、术后长期禁食、食欲不振的病畜或长期饲喂含钾少的饲料等使钾长期摄入不足，或严重腹泻、呕吐、长期应用肾上腺皮质激素、创伤和大面积烧伤，以及病畜过量使用利尿药物使钾的排出增加时。临床表现为厌食、恶心、呕吐和腹胀（肠蠕动明显减弱）、肌肉无力、腱反射减退、血压降低、嗜睡等症状。

处置方法：以补钾为主，使用氯化钾。可内服给药；需静脉输液时，应经稀释后（即10毫升10%氯化钾溶液溶于100毫升5%的葡萄糖溶液中）静脉缓慢滴入，其含量不应大于0.3克/100毫升，滴速应低于80滴/分钟，绝对禁止以氯化钾静脉内直接推注，以免血钾突然增高，导致严重心律不齐和停搏。必须注意尿路通畅后才可补钾，故有“见尿补钾”。同时应纠正可能存在的酸中毒。

2）高钾血症。内服或静脉输入氯化钾过多、酸中毒及大面积软组织挤压伤、重度烧伤、急性或慢性肾衰竭等各种造成血钾积聚或排钾功能障碍的情况，均可造成高钾血症。临床表现为软弱无力、虚弱、血压降低等，严重者出现呼吸困难，心搏动骤停，以致突然死亡。

处置方法：迅速查出病因，进行针对病因的治疗。停用一切含钾的药物，静脉输入5%碳酸氢钠注射液以降低血钾，并同时纠正可能存在的酸中毒。开始可用60～100毫升5%碳酸氢钠注射液于静脉内推注，继以静脉内滴入100～200毫升。给予高渗葡萄糖和胰岛素，一般在200毫升25%葡萄糖注射液内加入胰岛素12国际单位［葡萄糖与胰岛素的比例为（3～4克）:1国际单位］于静脉滴入，可使血钾浓度暂时降低。此项注射可每3～4小时重复1次，给10%葡萄糖酸钙注射液以对抗高钾血症引起的心律失常，需要时可重复使用，根据家畜个体的大小选择合适的剂量。

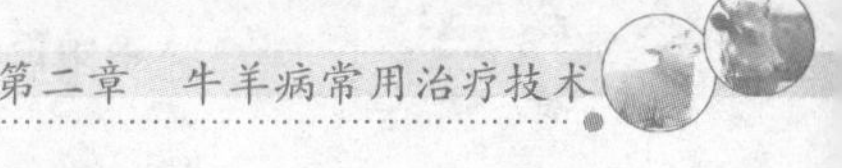

（2）钙代谢紊乱　由于日粮中缺少钙质和维生素 D，母畜在妊娠期或哺乳期最易出现低血钙。临床常见于产后母畜，以精神狂躁、不安，全身性痉挛，步态强拘，甚至瘫痪为特征。处置方法以对症治疗为主，静脉滴注 10% 葡萄糖酸钙注射液（或 5% 氯化钙注射液），或在饲料中补喂骨粉、磷酸氢钙。

（3）镁代谢紊乱　临床常见低血镁症，又称青草搐搦、缺镁痉挛症，是牛羊等反刍家畜的一种常见的矿物质代谢障碍性疾病，多发生于夏季高温多雨时节，尤以产后处于泌乳期的母畜多见。临床表现为兴奋不安，突然倒地，头颈侧弯，牙关紧闭，心动过速，口吐白沫，粪尿失禁，抢救不及则很快死亡。

处置方法：临床上可静脉滴注 25% 硫酸镁注射液、25% 硼酸葡萄糖酸钙注射液；为预防低血镁症，可监测饲料中含镁量，若在 0.2% 以下，每天在精料中添加氧化镁 20～40 克或碳酸镁 40～60 克；在茂盛的嫩草地上放牧时，时间不宜过长，牛羊不要吃得太饱。

四、补液的方法

1. 静脉注射补液法

静脉注射补液法是最常用的补液方法，尤其对饮食欲一般或较差的病畜，常常采用此法补液。注射部位及方法可参照静脉注射法，其作用迅速，效果确实，但一次输入量不宜过多，每次输入量：马牛等大动物 1000～3000 毫升、羊猪等中等动物 500～1500 毫升、小动物 50～300 毫升，必要时，可多次反复补给。

2. 内服补液

对饮食欲及胃肠吸收功能较好的轻度脱水病畜，可经口饮给足量的水、等渗盐水或内服补液盐（由葡萄糖 20 克、氯化钠 3.5 克、碳酸氢钠 2.5 克、氯化钾 1.5 克加水 1000 毫升组成）。这是最经济实惠的补液方法。

3. 其他方法

必要时，可通过腹腔注射、皮下注射和灌肠的方法进行补液，具体操作方法可参照腹腔穿刺技术、皮下注射技术和直肠投药技术。

五、注意事项

1）补液时避免盲目性，应事先了解病史，认真做好临床检查和必要的实验室检查，根据病畜的具体情况，遵循“缺什么补什么，缺多少补多少”的原则，制定合理的补液方案。

2）补液前应仔细检查药品的质量，注意有无杂质、沉淀及变质等，对加入的其他药剂应避免配伍禁忌。同时注意药液温度，一般药液加温至接近病畜体温即可，不可过高或过低。

3）补液速度宜先慢后快，先输等渗溶液，再输高渗溶液，根据输液的目的和病畜心脏状况，每分钟滴入20～40毫升为宜。

4）操作技术应熟练，静脉内进针深度要适宜，针头固定要确实，避免中途因病畜的骚动，使针头脱至血管外，药液漏于皮下。

5）补液时病畜需设专人看管，若病畜出现不安、骚动、呼吸加快、大量出汗、肌肉震颤、心率加快或心律不齐等输液反应，应立即停止补液，仔细查找原因，并进行必要的处理。

6）补液无论采用静脉、腹腔、皮下注射等何种方法进行，都必须严格遵守无菌操作规程。

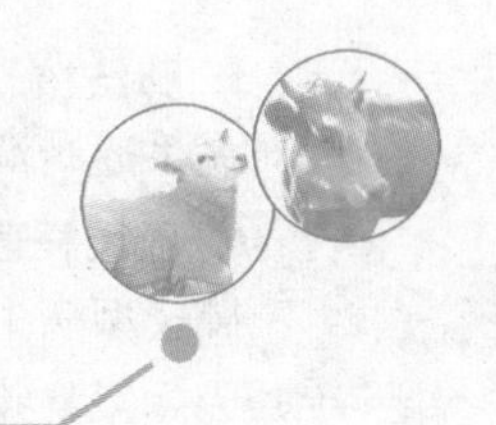

第三章 牛羊常发病临床症状鉴别诊断

第一节 表现呼吸困难症状的牛羊病

一、呼吸困难的一般临床表现

1）呼吸动作异常，呼吸急促（又称喘息），张口呼吸，严重者头颈伸展、张口伸舌呼吸。

2）呼吸形式改变，腹式呼吸明显。

3）呼吸次数增加，牛达30次/分钟以上。

4）咳嗽，有干咳或湿咳，长咳或短咳，强咳或弱咳等不同类型。

5）鼻液增加，有浆液性、黏液性或黏脓性等。

二、以呼吸困难为主症的疾病

1. 支气管炎

主症咳嗽，病初为干、短、伴有疼痛的咳嗽，经3～4天转为湿性长咳；触诊喉头或气管，常诱发持续性且声音高朗的咳嗽；初期流浆液性鼻液，后变为黏液性或黏脓性鼻液。

2. 支气管肺炎

呼吸困难，呼吸次数达40～100次/分钟；病初为干性痛咳，后为湿咳；流少量黏液性鼻液。

3. 咽炎

咳嗽，吐草。咽部潮红、肿胀、触之敏感，并附有较多黏液或脓性分泌物，有的可见溃疡、坏死。

4. 异物性肺炎（坏疽性肺炎）

病初呼吸极度困难，呈腹式呼吸；后期呼吸深长。两侧鼻孔流出褐灰带红或浅绿色、有奇臭污秽的鼻液，在咳嗽或低头时，常常大量流出。

5. 肺结核

病牛逐渐消瘦，早晨、运动或饮水后咳嗽明显；叩诊能引发咳嗽。

6. 巴氏杆菌病

肺炎型病牛，呼吸高度困难，皮肤黏膜发绀。往往因窒息死亡。病羊呼吸急促，咳嗽，鼻流带血黏液。可在数分钟至数小时内死亡。

7. 羊支原体性肺炎

最急性病羊，呼吸急促，发出痛苦叫声，咳嗽，并流带血丝的浆液性鼻液。一般12～36小时内，卧地不起，呼吸极度困难，随每次呼吸全身颤动；不久窒息而亡。病程不超过4～5天，有的仅1天。急性病羊，湿咳，伴有浆液性鼻漏。4～5天后，变为痛苦的干咳，鼻液转为黏液或脓性并呈铁锈色，黏附于鼻孔和上唇，结成干固的棕色痂垢。头颈伸直，口半开张，流泡沫状唾液。

8. 黑斑病甘薯（地瓜）中毒

特征症状是呼吸困难，病初即喘，俗称“牛喘病”或“喷气病”。病牛张口呼吸，头颈伸直，眼球突出，瞳孔散大，不愿卧下，口鼻不断流出大量泡沫状液体；呼吸次数可增至60～80次/分钟，少数达100次/分钟以上，呼吸音粗粝，如拉风箱，掩盖了正常呼吸音。

9. 瘤胃臌气

呼吸浅、快，往往头颈伸展，张口伸舌呼吸，呼吸次数增至60次/分钟。

10. 中暑

呼吸高度困难，鼻孔开张，张口伸舌喘气，两鼻孔流出粉红色、有小泡沫的鼻液。

11. 肉毒梭菌中毒症

呼吸极度困难，终至呼吸麻痹而死亡，病程2～3天。

第二节 表现发热症状的牛羊病

一、发热的一般临床表现

1）体温升高，超过正常体温0.5～1℃为微热（低热），1～2℃为中热，2～3℃为高热，3℃以上为极高热。

2）热型有稽留热（高热持续3天以上，每天温差变动在1℃以内）、弛张热（高热期内每天温差变动在1～2℃，但不降到正常温度）、间歇

热（发热期与无热期交替出现）。

3）皮温不整，低热时皮温增高，高热时末梢皮肤发凉。

4）相伴出现的症状有呼吸、心跳加快，精神、食欲、反刍不振，饮欲增强。

二、以发热为主症的疾病

1. 牛流行热

突发高热，40℃以上。呼吸促迫，食欲废绝，反刍停止，后躯僵硬，四肢跛行，病程3~4天，一般取良性经过。

2. 结核病

低热（高于正常温度1℃以内），或午后发热。

3. 巴氏杆菌病

败血型病牛高烧至41~42℃，腹泻开始后，体温下降，迅速死亡。病程12~36小时。急性型病羊体温升高至41~42℃，呼吸急促，咳嗽，鼻流带血黏液，常在严重腹泻后虚脱而死，病程2~5天。

4. 气肿疽

发病突然，高热达40~41℃。

5. 羊痘

病羊病初体温高达41~42℃。

6. 牛恶性卡他热

高热达41~42℃，稽留不退，鼻眼流出少量分泌物；常在发病1~3天内，特征症状未表现便死亡。

7. 蓝舌病

突然高热，40.5~41.5℃，稽留5~6天。

8. 沙门氏菌病（副伤寒）

成年牛从高热、昏迷、食欲废绝、脉搏微弱、呼吸困难开始，不久转为下痢，下痢开始后体温降至正常值或略高；犊牛常于10~14日龄以后发病，表现为高热、下痢。

9. 感冒

体温升高，达39~40℃，耳尖、鼻端发凉，皮温不均。

10. 支气管炎

初期体温升高0.5~1℃，呈间歇热。

11. 支气管肺炎

发热达39.5~41℃，表现为弛张热型；脉搏增数、呼吸加快、咳嗽，病初为干性痛咳，后为湿咳；流少量黏液性鼻液。

12. 坏疽性肺炎

体温初期升高，呈弛张热型，一般在40℃或以上，后期体温下降。

13. 中暑

体温高达42℃以上，皮温增高，用手背触摸感觉烫手。

14. 牛巴贝氏虫病（蜱热）

病牛体温达41～42℃，高热稽留。

15. 泰勒虫病

高热稽留，病羊可达42℃，稽留6～7天。

第三节 表现腹泻症状的牛羊病

一、腹泻的一般临床表现

犊牛腹泻

1）排粪次数增多，每天3次以上。

2）粪便性状异常，粪便稀薄，呈粥状或水样；或粪便内混有黏膜、纤维素或血液。

3）粪便颜色异常，呈灰白色、黄白色、黑色、鲜红色。

4）粪便气味异常，有特殊的腐臭味或酸臭味。

5）排粪动作异常，排粪失禁（不自主的排出粪便），或里急后重（屡呈排粪动作，仅排出少量粪便或黏液）。

二、以腹泻为主症的疾病

1. 副伤寒

主要表现下痢。从高热、昏迷、食欲废绝、呼吸困难开始，不久转为下痢，粪便恶臭，混有黏液。犊牛常于10～14日龄以后发病。羊也表现为羔羊下痢和妊娠母羊流产，羔羊下痢发病率一般为30%。

2. 胃肠炎

持续而重剧的腹泻，排泄物常夹有血液、黏液和黏膜组织，有时混有脓液，有恶臭味（彩图8），有时呈现里急后重或粪便失禁；伴有腹痛。

3. 羔羊痢疾

发病多见于7日龄以内的羔羊，尤以2～3日龄发病最多，主要表现剧烈腹泻、小肠溃疡、迅速大批死亡，有的稍缓死亡，但很少有自愈。

4. 消化道线虫病

表现消化功能紊乱、营养障碍和衰竭为主，持续性腹泻，粪便富含黏液，有时带血等。

5. 牛犊新蛔虫病

主要表现为嗜睡；吸乳无力或停止哺乳，腹胀、腹痛、腹泻，排出稀糊样灰白色腥臭粪便，有时带有黏液或血液，呼出气有刺鼻的酸味。多发于5月龄以内的犊牛，2周龄犊牛症状最严重，病死率很高。

第四节　表现繁殖障碍症状的牛羊病

一、繁殖障碍的一般临床表现

1）不孕、不育。

2）流产。

3）产死胎、弱胎、木乃伊胎。

二、以繁殖障碍为主症的疾病

1. 布氏杆菌病

妊娠母畜流产、胎儿胎衣在子宫内滞留、不育；流产多发生在妊娠后的3～4个月。有的山羊流产2～3次。公山羊常可见睾丸炎，公绵羊则常见附睾炎等。

2. 沙门氏菌病（副伤寒）

妊娠母牛和妊娠母羊多数发生流产。流产多发生在绵羊妊娠的最后2个月。流产胎儿极度虚弱，往往于生后1～7天死亡。羊群暴发1次，一般持续10～15天，流产率和病死率可达60%；流产母羊有5%～7%的病死率。

3. 衣原体病

流产型病例，母羊主要表现流产、产死胎和产弱羔。流产常发生于妊娠的最后1个月，流产前无特征性先兆。流产后，从阴门流出粉红色或奶油样黏液，可持续多日，常见胎衣不下或部分滞留；羊群首次暴发时，流产率可达20%～30%，其后每年均约5%；母牛感染也主要表现流产，初次妊娠青年牛最易发生，且流产常发生于妊娠后期，流产率高达60%。

第五节 表现神经症状的牛羊病

一、神经症状的一般临床表现

1）兴奋型：狂暴不安，眼神凶恶，摇头，嚎叫，前冲后蹲，横冲直撞，甚至攻击人畜，转圈或突然倒地，四肢划动。

2）沉郁型：精神沉郁，意识障碍，头低耳耷，闭眼似睡，反应迟钝，后肢无力，运动障碍，步态摇晃，共济失调，甚至麻痹。

二、以神经症状为主症的疾病

1. 破伤风

病畜表现神志清楚，反射兴奋性增高，骨骼肌强直性痉挛，四肢强直，运步困难，步行时呈现高跷样步态；头颈伸直，角弓反张，肋骨突出，开口困难，采食和咀嚼障碍，严重时牙关紧闭，不能采食和饮水，流涎。

2. 狂犬病

表现起卧不安，前肢挠地，有阵发性兴奋和攻击动作，性欲亢进，流涎，恐水。当兴奋发作后，常有短时停歇，而后又复发作。逐渐出现麻痹症状，最后倒地不起，衰竭而死。

3. 有机磷农药中毒

先表现兴奋不安，无目的地前冲奔跑，转圈，呈恐惧状，后精神不振，意识不清，昏倒在地，四肢呈游泳姿势。

4. 马铃薯中毒

重剧性中毒多出现神经症状。表现短时间的兴奋不安，狂躁，横冲直撞；很快转为沉郁，后肢无力，运动障碍，步态摇晃，共济失调，甚至麻痹。

5. 脑膜脑炎

精神异常，兴奋与抑制交替出现。兴奋时狂暴不安，眼神凶恶，前冲后蹲，摇头、嚎叫，甚至攻击人畜，转圈或突然倒地，四肢划动；抑制时精神沉郁，意识障碍，头低耳耷，闭眼似睡，反应迟钝，呼吸、脉搏变慢；中后期出现头颈僵硬，共济失调，牙关紧闭，流涎，失明，耳聋，口、眼歪斜等。

6. 中暑

突然发病，神昏头低，站立不动或倒地，浑身肌肉颤抖，行走如醉

酒状，全身出汗或有兴奋症状。

7. 酒精中毒

急性中毒先兴奋不安后精神沉郁，步态不稳，四肢麻痹，卧地不起。

8. 食盐中毒

病牛烦躁不安，口流白沫，反刍停止，腹痛、腹泻，排出血便，呈腹式呼吸，后肢麻痹或四肢瘫痪，常因窒息死亡。

9. 萱草根中毒

病牛精神沉郁，双目失明，瞳孔散大，膀胱积尿，进而全身瘫痪，昏迷而亡。牛一次采食多量引起急性中毒，初见精神沉郁，运步失灵，共济失调，离群不愿活动，尿频，全身颤抖，目光呆滞，对光反射迟钝；继之兴奋不安，站立不稳，头角抵墙，四肢不时移动，瞳孔稍大，眼半睁半闭，尿淋漓至尿闭；后期卧地不起，抽搐，牙关紧闭，角弓反张，四肢直呈游泳状划动，瞳孔散大，失明，瘫痪，磨牙，呻吟，呼吸浅表，体温下降，心衰而亡。

病羊，初见全身微颤，呻吟，常在1～2天内双目瞳孔散大呈圆形、失明；继之后躯或四肢神经麻痹，不能站立，做游泳状划动；最后发展为全身瘫痪，多在2～4天内昏迷而死。

10. 酮病

神经症状典型，病初兴奋不安，对外界反应过敏，运动失调，行走摇摆，盲目行走或冲撞障碍物，啃咬饲槽；后期精神沉郁，反应迟钝，意识紊乱，眼球震颤，后肢轻瘫，视力丧失，呆立或做转圈运动，或突然倒地，头颈向侧后弯曲，呈昏睡状态。

第六节　表现运动障碍的牛羊病

一、运动障碍的一般临床表现

1）四肢关节肿胀，运动不灵活，运步困难。

2）跛行或不能行走。

3）运动神经麻痹，躯体卧地不起。

二、以运动障碍为主症的疾病

1. 布氏杆菌病

慢性型病例表现关节炎，尤其是膝关节和腕关节多发，关节疼痛，行走困难。

2. 肉毒梭菌中毒症

病畜主要表现神经麻痹，肌肉软弱和麻痹。神经麻痹从头部开始，迅速向后发展，直达后肢。病初精神沉郁，食欲减退，步态拘谨，腰背弓起，左右摇摆，头颈发僵，咀嚼吞咽困难，流涎，舌垂口外，下颌下垂，瞳孔散大，对外界刺激无反应；波及四肢时，共济失调，喜站恶动，以致卧地不起；呼吸极度困难，终至呼吸麻痹而死亡。

3. 衣原体病

患病羔羊，一肢甚至四肢跛行，肢关节肿胀，触摸有热感和痛感。继之病羊严重跛行，步样僵直，不愿走动，弓背而立。发病率一般为30%，甚或高达80%及以上。病程2~4周。

4. 破伤风

四肢强直，运步困难，步行时呈现高跷样步态。

5. 牛流行热

突发高热，后躯僵硬，四肢跛行，病程3~4天，一般取良性经过，很快恢复。

6. 有机磷农药中毒

肌纤维震颤，先从眼睑及颜面开始，至全身肌肉痉挛，后期麻痹。

7. 骨软症

不明原因的跛行，四肢交替发生，多卧少立，严重者卧地不起。

8. 白肌病

亚急性和慢性以运动障碍和消化紊乱为特征。表现软弱无力，站立困难，卧地不起。

9. 创伤性网胃炎

病牛喜站立，不愿行走，强迫行走时，不愿下坡、跨沟、急转弯、走硬化地面，且行走缓慢；谨慎起卧，卧地时先臀部下沉，后肢着地，然后前肢弯曲慢慢下沉；起立时，先前肢，再后肢。

10. 腐蹄病

病初呈现一肢或两肢出现跛行，常三肢跳跃前进，或卧地不起。

11. 脑多头蚴病

又称脑包虫病，感染后期常表现出异常的运动和姿势，具体症状取决于虫体的寄生部位。或头下垂向前直线运动，或常把头抵在障碍物上呆立不动；或精神萎靡，喜卧地，向患侧做转圈运动；或头高举，后退，可能倒地不起，颈部肌肉强直性痉挛或角弓反张；或表现知觉

过敏，容易悸恐，行走急促或步样蹒跚，平衡失调，痉挛；或步态不稳，转弯时尤为明显，渐进性后驱及盆腔脏器麻痹。

12. 口蹄疫

病牛蹄部发生水疱，破裂后形成糜烂、溃疡，站立不稳，跛行严重。

第七节　表现皮肤、黏膜病变的牛羊病

一、皮肤、黏膜病变的一般临床表现

1）皮肤肿胀、增厚、脓肿或破溃、结痂等。

2）黏膜出现水疱、破裂、溃疡、糜烂等。

二、以皮肤、黏膜病变为主症的疾病

1. 放线菌病

病牛表现头、颈和颌下慢性肿大，常在6~18个月内形成小而坚实、不热不痛的肿块，有时肿块化脓破溃，形成瘘管，长期不愈；病羊常见嘴唇、头部和身体前半部的皮肤增厚，可发生多数小脓肿。

2. 口蹄疫

病畜唇内面、舌面、颊部黏膜、蹄部、乳房皮肤出现蚕豆大至核桃大的水疱；而后水疱融合、破裂，形成溃疡和糜烂；糜烂逐渐愈合，全身症状逐渐好转。山羊多见呈弥漫性的口膜炎，水疱发生于硬腭和舌面，表现疼痛，流出带泡沫的口涎。

3. 牛恶性卡他热

口、鼻腔黏膜充血、坏死、糜烂，口流臭味黏液；黏脓样鼻液形成黄色长线状由鼻端垂于地面。

4. 气肿疽

牛发病突然，早期跛行，不久在股臀部、肩、胸、颈、腰、臂等肌肉丰满部位发生气性、坏疽性炎症肿胀。肿胀处最初有热感和痛感，后变冷且无知觉，皮肤干燥、紧张，呈紫黑色，叩之如鼓，压之有捻发音。肿胀部破溃或切开后，流出黑红色带泡沫的酸臭液体。

5. 羊痘

病羊全身皮肤无毛或少毛部位（如眼周、唇、鼻、乳房、外生殖器、四肢和尾内侧）出现红斑、丘疹（突出于表面）、结节（半球状，呈灰白色或浅红色）、水疱（中央凹陷呈脐状，内容物为淋巴液样液体）、脓疱（内容物为脓性）、结痂（痂皮脱落后遗留一红色或白色瘢

痕，后痊愈）等典型病理过程。

6. 蓝舌病

口腔黏膜先是充血，后发绀呈青紫色，继之口、唇、鼻、舌黏膜及鼻镜或发生糜烂或溃疡，易出血。

7. 疥螨病

绵羊疥螨病主要发生在头颈部，嘴巴周围、鼻梁、眼圈、耳根等病变部位形成白色坚硬胶皮样痂皮，俗称“石灰头病”。牛疥螨病开始于面部、颈背部、尾根等被毛较短的部位，严重时可波及全身。

第八节 表现急性死亡症状的牛羊病

一、急性死亡症状的一般临床表现

1）不见任何临症，突然死亡。

2）有极短的病程，一般在发病后数分钟或数小时内，还未出现本病特征性症状即死亡。

3）病程较短，一般在发病1周内死亡。

二、以急性死亡为主症的疾病

1. 炭疽病

最急性型病例，往往不见任何症状，突然死亡。外表完全健康的牛羊突然倒地，全身战栗，磨牙，可视黏膜发绀，呼吸极度困难，天然孔流出带泡沫的暗红色血液，常于数分钟内死亡。

2. 羊梭菌性疾病

包括羊快疫、羊肠毒血症、羊猝狙、羔羊痢疾、羊黑疫，以突然发病、急性死亡为特征，死亡一般在数小时内，最长不超过3天。病死率几乎为100%。

3. 肉毒梭菌中毒症

一般病程2～3天。严重者常未表现出特征性症状，于数小时内死亡。病死率达70%～100%。

4. 巴氏杆菌病

败血型和水肿型病牛，病程12～36小时；肺炎型病牛，病程较长，3～7天；病死率在80%以上；病羊可在数分钟至数小时内死亡。

5. 沙门氏菌病（副伤寒）

病牛可于发病后24小时内死亡，多于1～5天内死亡。部分病犊牛

症状出现后 5 ~ 7 天死亡，病死率可达 50%。

6. 有机氯农药中毒

牛急性中毒时，大声嚎叫，呻吟，一般 2 ~ 3 天，重症可在数小时内，因呼吸肌痉挛或呼吸中枢麻痹而死。

7. 氟乙酰胺中毒

病畜误食氟乙酰胺后 9 ~ 18 小时，在无任何前驱症状的情况下，突然跌倒，剧烈抽搐，惊厥或角弓反张，迅速死亡。

8. 磷化锌中毒

急性中毒，口干舌燥，口腔黏膜糜烂，全身痉挛，最后昏迷、麻痹而死，病程一般 2 ~ 3 天，重者数小时内死亡。

9. 亚硝酸盐中毒症

牛在采食亚硝酸盐 1 ~ 5 小时内突然发病，全身痉挛与抽搐，口吐白沫，胃鼓胀，四肢麻痹，站立不稳，张口伸舌喘气，有的全身出汗，重症 20 分钟左右死亡。

10. 氢氰酸中毒

发病急速，一般采食后 0.5 小时出现不安，严重呼吸困难，可视黏膜鲜红色，呼出气有苦杏仁味，口流泡沫样涎液，全身或局部出汗，胃肠臌气，很快倒地不起，体温下降，呼吸麻痹，瞳孔散大，迅速死亡。

11. 瘤胃酸中毒

饲喂大量玉米后 4 ~ 8 小时发病，仅见病畜精神沉郁，喜卧，有时出现腹泻，昏迷，很快死亡。病死率 85%，其中不见任何临症而死的占 46.8%，发病 24 小时内死亡的占 81%。急性病羊常于发病后 1 ~ 3 小时死亡。

12. 瘤胃臌气

泡沫性瘤胃臌气，一般数小时即可窒息而死。

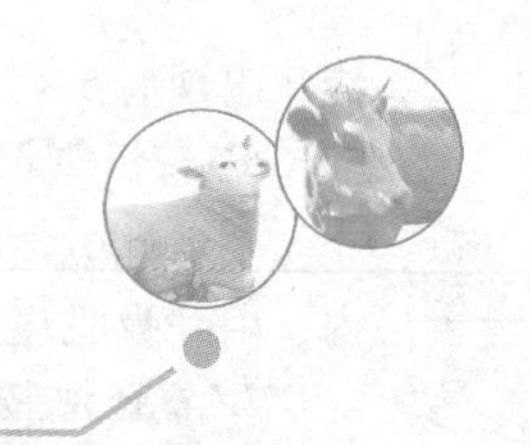

第四章 牛羊常发的传染病

第一节 炭疽病

炭疽病是由炭疽杆菌引起的人畜共患的急性、热性、败血性传染病。牛羊均可发病，多为急性死亡。人类的感染多是由于接触炭疽病畜或被污染的畜产品，多发生肠炭疽、肺炭疽、皮肤炭疽等局灶性炭疽。病畜可通过粪尿、唾液及天然孔出血等排出病菌，若尸体处理不当，会使大量病原菌形成芽孢散布于周围环境，污染土壤、水源或牧场，成为长久疫源地。

一、临床诊断要点

1. 流行病学特点

牛羊等多种家畜及人均可发病（禽类除外），多呈散发。

2. 临床症状特点

病畜常表现最急性型，呈脑卒中经过，发病急、病程短，往往不见临床症状。外表完全健康的牛羊突然倒地，全身战栗，摇摆，昏迷，磨牙，可视黏膜发绀，呼吸极度困难，天然孔流出带泡沫的暗红色血液，常于数分钟内死亡。有的不见任何症状，突然倒地死亡。

3. 病理剖检特征

尸体呈典型的败血变化，尸僵不全，尸体极易腐败；天然孔流出带泡沫的暗红色血液；血液凝固不良，黏稠如煤焦油样；全身多发性出血，皮下、肌间及浆膜下结缔组织出血性浸润；脾脏显著肿大（彩图9），脾髓呈暗红色、粥样软化等。

4. 类症鉴别

在临床上很相似的病症有牛羊猝死症、羊肠毒血症、羊快疫、羊猝狙、羊黑疫等病，要注意加以鉴别，鉴别要点见本章第八节。

5. 实验室诊断

在本病的诊断中，《中华人民共和国动物防疫法》明确规定，对疑似病例禁止解剖，故确诊一般要依据实验室细菌学或血清学检查。

（1）细菌学检查　常做以下2种试验。

1）直接镜检。采集病畜的末梢静脉血或切一点耳尖涂抹标片；用瑞氏染液或碱性亚甲蓝染液染色；在显微镜油镜下观察，发现大量单在、成对或2~4个菌体相连的短链排列呈竹节状、菌体周围有荚膜的粗大杆菌，即可确诊（彩图10）。

2）串珠试验。本试验具有简单、敏感、特异性高的特点，是炭疽病的快速诊断方法之一。具体方法有液体培养法、固体培养法和串珠荧光抗体法3种。常用固体培养法，其操作步骤为：在已经高压灭菌并保持至50℃左右的营养琼脂（9毫升）中，加入5国际单位/毫升的青霉素溶液1毫升，迅速混匀并倾注于平板（使琼脂厚度约达2毫米），凝固后以无菌操作切成1厘米×1厘米的琼脂块，置于灭菌清洁载玻片上。取一接种环幼龄培养物（被检菌接种肉汤培养6小时左右）置于该琼脂块中央，并覆以灭菌洁净盖玻片，放入有湿棉球的无菌平皿中，于37℃下培养2~3小时，直接涂片、染色、镜检观察，若菌体膨大呈圆形串珠状即可确诊。

（2）血清学检查　常用Ascoli反应，本试验是在病料腐败、细菌培养失效时，或对动物皮张和风干、腌浸过的肉品，仍可进行诊断的简便而快速的方法，其试验步骤如下。

1）病料制成沉淀原。其制作方法有3种：热浸出法、冷浸出法和氯仿处理法。

① 热浸出法。取被检病料（脏器、血液等）1~5克，在乳钵内研碎，加5~10倍的生理盐水，装入试管内煮沸20~30分钟，经石棉或滤纸过滤或离心沉淀，获得透明的浅黄色液体，作为沉淀原。

② 冷浸出法。取干皮（鲜皮先置于37℃温箱中烤干），经高压121℃灭菌30分钟后，再烤干，用剪刀剪成微细的碎块，称重后加入5~10倍的0.3%苯酚生理盐水，置室温下浸泡18~24小时，用石棉或滤纸过滤，获得透明的液体，作为沉淀原。

③ 氯仿处理法。若被检材料含有脂肪，不宜获得透明滤液，则可将被检材料剪碎研磨，加入适量的氯仿处理5~6小时后将氯仿倒出，再加入生理盐水浸泡2~3小时，过滤浸出液，可获得透明的液体，作为沉淀原。

2）沉淀素血清。由生物制品厂提供。

3）操作程序与结果判定。

① 重叠法。取沉淀反应管 1 支，用毛细管吸取炭疽沉淀素血清 0.3～0.5 毫升加入沉淀反应管内，用另一支毛细吸管吸取制备的沉淀原 0.2～0.4 毫升，沿试管壁小心地加在沉淀素血清之上。注意避免产生气泡，两液接触面整齐，经 3 分钟（皮张 15 分钟）判定结果。在阳性对照管两液接触面处出现一清晰白色沉淀环，而阴性对照管两液间无白色沉淀环的前提下，有清晰白色沉淀环者，判为阳性反应；无白色沉淀环者判为阴性反应。当两液接触面处出现模糊不清、疑是白色沉淀环时，应重复操作。

② 逆叠法。用毛细吸管吸取 0.2～0.4 毫升沉淀原加入反应管内，用另一支毛细吸管吸取炭疽沉淀素血清 0.3～0.5 毫升，插入管底，徐徐放入血清，将沉淀原浮起重积在血清之上（因血清密度较大），约 3 分钟判定结果，判定方法同上。

在进行上述反应时，要注意设下列 3 组对照：

阳性对照：标准炭疽沉淀原 + 炭疽沉淀素血清。

阴性对照：标准炭疽沉淀原 + 健康牛羊血清；生理盐水 + 标准炭疽沉淀原。

（3）注意事项

1）病料的正确采集和处理。疑似炭疽病例死亡的病畜应禁止解剖，病料可采取尸体的末梢血液，或切下一小块耳尖，必要时，在腹部切一小口，取出小块脾脏。注意切割部位的消毒和包裹。切割、采集的病料应放于密封的容器内。

2）血清学检查一定要设阳性和阴性对照管，在对照管出现正确结果的前提下，才能判定实验结果。

注意

炭疽病是重要的人畜共患病，炭疽杆菌一旦离开畜体，即刻形成芽孢，抵抗力特强，故疑似病例严禁解剖，所有接触人员一定要注意个人防护，必要时应进行服药预防。

二、主要防治措施

1. 预防措施

炭疽病疫区或常发地区，每年定期对易感牛羊进行预防注射。常用

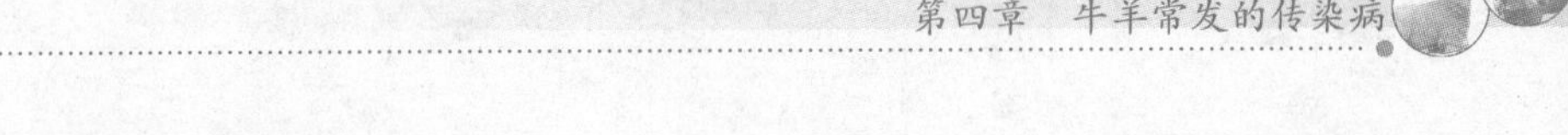

的疫苗有3种。

1）无毒炭疽芽孢苗。牛颈部皮下注射1岁以上1毫升，1岁以内0.5毫升；绵羊颈部或后腿皮下注射0.5毫升（山羊禁用），接种后14天产生免疫力，免疫期为1年。

2）无毒炭疽芽孢苗（浓缩苗）。牛颈部皮下注射1毫升、绵羊皮下注射0.5毫升，免疫期为1年。

3）Ⅱ号炭疽芽孢苗。牛、绵羊、山羊（慎用，需6月龄以上）均可使用，皮下注射1毫升，免疫期为1年。

2. 控制措施

（1）免疫接种与药物预防 用疫苗紧急免疫受威胁区的羊群和假定健康羊群；发病羊群内的羊只全部进行药物预防。预防用药物主要有：

1）抗血清。对发病牛羊群内的家畜，可先用抗炭疽血清皮下或静脉注射，牛200~300毫升、羊40~80毫升；而后皮下注射无毒炭疽芽孢苗，牛1毫升、绵羊0.5毫升。

2）抗菌药物。发病群体内未表现症状者，可注射抗生素预防。

① 注射用青霉素G钾，按每千克体重3万~5万国际单位肌内注射，连用3天。

② 硫酸链霉素按每千克体重10毫克肌内注射，每天2次，临用时加适量灭菌注射用水使其溶解。

③ 注射用土霉素按每千克体重5毫克肌内注射，每天2次。

（2）封锁 一旦发现炭疽病，应立即向上级兽医部门报告疫情，划定疫点、疫区、受威胁区，严格封锁疫点、疫区，禁止疫区内的牛羊交易、向外输出活牛羊和牛羊产品及草料，禁止食用病牛羊乳、肉。

（3）隔离、扑杀 一旦发现病畜，应立即隔离、扑杀。

（4）消毒

1）病死牛羊尸体的天然孔及采样切割处，可用经0.1%氯化汞（升汞）溶液或0.5%过氧乙酸溶液浸泡过的消毒棉或纱布堵塞，连同粪便、垫草一起焚烧，就地深埋。

2）病死牛羊躺过的地面应除去表土15~20厘米，与20%的漂白粉混合后深埋。

3）对污染的牛羊舍、地面及用具要立即用10%氢氧化钠溶液或用二氯异氰脲酸钠，或20%漂白粉溶液喷洒消毒，每隔1小时消毒1次，连续3次；其后，每天2次，连续数天。

（5）解除封锁 在最后一头病牛羊死亡或痊愈2周后，无新发病例出现，经彻底的终末消毒，方可解除封锁。

三、典型病例介绍

某县某村韩××饲养的一头5岁母牛，2005年6月18日夜间突然死亡。

【主诉】 此前饮食、反刍、活动一切正常。

【临床检查】 口腔黏膜、眼睑发紫，口鼻、眼耳、肛门、阴道等天然孔流出带泡沫的暗红色血液，血液黏稠、凝固不良，如煤焦油样。怀疑炭疽病，随之无菌采集末梢血液，进行实验室病原学检查。

【实验室检查】 病料涂片2份，一份用瑞氏染色法染色，另一份用革兰氏染色法染色。显微镜油镜下观察，发现大量单在或2～5个菌体相连的短链，菌体矢直，相连的菌端平截呈竹节状的粗大杆菌，瑞氏染色片可见菌体周围有丰厚的荚膜（在菌体与周围环境间有一无色透明带），革兰氏染色片可见革兰阳性粗大杆菌（蓝紫色），进而确诊为炭疽病。

【初步诊断】 炭疽病。

【处理措施】

1）病死牛尸体的天然孔及采样切割处，用经0.5%过氧乙酸溶液浸泡过的消毒棉堵塞，尸体用塑料布严密包裹，连同粪便、食槽内的草料、垫草一起运往村外焚烧、深埋（尸体最高点距地面2米以上）。同时铲除病死牛躺过的地面15～20厘米的表层土，与20%的漂白粉混合后，深埋至埋尸坑内。

2）对污染的牛舍、地面及用具立即用10%氢氧化钠溶液喷洒消毒，每隔1小时消毒1次，连续3次；其后连同病死牛生前活动的区域一并进行消毒，每天2次，连续2周。

3）封锁病死牛所在地，2周内禁止牛羊进出；全村的牛羊均用Ⅱ号炭疽芽孢苗皮下注射1毫升。

4）病牛死亡2周后，若本村再无新病例出现，经过彻底的消毒，解除封锁。

第二节 结核病

结核病是由结核杆菌引起的人、畜、家禽共患的慢性传染病。本菌

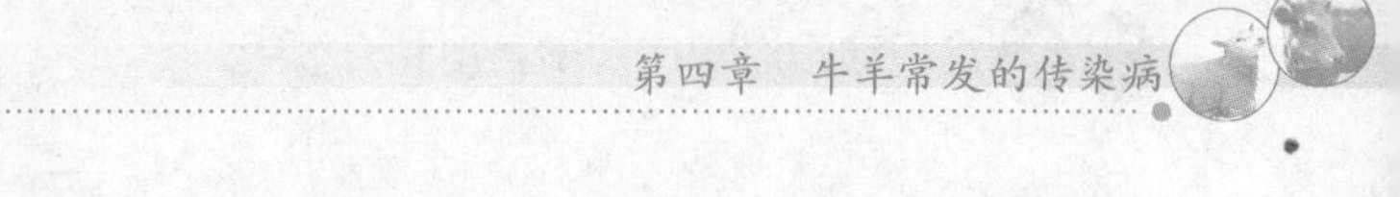

分为牛型、禽型和人型。牛型主要危害牛，其次是人、猪，羊、马少见；禽型主要危害禽类、猪、牛，人也可感染；人型主要危害人，牛、猪少见。其特征是在多种组织器官中形成结核结节。

一、临床诊断要点

1. 临床症状特点

（1）肺结核　较常见，病牛逐渐消瘦，早晨、运动或饮水后咳嗽明显。听诊肺部有啰音，叩诊有实音区、有痛感，并能引发咳嗽。低热或午后发热。

（2）乳房结核　乳房上淋巴结肿大，乳房有不热不痛的硬结，泌乳量渐减，乳汁稀薄。

（3）肠结核　病畜逐渐消瘦，顽固性腹泻，粪便内混有脓、血、黏液。

2. 病理剖检特征

主要在淋巴结、肺脏和其他脏器见到黄色或白色针头大到鸡蛋大的结节，切开结节中心有干酪样坏死或钙化物。

3. 变态反应检查

检查方法包括皮内注射和点眼 2 种，具体操作参见第一章第五节。

二、主要防治措施

1. 预防控制措施

（1）检疫淘汰　据有关规定，规模养牛场和奶牛场每年要进行 2 次结核菌素检疫，阳性牛集中隔离饲养；对临床检查出的开放型结核（如肺结核）病牛实施屠宰，肉类高温处理；病牛所产犊牛隔离饲养，饲喂健康牛乳，按规定进行 3 次以上检疫，阴性者送假定健康牛群中培育。

（2）杜绝疫情入侵　新购入牛只，隔离饲养、观察 3 个月，进行 2 次检疫，确认健康方可混群饲养。

（3）强化消毒　病牛污染的厩舍和场地，可用 20% 石灰乳，或 5% 来苏儿溶液，或 5%~10% 热碱水，或 5% 漂白粉溶液消毒，粪便堆积发酵灭菌；病牛所产乳品，经 65℃ 30 分钟消毒后食用。

2. 治疗措施

（1）特效药物　异烟肼（雷米封）、异烟腙、对氨基水杨酸钠、链霉素等。

（2）轻症病牛　异烟肼每天 3 ~4 克分 3 次混入精料喂给，连用 2 个月。

(3) 重症病牛 异烟肼每天2～3克内服，同时肌内注射链霉素4克，每天2次，连用1个月；或肌内注射对氨基水杨酸钠，每天4～6克，连用1个月。

三、典型病例介绍

2003年4月，某县兽医院接诊一患病奶牛。

【主诉】 近期牛咳嗽，尤其是清早、活动或饮水后更明显，吃草还行，就是不见上膘，比原来还瘦，产奶基本正常，下午发热。

【临床检查】 病牛皮毛干燥，精神尚可，时有咳嗽；听诊肺部有明显啰音；叩诊肺部有实音区，有躲避现象（痛感），还能引起咳嗽。体温40.2℃，呼吸30次/分钟，脉搏75次/分钟。

【初步诊断】 肺结核。

【处理措施】

1）建议病牛淘汰，饲养人员做结核变态反应检查；病牛的厩舍用20%石灰乳、活动场地用5%热碱水喷洒消毒，粪便堆积发酵；来自隔离牛场的乳品，经65℃ 30分钟消毒后方可食用。

2）确定治疗时，注射用链霉素4克，注射用水20毫升，一次肌内注射，每天2次，连用2个月；异烟肼每天4克分3次混入精料喂给病牛，连用2个月。

3）病牛所产牛乳，严禁饮用。

【转归】 2个月后回访，基本痊愈。

第三节 肉毒梭菌中毒症

牛羊肉毒梭菌中毒症是由于食入含有肉毒梭菌毒素的食物或饲料而引起的人和多种动物共患的一种食物中毒性疾病。肉毒梭菌为一种革兰氏染色阳性、腐物寄生型专性厌氧菌，其芽孢主要存在于土壤表层，哺乳动物、鸟类和鱼的肠道内容物，以及被污染的饲料、食品中，在腐败尸体或腐烂的饲料内，厌氧条件、适宜温度下，可生长繁殖(30～37℃）并产生大量的肉毒梭菌毒素（25～30℃）。肉毒毒素是自然界中毒力最强的生物毒素，其抵抗力也较强，耐酸怕碱，pH 3～6毒性不减，pH 8.5以上即被破坏，能抗胃酸和消化酶的作用，在消化道内不被破坏，但加热至75℃（5～10分钟）或100℃（1分钟），能破坏毒素。牛羊会因吃了含有肉毒梭菌毒素的腐败饲料、饲草而感染发病。

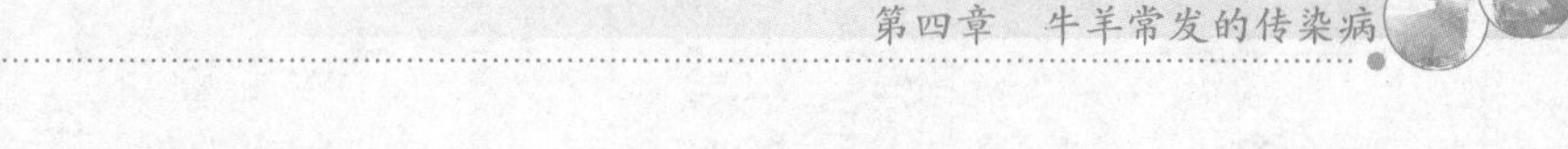

一、临床诊断要点

依据特征性症状，结合流行病学调查，排除相似疾病，可做出初步诊断。确诊需进行实验室肉毒毒素检查。

1. 临床症状特点

神经麻痹、肌肉软弱和麻痹。神经麻痹从头部开始，迅速向后发展，直达后肢。病初精神沉郁，食欲减退，步态拘谨，腰背弓起，左右摇摆，头颈发僵，咀嚼吞咽困难，流涎，舌垂口外，下颌下垂，瞳孔散大，对外界刺激无反应；波及四肢时，共济失调，喜站恶动，以致卧地不起，呼吸极度困难，终至呼吸麻痹而死亡，病程2~3天。死前体温、意识正常。严重者常未表现出特征性症状，于数小时内死亡。病死率达70%~100%。

2. 流行病学特点

各种畜禽均有易感性，同群畜禽中膘肥体壮、食欲良好者多发。发生有明显的地域性和季节性，温带的温暖季节多发，放牧盛期的夏、秋两季多发。常呈散发或地方性流行。

3. 鉴别诊断

要注意与其他中毒、低钙血、低镁血等症，以及其他急性中枢神经系统疾病相区别。

4. 实验室诊断

肉毒梭菌毒素检查，其方法与步骤如下：

1）采集病羊胃内容物或可疑饲料，加入2倍体积以上的灭菌生理盐水，充分研磨，制成混悬液，置室温（20℃）下1~2小时；2000转/分钟离心10分钟，取上清液加抗生素处理后，分成2份：1份不加热，供毒素试验用；另1份于100℃下加热30分钟，供对照用。

2）取小鼠数只，分为3组，各组分别皮下或腹腔接种经未加热混悬液、经加热混悬液、灭菌注射用水0.2~0.5毫升（表4-1）。

表4-1　肉毒毒素检查实验操作术式表

组别 / 注射试液	实验组	对照组（一）	对照组（二）
未加热样品/毫升	0.2~0.5		
经加热样品/毫升		0.2~0.5	
灭菌注射用水/毫升			0.2~0.5

3）观察判定结果。注射后1~2天，若实验组小鼠出现麻痹、呼吸困难而死；对照组（一）和对照组（二）小鼠健康存活，则证明混悬液内含肉毒毒素。

二、主要防治措施

肉毒梭菌中毒症的防治以“预防为主，重在卫生管理”为原则。

1. 预防措施

1）保持环境卫生，及时清除牧场或舍内的腐败尸体、残骸和腐烂饲料。

2）注意饮食卫生，不用腐败发霉的饲料、腐烂青菜饲喂牛羊。

3）在常规饲料中添加适量的食盐、钙、磷等矿物质，以防止牛羊发生异食癖，乱舔食尸体和残骸等。

4）预防接种。常发地区可用同型毒素的类毒素或菌苗进行免疫注射。

①C型肉毒梭菌苗。预防牛羊C型肉毒梭菌中毒症。用法用量：牛颈部皮下注射10毫升，绵、山羊颈部皮下注射4毫升，免疫期为1年。

②C型肉毒梭菌透析培养菌苗。预防牛羊C型肉毒梭苗中毒症。用法用量：用生理盐水稀释，使每毫升含原菌液0.02毫升，牛颈部皮下注射2.5毫升，羊颈部皮下注射1毫升。免疫期为1年。

2. 治疗措施

1）特异性治疗。对早期病例可用同型肉毒梭菌抗毒素（牛500~800毫升、羊50毫升）或多价抗毒素静脉注射或肌内注射，同时使用盐类泻剂或5%碳酸氢钠溶液或0.1%高锰酸钾溶液洗胃、灌肠，以促进消化道内的毒素排除和毒素灭活，效果良好。

2）对症治疗。可试用盐酸胍（按每千克体重1毫克）和单醋酸芽胚碱，以促进神经末梢释放乙酰胆碱和增加肌肉的紧张性，解除毒素引起的某些麻痹症状；遇有体温升高时，可注射抗生素或磺胺类药物，以防止继发肺炎。

3. 控制措施

发现本病应及时查明毒素来源，及时清除毒源及病畜粪便（其内含大量肉毒毒素）；隔离、治疗病畜；病畜尸体及残骸一定要烧毁、深埋。

三、典型病例介绍

2009年9月5号某县兽医院收治一病羊。

【主诉】 昨天去地里放羊，30 多头羊吃草都很好，今天早上发现这头羊没精神，不吃草，不愿活动。

【临床检查】 精神沉郁，流涎，腰背弓起，强制牵行时步态拘谨，左右摇摆，头颈发僵，体温正常，呼吸困难。

【初步诊断】 肉毒梭菌毒素中毒。

【处理措施】 肉毒梭菌多价抗毒素 5 万国际单位于静脉注射，每天 1 次，连用 3 天；5% 葡萄糖生理盐水 250 毫升，静脉输注。

【转归】 7 天后回访，痊愈。

第四节 布氏杆菌病

布氏杆菌病是由布鲁氏菌（惯称布氏杆菌）引起的重要人畜共患的传染病。各种家畜中，牛、羊、猪最易感染，牛羊感染后以生殖器官和胎膜发炎、各种组织的局部病灶为主要特征，表现流产、不育，公羊发生睾丸炎等，故称传染性流产。

布鲁氏菌对各种理化因素的抵抗力不强，60℃ 下加热 30 分钟即可杀死，日光照射及一般消毒剂，数分钟内可杀死此菌，如巴氏消毒 56℃ 下 10～15 分钟，0.1% 升汞溶液数分钟，1% 来苏儿溶液、2% 福尔马林、5% 生石灰乳 15 分钟可杀死。但此菌对干燥抵抗力较强，在干燥土壤中可生存 2 个月以上，在毛、皮中可生存 3～4 个月。

一、临床诊断要点

1. 流行病学特点

多种动物均可感染本病，幼龄动物有抵抗力，性成熟动物多发病；病畜及带菌畜是主要传染源，在流产胎儿、胎衣、羊水、流产母畜阴道分泌物、乳汁及公畜的精液内都含有大量病原体，凡被污染的饲草、饲料、饮水、垫草、用具等都可成为间接接触传染的媒介。易感畜主要经口感染，也可通过交配、人工授精、皮肤或黏膜的接触而感染，尤其是可以通过健康的皮肤黏膜感染。发病无季节性，但春季产羔季节较为多见。本病常呈地方性流行。多数牛羊流产一次便可获得终身免疫。人的感染多因放牧牛羊、接产、屠宰、皮毛加工等过程中个人防护不严所致。

2. 临床症状特点

妊娠母畜流产、胎儿胎衣在子宫内滞留、不育；有的表现出关节炎症状，尤其是膝关节和腕关节多发。母牛羊除流产外，其他症状常不明显。流产多发生在妊娠后的3~4个月。有的山羊流产2~3次，有报道，山羊群中流产可达50%~90%，绵羊流产可达40%。流产前，表现减食、口渴、精神沉郁，阴门流出黄色黏液。公山羊常可见睾丸炎，公绵羊则常见附睾炎等。

3. 病理剖检特点

胎衣呈黄色胶冻样浸润，流产胎儿的第4胃中有浅黄色或白色的黏液絮状物，胃肠或膀胱的浆膜下可见到出血点和出血斑。公羊精囊内有出血点和坏死灶、睾丸和附睾可能有炎性坏死灶和化脓灶。

4. 实验室诊断

检查项目主要包括细菌学检查、血清学试验及变态反应等。

（1）细菌学检查 包括直接镜检和分离培养，后者因其需要较长时间培养，故不常应用。直接镜检的方法步骤为：

1）采集病料。最好采取流产胎儿的胃内容物、肺、肝、脾和流产胎盘及羊水。

2）病料涂、抹片，做革兰氏染色和柯兹罗夫斯基（鉴别染色法）染色，镜检，若发现革兰阴性、鉴别染色呈红色的球杆菌或短小杆菌，即可做出初步诊断。

（2）血清学试验 实验方法有多种，因牛羊感染布鲁氏菌7~15天，血液中即出现凝集素，随后凝集素滴度逐渐增高，并可持续很长时间。且凝集反应的特异性和敏感性均较高，操作又较简便，目前广泛应用。

试验中，常先用平板凝集试验或乳汁环状试验进行初筛，发现阳性家畜，再以试管凝集试验和补体结合试验进行最后确诊。

1）平板凝集试验。参见第一章第四节。

2）乳汁环状试验（全乳环状反应）。

① 试剂与材料：

a. 抗原：目前我国生产2种全乳环状反应抗原。一种是苏木素染色抗原，呈蓝色；另一种是四氮唑染色抗原，呈红色。试验时不论哪种抗原，均按乳脂的颜色和乳柱的颜色进行判定。

b. 被检乳：被检乳须为新鲜的全脂乳。凡腐败、变酸和冻结的不能用（采集的乳夏季应于当天内检查，若保存于2℃，7天内仍可使用）；患乳腺炎及其他乳房疾病的母牛及初乳不适合用本法；脱脂乳及煮沸过的乳也不能用于环状反应。

c. 器具：移液器、灭菌小试管、恒温水浴锅等。

② 操作方法步骤：

a. 采取4个乳头的新鲜全脂乳，混合均匀后，吸取1毫升盛于灭菌小试验管中。

b. 按抗原标签的规定向小试管中加入全乳环状反应抗原1滴（约0.05毫升），充分振荡混合。

c. 置于37～38℃水浴中60分钟；小心取出试管（勿使振荡），立即进行判定。

③ 判定标准：

a. 强阳性反应（+++）：乳柱上层的乳脂形成明显红色或蓝色的环带。乳柱呈白色，分界清楚。

b. 阳性反应（++）：乳脂层的环带虽呈红色或蓝色，但不如"+++"显著，乳柱微带红色或蓝色。

c. 弱阳性反应（+）：乳脂层环带颜色较浅，但比乳柱颜色略深。

d. 疑似反应（±）：乳脂层环带不甚明显，并于乳柱的分界模糊，乳柱带有红色或蓝色。

e. 阴性反应（-）：乳柱上层无任何变化，乳柱呈均匀浑浊的红色或蓝色。

提示

脂肪较少或无脂肪的牛乳呈阳性反应时，菌体呈凝集现象下沉于管底，判定时以乳柱的反应为标准。

3）试管凝集试验。

① 试剂与材料：

a. 抗原：由指定单位提供。本抗原是将布氏杆菌死菌体悬浮于0.5%苯酚生理盐水中制成。静置时，上层为清亮无色或略呈灰白色的液体，瓶底有菌体沉淀，使用时须充分摇匀。我国的抗原是用国际标准标定制造的，抗原的1∶20稀释液对国际标准阳性血清凝集价恰为1∶1000"++"。使用时用0.5%苯酚生理盐水按1∶20稀释。有真菌污染或出现凝集块的抗原不能应用。

b. 被检血清：被检血清必须新鲜，无明显蛋白凝固，无溶血现象和无腐败气味。加入防腐剂的血清自采血之日算起，最迟应于15天内检验。

c. 阳性血清：由指定单位提供，通常取自人工免疫的家畜，但也可从送检血清中选取，凝集价最好不低于1∶800。

d. 阴性血清：由指定单位提供。

e. 试验用稀释液：0.5%苯酚10%盐水溶液（用化学纯苯酚5毫克和化学纯食盐100毫克加至1000毫升蒸馏水中制成，为检验羊血清专用稀释液），经高压灭菌后备用。

② 操作方法步骤：

a. 稀释被检血清：一般情况下，牛等大家畜用1∶50、1∶100、1∶200、1∶400共4个稀释度；羊等用1∶25、1∶50、1∶100、1∶200共4个稀释度。大规模检疫时，牛羊均可分别用前2个稀释度。

以羊为例：每份血清用5支口径8～10毫米的小试管，第1管加入0.5%苯酚10%盐水溶液2.3毫升，第2管不加，第3、4、5管各加0.5毫升。用吸管吸取被检血清0.2毫升，加入第1管中，并混合均匀。混合方法：将该试管中的混合液吸入吸管内，再沿管壁吹入原试管中，如此吸入、吹出3～4次。混匀后，用该吸管吸取混合液分别加入第2管和第3管，每管0.5毫升。用该吸管将第3管的混合液混匀（方法同前）吸取0.5毫升加入第4管混合后，又从第4管吸出0.5毫升加入第5管，第5管混匀后弃去0.5毫升。如此稀释之后从第2管起血清稀释度分别为1∶12.5、1∶25、1∶50和1∶100。

b. 加入抗原：先以0.5%苯酚10%盐水溶液将抗原原液稀释20倍，向上述各血清稀释管内加入0.5毫升（第1管不加，留作血清蛋白凝集对照），振摇均匀；加入抗原后，第2～5管各管混合液的容积均为1毫升，血清稀释度从第2管起依次变为1∶25、1∶50、1∶100和1∶200。

c. 对照管的制作：每次试验须做3种对照各1份。

阴性血清对照：阴性血清的稀释和抗原的加入方法同被检血清。

阳性血清对照：阳性血清须稀释到其原有滴度，加抗原的方法同被检血清。

抗原对照（看抗原有无自凝现象）：加1∶20抗原稀释液0.5毫升于试管中，再加0.5毫升0.5%苯酚10%盐水溶液稀释。

d. 比浊管的制作：每次试验须配制比浊管作为判定清亮程度（凝集反应程度）的依据。配制方法如下：取本次试验用的抗原稀释液（即抗原原液的20倍稀释液）5～10毫升，加入等量的0.5%苯酚10%盐水溶液，进行倍比稀释，然后按表4-2配制比浊管。

表 4-2　牛羊布氏菌试管凝集试验比浊管配制表

管号	抗原稀释液/毫升	0.5% 苯酚 10% 盐水溶液/毫升	清亮度	标记
1	0.0	1.0	100%	++++
2	0.25	0.75	75%	+++
3	0.50	0.50	50%	++
4	0.75	0.25	25%	+
5	1.0	0.0	0%	-

e. 全部充分振荡后，置于 37～38℃恒温箱中，经 22～24 小时反应，取出检查并记录结果。

f. 判定、记录结果：根据各管中上层液体的清亮度，用比浊管作对照，记录凝集反应的强度（凝集价），特别是 50% 清亮度（即“++”的凝集）判定结果。

++++：完全凝集和沉淀，上层液体 100% 清亮（即 100% 菌体下沉）。

+++：几乎完全凝集和沉淀，上层液体 75% 清亮。

++：显著凝集和沉淀，液体 50% 清亮。

+：沉淀明显，液体 25% 清亮。

-：无沉淀，不清亮。

确定每份血清的效价时，应以出现 2 个“++”以上的凝集现象（即 50% 的清亮）的最高血清稀释度为血清的凝集价。

③ 试验结果的判定。牛于 1∶100 稀释度、羊于 1∶50 稀释度出现“++”以上的凝集现象时，被检血清判定为阳性反应；牛于 1∶50 稀释度、羊于 1∶25 稀释度出现“++”以上凝集现象，被检血清判定为可疑反应。

可疑反应的家畜，经 3～4 周，须重新采血检验，如果重检时仍为可疑，则该畜判定为阳性。

提示

牛的布氏杆菌病试管凝集试验与羊的不同点：

a. 血清的稀释液和抗原稀释液均使用 0.5% 苯酚生理盐水。

b. 血清稀释时，第 1 管加稀释液 2.4 毫升、被检血清 0.1 毫升。

c. 各管加抗原后，血清稀释度分别为 1∶50、1∶100、1∶200、1∶400。

二、主要防治措施

1. 预防措施

（1）建立无布氏杆菌病的羊群和羊场

① 坚持自繁自养，不轻易引进羊只；非引入不可时，进行严格的检疫，隔离饲养2个月以上，确定无病后再混群饲养。

② 若怀疑羊群中有布氏菌病存在，全群反复用凝集试验检疫，淘汰阳性羊，直至全群均呈阴性反应；所产羔羊断乳后隔离饲养，1个月内做2次平板凝集试验，若有阳性羔羊再继续检疫1个月，直至全群为阴性反应为止。

（2）羊群中发现布氏杆菌病时应采取的控制措施

① 隔离病羊、控制传染源。②检疫假定健康羊。③紧急免疫接种受威胁羊。④彻底清理、焚毁病羊排泄物和污染物。⑤用10%~20%石灰乳、2%氢氧化钠溶液、1%来苏儿溶液、2%福尔马林等消毒剂严格消毒被病羊污染的环境、用具等。

（3）免疫接种 可选用以下疫苗进行预防。

① 布氏杆菌猪型2号菌苗。预防牛羊等家畜布氏杆菌病。用法用量：牛颈部肌内注射2毫升、羊臀部肌内注射0.5毫升（含50亿菌体），但3月龄以内的羔羊和妊娠羊均不能注射；饮水免疫时按每只羊内服200亿菌体计算，于2天内分次饮服。免疫期：牛、绵羊1.5年；山羊1年。

② 马耳他布氏杆菌5号（M5）弱毒冻干菌苗。预防牛羊布氏杆菌病，用法用量：用适量灭菌蒸馏水稀释所需的用量，牛肌内注射50亿活菌，羊皮下或肌内注射10亿活菌；室内气雾免疫，羊每只剂量50亿活菌；室外气雾免疫（露天避风处）羊每只剂量50亿活菌，每只剂量250亿活菌；羊饮服或灌服，每只剂量250亿活菌。免疫期1.5年。

③ 布氏杆菌无凝集原（M-Ⅲ）菌苗。预防绵羊、山羊布氏杆菌病，用法用量：无论羊只年龄大小（妊娠羊除外），每只皮下注射1毫升（含250亿菌体）或每只内服2毫升（含500亿菌体）。免疫期1年。

注意

布氏杆菌病是重要的人畜共患病，一定要对患病牛羊的饲养人员进行检测，必要时进行免疫接种！

2. 治疗措施

本病无治疗价值。若一定要治疗，可用土霉素注射液，按每千克体重5毫克肌内注射，每天2次，首次加倍，连用2~3周。

注意

布鲁氏菌属于细胞内寄生菌，侵袭力很强，可以通过健康的皮肤黏膜感染；弱毒活苗具有一定的残余毒力，故与牛羊密切接触人员一定要注意个人防护，谨防该菌感染！

三、典型病例介绍

2001年4月20日某县兽医院接诊一病牛。

【主诉】　4岁母牛，已怀孕6.5个月，1周前出现阴唇乳房肿大，阴道内流出灰色黏液，昨天产出已死亡的胎儿。

【临床检查】　病牛精神尚可，阴道内流出棕红色的胎衣和分泌物，闻之有恶臭气味。手戴乳胶手套，缓缓牵拉出胎衣，观察胎衣呈黄色胶冻样浸润，有些部位覆有纤维蛋白絮片和脓液。体温39℃，呼吸28次/分钟，脉搏80次/分钟。

【诊断】　根据流产、胎衣滞留、胎衣的病理变化，初步诊为布氏杆菌病。随之颈静脉采集血液，析出血清，进行平板凝集试验，在血清20微升格内出现“++”以上凝集现象，初步判为被检血清为布鲁氏菌阳性。继续进行试管凝集试验，在1:100稀释度出现“++”以上的凝集现象，被检血清判定为阳性反应，确诊为布氏杆菌病。

【处理措施】　本病是重要的人畜共患病，病原体对人和其他家畜的传染性极强，建议淘汰病牛，并对牛体进行无害化处理，彻底消毒被病牛污染的用具、场地和环境，密切接触的人员及时去医院查体，一旦感染，立即治疗。

第五节　破伤风

破伤风又称“锁口风”、强直症，是由破伤风梭菌引起的一种急性、创伤性、人畜共患的中毒性传染病。破伤风梭菌是一种革兰氏染色阳性、严格厌氧、能形成芽孢的细菌，破伤风梭菌芽孢广泛存在于施肥的土壤和尘土中、家畜和人的粪便内，芽孢对外界环境的抵抗力很强，煮沸1~3小时，5%苯酚溶液经15分钟，5%甲酚皂溶液经5小时，10%碘酊溶

液、3%甲醛溶液经24小时，才能被杀死。

一、临床诊断要点

1. 临床症状特点

病畜神志清楚，对外界刺激的反射兴奋性增强，全身骨骼肌强直性痉挛，四肢强直，运步困难，步行时呈现高跷样步态；头颈伸直，角弓反张，肋骨突出，开口困难，采食和咀嚼障碍，严重时牙关紧闭，不能采食和饮水，流涎，常有瘤胃臌气，体温正常。病死率极高，几乎可达100%。

2. 流行病学特点

发病无季节性，通常为零星散发，有时在某一地区的一定时间呈伙发（如剪毛、产羔季节内的一段时间发病数较多）。病例常有创伤史如分娩、断脐、剪毛和其他创伤（彩图11）或擦伤，特别是狭小而深的创伤（如钉伤、刺伤），或伤口被泥土、粪、痂皮封盖或创口感染。但在临床上也有许多病例找不到伤口。

据以上两点，即可确诊。

二、主要防治措施

1. 预防措施

1）防止外伤。加强饲养管理，及时清除饲草、饲料中、羊舍内外和运动场内的尖刺物品，防止发生内、外伤。

2）避免感染。一旦发生外伤，应及时清创、消毒；进行去势、接产或其他外科手术时，要注意器械的消毒和无菌操作，并用2%~5%碘酊严格消毒。

3）在本病常发地区，进行手术前或发生创伤后，牛羊可分别皮下或静脉注射破伤风抗毒素2万~5万国际单位或1万~2万国际单位，可以有效预防本病的发生。

4）免疫接种。在发病较多的地区，每年春初定期接种破伤风明矾沉降类毒素，羊颈部皮下注射0.5毫升、牛2毫升，注射后30天产生免疫力，免疫期1年；若第2年重复免疫1次，免疫期可达4年。

2. 治疗措施

（1）创伤处理　一旦发生创伤，立即进行外科处理。彻底清除伤口内的脓汁、异物、坏死组织及痂皮，对深创或创口小的伤口要及时扩创，同时用3%过氧化氢溶液（双氧水）、0.1%高锰酸钾溶液，或清水反复冲洗，然后用2%~5%碘酊溶液进行消毒，再撒以碘仿硼酸合剂，最后

用青、链霉素在创口周围注射，同时用青霉素 80 万国际单位，链霉素 100 万国际单位，肌内注射，每天 2 次，连用 1 周做全身治疗。

（2）护理　病牛羊放入温暖、清洁、干燥、僻静、光线较暗的房舍内；给予易消化的饲料和充足的饮水；对瘤胃臌气或便秘的病牛羊，可温水灌肠或投服盐类泻剂。

（3）特效药物治疗　牛发病初期可先静脉注射 40% 乌洛托品注射液 60～80 毫升，再用精制破伤风抗毒素 10 万～30 万国际单位，加入 5% 葡萄糖注射液 500 毫升中，静脉输注，每天 1 次，连用 3 次，以中和毒素，同时，在创口周围用精制破伤风抗毒素 3 万～5 万国际单位分点注射。其后，精制破伤风抗毒素 3 万～5 万国际单位分点注射，每天 1 次，连用 2 天，有较好疗效。羊的用量为 2 万～5 万国际单位/次。

（4）对症治疗　当病畜兴奋不安和强直痉挛时，可使用镇静解痉剂。一般多用静脉注射 25% 硫酸镁注射液 50～100 毫升，或盐酸氯丙嗪，按每千克体重牛 0.5～1 毫克、羊 1～2 毫克，肌内或静脉注射，每天早晚各 1 次；也可用水合氯醛 5～10 克与淀粉浆 100～200 毫升混合灌肠。当病畜牙关紧闭时，用 2% 普鲁卡因 5～30 毫升和 0.1% 肾上腺素 0.2～1.5 毫升混合后，注入两侧咬肌，或 2% 静松灵注射液 2～3 毫升，每天 2 次，也有较好的解痉作用。若病畜不能采食，可补液补糖。

（5）中药配合治疗　在用西药的同时，病羊可内服“防风散”：防风、羌活各 8 克，天麻 5 克，天南星、炒僵蚕、炒蝉蜕各 7 克，清半夏、川芎各 6 克（3～10 克），水煎 2 次，将药液混在一起，待温，加黄酒 50 毫升以胃管投服，隔天 1 次，连服 3 剂。此方剂可酌情加减。

若伤在四肢，加独活 5 克；伤在头部，重用白芷；瞬膜外露严重，重用防风、蝉蜕；流涎量多的病羊，重用僵蚕、半夏；牙关紧闭的病羊，加蜈蚣 1～2 条、乌蛇 3～6 克、细辛 1～2 克，能缓解症状，缩短病程。

注意

对破伤风的控制，要以预防为主，可实行定期疫苗接种与出现创伤后的抗毒素预防注射相结合！

三、典型病例介绍

2005 年 6 月 20 某县某乡镇兽医站接诊一病牛。

【主诉】　母牛 10 天前正常生产一犊牛。前几天发现牛四肢不灵活，吃草较慢，没重视。昨天发现牙关稍紧，流口水，吃草困难，胀肚子。

【临床检查】 全身肌肉僵硬，状如木马，牙关紧闭，口流涎液，第3眼睑外露。轻微刺激，反应强烈。体温正常，脉搏、呼吸加快。未查到伤口，但考虑到刚分娩，可能是产道创伤感染破伤风梭菌所致。

【初步诊断】 破伤风。

【处理措施】

1）先用0.1%高锰酸钾溶液冲洗产道。

2）静脉注射40%乌洛托品注射液70毫升；精制破伤风抗毒素30万国际单位、加入5%葡萄糖注射液500毫升中，静脉滴注，每天1次，连用3天。

3）青霉素1200万国际单位和链霉素500万国际单位混合，肌内注射，每天2次，连用3天。

4）静脉注射25%硫酸镁注射液80毫升，每天早晚各1次，以缓解肌肉痉挛。

5）用2%普鲁卡因注射液30毫升和0.1%肾上腺素注射液1.5毫升混合后，两侧咬肌周围注射。

6）5%葡萄糖生理盐水2000毫升和10%葡萄糖注射液500毫升混合，静脉滴注，每天1次。

【护理】 病牛隔离在避风、温暖、舒适、清洁、干燥、僻静、光线较暗的圈舍内，供给充足的饮水和易消化的草料，尽量减少刺激。

【转归】 10天后回访，痊愈。

第六节 巴氏杆菌病

巴氏杆菌病是由多杀性巴氏杆菌引起的多种动物的急性、热性、败血性传染病。多杀性巴氏杆菌是一种革兰氏染色阴性、瑞氏染色两极着染的短杆菌，由病畜和带菌畜通过分泌物、排泄物所排出，污染饲料、饮水和外界环境。在自然条件下，易感牛羊主要经消化道、呼吸道及损伤的皮肤、黏膜或吸血昆虫叮咬等途径感染（外源性感染）。巴氏杆菌也存在于健康动物的上呼吸道内，当出现饲养管理不当、营养不良、寒冷或闷热应激及长途运输等诱发因素时，可发生内源性感染。

一、临床诊断要点

根据流行特点、临症、剖检特点，可以做出初步诊断。要确诊，必

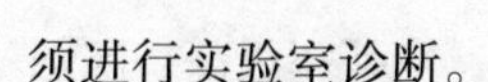

须进行实验室诊断。

1. 流行病学特点

本病多种家畜和人均可发生，其中牛最易感，羊也易感。绵羊巴氏杆菌病多发生于幼龄绵羊和羔羊，成年羊多呈慢性经过。本病有明显的季节性，多在春、秋两季发生。一般为散发性，也可呈地方性流行。

2. 临床症状特点

（1）牛的临床症状特点　又称牛出血性败血症、牛出败。潜伏期2~3天，病死率在80%以上。根据病程的长短、症状的急缓，临床上分为3种类型。

1）败血型。病初病牛高烧41~42℃，随之出现腹痛、下痢，初为粥状，后呈液状、有恶臭味，粪便内带有黏液、黏膜及血液。腹泻开始后，体温下降，迅速死亡。病程为12~36小时。

2）水肿型。除有上述全身症状外，在颈部、咽喉部及胸前皮下结缔组织，出现迅速扩展的炎性水肿，同时伴发舌及周围组织的高度肿胀，舌暗红色，伸出齿外。病畜呼吸高度困难，皮肤黏膜发绀。往往因窒息死亡，病程多为12~36小时。

3）肺炎型。在败血症的基础上发展而来，主要呈现纤维素性胸膜肺炎症状，病畜便秘，有时下痢，并混有血液。病期较长的可达3~7天。

（2）羊的临床症状特点　主要特征是突然发病，表现寒战、虚弱、呼吸困难等症状，可在数分钟至数小时内死亡。急性型病羊表现精神沉郁，食欲废绝，体温升高至41~42℃，呼吸急促，咳嗽，鼻流带血黏液。病羊初期便秘，后期腹泻，有时粪便全部变为血水，病羊常在严重腹泻后虚脱而死，病程为2~5天。慢性型表现为颈部及胸下部水肿。

3. 病理剖检特征

剖检病死家畜，呈现全身的败血症变化和呼吸道黏膜、内脏器官的出血性炎症。皮下有液体浸润和小点出血；心包和胸腔内有渗出液及纤维素凝块；肺脏瘀血、水肿，呈紫红色，并有小点出血，呈现不同程度肝变；病程长者，肺脏呈暗红色，与胸膜粘连；肝脏有坏死灶。

4. 鉴别诊断

本病应与食道阻塞、急性喉水肿、中毒、肺炎链球菌感染相区别。食道阻塞发病快、流涎多，喉部无水肿和狭窄音，体温正常，易继发急性瘤胃臌气。急性喉水肿是喉头受刺激后立即发病，体温正常。中毒时口吐白沫，腹胀，体温下降，喉部也无水肿和狭窄音。肺炎链球菌感染也常

引起犊牛和羔羊的败血症，尤其是出生数日内的牛羊，病死率极高，区别的根本点是病料涂片染色镜检，后者可见革兰阳性、成双排列的球菌。

5. 实验室诊断

（1）病原形态检查 败血症病例可采取心、肝、脾或体腔液进行涂片或触片，用瑞氏染液或碱性亚甲蓝染液染色、镜检，可见到两极着色的卵圆形小杆菌。

（2）分离培养鉴定 可用病料接种于血琼脂平板和麦康凯培养基同时进行分离培养，麦康凯培养基上不生长，血琼脂培养基上生长良好，菌落不溶血，培养物涂片、革兰氏染色、镜检，见革兰阴性球杆菌，可以做出诊断。

二、主要防治措施

1. 预防措施

（1）加强饲养管理 春秋时节，给犊牛或羔羊提供充足、清洁的饲草、饲料和饮水，避免拥挤、受寒。长途运输时，提前接种菌苗，并防止过度疲劳。

（2）搞好环境卫生 羊圈舍、运动场及饲养用具等，每天清除粪便污物，定期用5%漂白粉，或10%石灰乳，或二氯异氰脲酸钠等消毒。

（3）免疫预防 牛出败氢氧化铝福尔马林灭活苗皮下注射，体重100千克以内的牛5毫升、体重100～200千克的牛10毫升、体重200千克以上的牛15毫升，免疫期为9个月。

2. 控制措施

1）羊群发病后，要立即隔离病羊并治疗。

2）受威胁羊群可注射高免血清，或应用抗生素预防，或用本地分离的多杀性巴氏杆菌做灭活苗紧急免疫接种。

3）羊舍、饲养用具用二氯异氰脲酸钠按1:800稀释消毒，或5%漂白粉消毒。

4）病死羊尸体、垫草等污染物应及时焚烧、深埋；粪便堆积发酵处理。

3. 治疗措施

发病初期，使用以下药物效果较好，但要注意对症治疗。

1）20%磺胺嘧啶钠注射液按每千克体重5～10毫升、40%乌洛托品溶液40～80毫升，加入500毫升葡萄糖生理盐水中，静脉滴注，每天

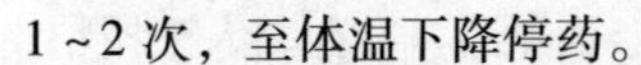

1～2次，至体温下降停药。

2）青霉素钾按每千克体重6万～9万国际单位，肌内注射，每天2次；或加氢化可的松后于腹腔注射；或配合硫酸链霉素，按每千克体重10毫克，肌内注射，每天2次。体温下降后停药。

3）危重病例，青霉素钠盐400万～800万国际单位、四环素4～6克，化入5%葡萄糖生理盐水中，并加氢化可的松0.5克，静脉滴注，同时用磺胺嘧啶钠肌内注射。为防复发，抗生素连用1周。

4）对症治疗。强心可用安钠咖10～18毫克，加水一次内服；出现肺炎症状时可用新胂凡纳明（914）按每千克体重0.01克，用生理盐水配成5%溶液，静脉注射。注意现用现配。

三、典型病例介绍

2004年5月15日某县兽医站收治一病牛。

【主诉】　昨天一切正常，今天早晨突然不吃草，不反刍，发热，全身发抖。

【临床检查】　病牛颈部、背部出汗，浑身发抖，呼吸困难，口流涎沫，颌下、颈前水肿（彩图11），咳嗽，鼻流黏性分泌物，高度呼吸困难，听诊支气管呼吸音粗粝，有胸膜摩擦音，叩诊肺部有实音区。体温41℃，呼吸50次/分钟，脉搏100次/分钟。

【初步诊断】　牛出败。

【处理措施】　青霉素钠盐600万国际单位、四环素5克，溶于5%葡萄糖生理盐水500毫升中，并加氢化可的松0.5克，静脉滴注；同时20%磺胺嘧啶钠注射液50毫升，肌内注射，每天1次，连用7天；10%安乃近注射液50毫升，肌内注射。

【转归】　2周后回访，痊愈。

【医嘱】　隔离病牛在温暖、空气清新牛舍，供给充足的饮水和易消化草料。

第七节　沙门氏菌病（副伤寒）

沙门氏菌病又称副伤寒，是由肠杆菌科沙门氏菌属中的鼠伤寒沙门氏菌、都柏林沙门氏菌和羊流产沙门氏菌引起的，以急性败血症和下痢、母羊妊娠后期流产为主要特征的急性传染病。这些细菌均为革兰氏染色阴性杆菌，由病畜及带菌畜通过粪、尿、乳汁、流产胎儿、羊水、胎衣排出体

外，污染饲料、饮水和周围环境，健康牛羊可经消化道、交配、人工授精、子宫内或鼠类等途径感染，饲养环境卫生不良、潮湿、拥挤，饲料饮水供应不足，长途运输应激，体内寄生虫感染等各种不良因素均可促使本病发生。

一、临床诊断要点

根据流行特点、临床症状和剖检病变，只能做出初步诊断。确诊需进行实验室检查。

1. 流行病学特点

各种年龄畜均可感染，幼龄畜更易感。尤其是出生约30天以后的犊牛和断乳羊最易感染；感染母畜多发生流产，尤其是怀孕后期的母羊。本病一年四季均可发生，成年牛多在夏季放牧时发生，但育成期犊牛、羔羊常于夏季和早秋发病，妊娠羊则主要在以晚冬、早春季节发生流产；常呈散发，有时呈地方性流行。

2. 临床症状特点

主要表现下痢和孕畜流产。成年牛从高热、昏迷、食欲废绝、脉搏加快、呼吸困难开始，不久转为下痢，粪便恶臭，混有黏液。下痢开始后体温降至正常或略高，病牛可于发病后24小时内死亡，多于1~5天死亡。病程稍长者，可见迅速脱水、消瘦，眼窝下陷，结膜充血、黄染，病牛腹痛，常用后肢踢蹬腹部。妊娠母牛多数发生流产。犊牛常于10~14日龄以后发病，表现高热、下痢，部分病犊症状出现后5~7天死亡，病死率可达50%。羊也表现为羔羊下痢和妊娠母羊流产，羔羊下痢发病率一般为30%，病死率在25%左右。流产多发生在绵羊妊娠的最后2个月。流产胎儿极度虚弱，往往于生后1~7天死亡。羊群暴发1次，一般持续10~15天，流产率和病死率可达60%；流产母羊的病死率为5%~7%。

3. 病理变化

剖检病死成年牛，主要呈急性出血性肠炎变化。犊牛副伤寒，脾脏肿大。如橡皮样（彩图12）。下痢型病死羊，肠黏膜充血，肠系膜淋巴结肿大，心内外膜有小出血点。流产型病死羊，流产、死产胎儿呈败血症病变，组织水肿、充血，肝脏、脾脏肿大，有灰色病灶，胎盘水肿出血。死亡的母羊呈急性子宫炎症状，其子宫肿胀，内含有坏死组织、浆液性渗出物和滞留的胎盘等。

4. 鉴别诊断

本病与羔羊痢疾、羔羊大肠杆菌病在症状上有很多相似之处，要通

过细菌学检查加以区别。

5. 实验室诊断

需从病羊的血液、粪便、流产胎儿胃内容物、肝、脾取材，做沙门氏菌的分离、鉴定。

二、主要防治措施

1. 预防措施

1）加强对犊牛、羔羊和母牛羊的饲养管理，消除发病诱因，保持饲料、饮水的清洁、卫生，定期消毒牛羊的生产、生活环境。

2）药物预防。发病季节到来之前，或要产生某些可预见的应激时可在饲料中添加敏感的抗生素以预防本病发生；或用促菌生等活菌制剂内服来预防本病。

2. 控制措施

1）发生本病后，要及时隔离、诊断，急宰患病牛羊，肉品、皮毛等均要进行无害化处理。

2）清理、烧毁流产胎儿、胎衣、垫草及污染物，全面、彻底消毒污染场所、用具等。

3）对假定健康牛羊群和受威胁的牛羊群应及时进行药物预防，或用本牛羊群分离菌株制成单价灭活苗，进行免疫注射。

3. 治疗措施

确有治疗价值的患病牛羊，可选用经药敏试验确定的有效抗生素治疗。没条件的话，也可据经验选择氟苯尼考，犊牛、羔羊按每天每千克体重30毫克，分3次内服；成年牛羊按每千克体重20毫克/次，肌内或静脉注射，每天2次。也可用土霉素、磺胺嘧啶或磺胺二甲基嘧啶。

注意

连续用药不得超过2周；沙门氏菌易产生抗药性，若用一种药物无效时，要及时换用另一种。腹泻较重时，应及时补液并加适量的碳酸氢钠溶液，以防机体脱水和酸中毒。

三、典型病例介绍

2002年9月6日，某县兽医院接诊一6月龄病牛。

【主诉】 昨天发现牛精神不好，吃草少，反刍少，发热。今天清晨病情加重，卧地不起。

【临床检查】 病牛精神沉郁，反刍停止，呼吸困难，倒地不起；排出恶臭稀便，里面混有黏液。体温41℃，呼吸48次/分钟，脉搏90次/分钟。

【初步诊断】 根据发病季节、临床症状，采取病牛血液用麦康凯培养基做分离鉴别培养，排除大肠杆菌病，诊为犊牛副伤寒。

【处理措施】 建议淘汰扑杀病牛，肉品进行高温处理，皮毛进行消毒处理。污染环境和用具用2%氢氧化钠溶液或1%来苏儿消毒。畜主坚持治疗，遂做以下处理：用氟苯尼考注射液2毫升×10支，肌内注射，每天2次，连用7天；5%葡萄糖生理盐水500毫升×2瓶、5%葡萄糖注射液500毫升×2瓶、维生素C 3克，一次静脉滴注。

【转归】 用药2天，第3天死亡。

第八节 羊梭菌性疾病

羊梭菌性疾病是一组由腐败梭菌，D型、C型、B型产气荚膜梭菌和B型诺维氏梭菌引起的急性、致死性传染病的总称，其中由腐败梭菌引起的称为羊快疫，由D型产气荚膜梭菌引起的称为羊肠毒血症，由C型产气荚膜梭菌引起的称为羊猝狙，由B型产气荚膜梭菌引起的称为羔羊痢疾，由B型诺维氏梭菌引起的称为羊黑疫。

各种梭菌均为革兰氏染色阳性的厌气大杆菌，均能形成芽孢，腐败梭菌常以芽孢形式分布于低洼的草地、熟耕地及沼泽地之中；产气荚膜梭菌芽孢为土壤常在菌，也存在于污水、人畜粪便、饲料、饲草中，牛羊采食被其污染的饲料和饮水后，芽孢便随之进入消化道，在各种诱发因素的共同作用下感染发病，出现典型临症，导致死亡。各种梭菌性疾病及炭疽的鉴别诊断见表4-3。

一、临床诊断要点

这5种病均为突然死亡，均有腹痛症状。羊快疫和羊炭疽死后均见天然孔出血，可视黏膜发绀，而羊肠毒血症可视黏膜苍白；羊黑疫死后皮肤呈暗黑色，肝脏有大量凝固性坏死灶，羊猝狙多与羊快疫混合发生，且有腹膜炎、溃疡性肠炎病变。与炭疽鉴别，必须通过实验室检查，采集新鲜病料，涂片、触片或抹片，经骆氏亚甲蓝染色、镜检，见蓝色的粗大杆菌排列成竹节状，外被有红色的夹膜；若采集腐败病料涂片或触片，骆氏亚甲蓝染色镜检，可见成竹节状排列的菌影；病料接种于普通琼脂平板，37℃经12～24小时培养，长成卷发样菌落，即为炭疽杆菌。

表 4-3　羊梭菌性疫病的鉴别要点

鉴别要点 \ 病名		羊快疫	羊肠毒血症	羊猝狙	羔羊痢疾	羊黑疫	炭疽
流行病学	易感动物	以6~18月龄绵羊多见，山羊也有	2~12月龄绵羊多发，山羊少见	成年绵羊，尤以1~2岁多发	7日龄以内羔羊，尤以2~3日龄发病最多	成年绵羊、山羊，尤以2~4岁多发	成年羊多发，羔羊较少发生
	营养状况	膘情较好者多发	膘情较好者多发	膘情较好者多发	体质瘦弱者多发	膘情较好者多发	膘情不佳者多发
	发病季节	秋、冬季和早春，常与羊猝狙混合发生	牧区：春夏之交和秋季；农区：夏收、秋收季节	秋、春季，常与羊快疫混合发生	冬季	春、夏季	夏、秋季多发
	流行特点	散发	散发	常呈地方性流行	散发	散发	散发
	发病诱因	多见于阴洼、潮湿地区；气候剧变，阴雨连绵，风雪交加；吃过冰冻霜草料	采食过量谷物、青嫩多汁或富含蛋白质的草料	常见于低洼、沼泽地放牧的绵羊	母羊妊娠期营养不良，气候寒冷，哺乳不当	常见于低洼、沼泽地放牧的绵羊，继发于肝片形吸虫感染后	气温高、雨水多，吸血昆虫活跃

（续）

鉴别要点		羊快疫	羊肠毒血症	羊猝狙	羔羊痢疾	羊黑疫	炭疽
临床症状	体温	有的升高	一般正常	一般正常	降至常温以下	高温	升高
	特征	突然发病，即刻死亡	突然发病，即刻死亡，又称类快疫，绵羊猝死症	急性死亡，腹膜炎，溃疡性肠炎	剧烈腹泻，小肠溃疡，迅速大批死亡	俗称羊传染性坏死性肝炎，突然发病死亡或昏睡中死亡	突然发病，即刻死亡
	可视黏膜	可视黏膜呈蓝紫色，天然孔流出血样液体	口腔黏膜苍白，口鼻流出泡沫样液体	无明显异常	部分口流白沫	皮肤呈暗黑色，故称“黑疫”	可视黏膜呈蓝紫色，天然孔流出血样液体
	转归	急死，无耐过者	急死，无耐过者	急死，无耐过者	稍缓死，很少自愈	稍缓死，不超过3天	急死
病理解剖学变化	前胃病变	多见黏膜自溶、脱落	无	无	无	无	无
	真胃病变	出血性炎症很显著，呈弥漫性或斑块状	出血性炎症轻微	轻微	无	无	无
	小肠病变	肠内容物有小气泡，出血性炎症一般轻微，个别较重（彩图13）	出血性炎症较普遍而严重	出血性、溃疡性炎症严重，（彩图14）	回肠溃疡，溃疡周围环绕出血带组织（彩图15）	无	无

病理解剖学变化	肾脏软化	少有，较轻微	多数有，且较明显，又称软肾病（彩图16、彩图17）	无	无	无	无
	脾脏病变	无	无	无	无	无	肿大
	肝脏病变	无	无	肿大、质脆、色浅	无	肝实质有坏死性病灶，坏死灶周围有鲜红色充血带围绕，切面呈半圆形	肿大
病性		毒血症	急性毒血症	毒血症	毒血症	毒血症	败血症
实验室检查	病原菌及抹片镜检	腐败梭菌；肝被膜触片，有无关节的长丝状菌体	D型产气荚膜梭菌；血液和脏器抹片可见有荚膜、两头钝圆的粗大杆菌	C型产气荚膜梭菌；心血、肝、脾抹片可见两头钝圆的大杆菌	B型产气荚膜梭菌；血液和脏器抹片可见两头钝圆的粗大杆菌	B型诺维氏梭菌；肝坏死灶抹片可见两头钝圆的粗大杆菌	炭疽杆菌；血液和脏器抹片可见有夹膜、两端平截、呈竹节状排列的粗大杆菌

第四章

（续）

鉴别要点＼病名		羊快疫	羊肠毒血症	羊猝狙	羔羊痢疾	羊黑疫	炭疽
实验室检查	检查项目	细菌学检查、小肠内容物毒素检查	肠道内、肾脏和其他实质器官内发现大量D型产气荚膜梭菌；小肠内检出ε毒素；尿检是否有葡萄糖	取体腔液体或脾脏接种培养基做分离培养和鉴定	鉴定病原菌及其毒素	细菌学检查和毒素检查	细菌性检查、分离培养鉴定及血清学实验
	高血糖和尿糖	无	有葡萄糖	无	无	无	无
应进行的类症鉴别		与炭疽、羊肠毒血症相区别	与炭疽、巴氏杆菌病、大肠杆菌病、羊快疫、羊黑疫相区别	与炭疽、羊肠毒血症、羊快疫相区别	与沙门氏菌、大肠杆菌引起的羔羊下痢相区别	与羊炭疽、羊快疫、羊猝狙、羊肠毒血症相区别	与羊快疫、羊黑疫、羊肠毒血症、羊猝狙相区别

二、主要防治措施

1. 羊快疫、羊肠毒血症、羊猝狙及羊黑疫

(1) 预防措施

1）免疫接种。在疫区每年定期接种疫苗，以提高机体特异性的抵抗力，有效预防本病的发生。常用的疫苗有：

① 羊快疫菌苗。预防羊快疫，皮下或肌内注射5毫升，免疫期半年以上。

② 羊黑疫菌苗。预防羊黑疫，皮下注射大羊3毫升、小羊2毫升，免疫期1年。

③ 羊黑疫、羊快疫混合苗。预防羊黑疫、羊快疫，皮下或肌内注射3毫升，免疫期1年。

④ 羊梭菌病四防氢氧化铝菌苗。预防羊快疫、羊猝狙、羊肠毒血症、羔羊痢疾，皮下或肌内注射5毫升，免疫期半年。

⑤ 羊快疫、羊猝狙、羊肠毒血症三联菌苗。预防羊快疫、羊猝狙、羊肠毒血症，皮下或肌内注射1毫升，免疫期1年。

⑥ 羊厌氧菌氢氧化铝甲醛五联苗。预防羊快疫、羊猝狙、羊肠毒血症、羊黑疫、羔羊痢疾，皮下或肌内注射3毫升，免疫期半年。

2）加强饲养管理，春、夏季节尽量避免羊只在低洼、潮湿处放牧；防止饲草、饲料和饮水被病原菌污染；冬季防止受寒，避免羊只采食冰冻饲料。

3）本病流行地区，圈舍应建于干燥向阳处。

4）发生本病时，应及时将羊群驱赶至干燥草场放牧；严格隔离病羊，并试行对症治疗。

5）在农、牧区，春夏之际避免羊只抢啃优质青草和茬后作物，秋季避免吃过量结籽饲草和多汁饲料。

6）在肝片形吸虫病流行地区，每年至少对羊群进行2次定期驱虫。一次在秋末冬初由放牧转为舍饲之前；另一次在冬末春初，由舍饲转为放牧之前。驱虫药物用蛭得净，按每千克体重16毫克，一次内服；或丙硫苯咪唑，按每千克体重15～20毫克，一次内服；或三氯苯唑，按每千克体重8～12毫克，一次内服。

7）羊黑疫流行季节，早期用抗诺维氏梭菌血清预防，皮下或肌内注射10～15毫升，必要时可重复1次。

（2）治疗措施 本类疾病病程较短，病羊往往来不及治疗即死亡。但对病程稍长的病羊，可选用以下药物，同时结合强心、补液、镇静等对症治疗，有时能治愈少数病羊。

1）青霉素。肌内注射，注射用青霉素G每次80万～160万国际单位，每天2次。

2）磺胺嘧啶。灌服，每千克体重5～6克，连用3～5次。

3）10%～20%石灰乳。灌服，每次大羊200毫升、小羊50～80毫升，用1～2次。

4）复方磺胺嘧啶钠注射液。肌内注射，按每次每千克体重15～20毫克，每天2次，用3～4天。

5）磺胺脒。按每千克体重8～12克，第1天1次灌服，第2天分2次灌服。

6）安钠咖。10%安钠咖注射液10毫升，加于5%葡萄糖500～1000毫升中，静脉滴注。

7）对羊黑疫病羊，可用抗诺维氏梭菌血清50～80毫升，多点肌内或皮下注射，连用2次。

实践证明，若羊快疫发病超过2天，粪便已发软或已拉稀时，治疗一般无效。而羊肠毒血症目前尚无较好的治疗方法。

2. 羔羊痢疾

（1）预防措施

1）加强母羊饲养管理。对妊娠母羊要抓好产前抓膘保胎，妊娠后期补给优质饲草、青干草、胡萝卜及矿物质等。

2）做好产前准备。产羔房要保暖、干燥、清洁、卫生。剪去母羊阴门附近污毛，用消毒液消毒乳房及后躯。

3）加强初生羔羊护理。新生羔羊脐带要严格消毒，同母羊一起养于单独的圈栏内，合理哺乳，适当保温，防止其受凉。

4）预防接种。妊娠母羊产前20～30天注射羔羊痢疾菌苗2毫升，10天后再免疫1次；或羊梭菌病四联苗或五联氢氧化铝菌苗每半年免疫1次，其方法可参见羊快疫。

5）在常发疫区，可采取药物预防。羔羊出生后12小时内灌服土霉素120～150毫克，每天1次，连用3天。

6）加强日常消毒。羊场内所有圈舍及用具要定期消毒；每次产羔后，产羔房要彻底清扫，严格消毒；病羔住过的圈舍、接触过的用具等

要彻底消毒。

（2）治疗措施　隔离病羔，加强护理，及时使用药物进行治疗。同时，据病情适当采取强心、补液、补充维生素、缓解酸中毒等对症治疗。

1）初期用轻泻剂，以清除肠内容物。将硫酸镁2～3克溶于30～40毫升温水中，内加甲醛0.2～0.3毫升，一次灌服。

2）用1%高锰酸钾溶液内服，每次15～20毫升，第1天服2次，第2天上午1次，连用2～3天。

3）土霉素0.2～0.3克，胃蛋白酶0.2～0.3毫克，加水灌服，每天2次。

4）磺胺脒0.5克、鞣酸蛋白0.2克、碱式硝酸铋0.2克、碳酸钠0.2克、加水灌服、每天3次。

5）加减乌梅汤。乌梅（去核）、炒黄连、黄芩、郁金、炙甘草、羊苓各10克，诃子肉、焦山楂、神曲各12克，泽泻8克，干柿饼（切细）1个，将上述药研碎，加水400毫升，煎汤浓缩至150毫升，去渣，加红糖50克为引，每头羔羊内服30毫升。若拉稀不止，可再服1～2次，或服加味白头翁汤。

6）加味承气汤。大黄、酒黄芩、焦山楂、枳实、甘草、厚朴、秦皮各10克，朴硝25克（另包）。将前7味药加水400毫升，煎汤浓缩至150毫升，去渣，加入朴硝即成。每头羔羊服20～30毫升，以清除胃肠内的积聚物。

注意

1）羊快疫、羊肠毒血症、羊猝狙、羊黑疫4种病的病原、病程、症状均类似，在兽医临床上，没有严格区分的必要。

2）在防治上都是采用加强日常管理，合理安排放牧与舍饲，改善舍饲羊的圈养环境，避免突然更换饲料，定期程序化接种疫苗，发现病羊立即隔离治疗或做无害化处理，注意环境消毒等措施。

三、典型病例介绍

2004年10月15日，某县兽医院接诊一患病羔羊。

【主诉】　该羔羊出生5天，一直很好。今天清晨精神不好，不愿吃奶，拉稀便。

【临床检查】　病羔精神委顿，低头弓背，排出恶臭稀便，稀薄如水，呈黄白色；眼窝下陷，喜欢卧地，回头顾腹，似有腹痛症状。

【初步诊断】 尽管在临床症状上，与羊的沙门氏菌病、大肠杆菌病比较相似，但沙门氏菌引起的羔羊副伤寒多发生在断乳羔羊；大肠杆菌引起的羔羊腹泻，粪便内有大量气泡，无恶臭味。本病例发生在5日龄，且来势凶猛，粪便有恶臭味，故诊断为羔羊痢疾。

【处理措施】 先灌服1%高锰酸钾溶液20毫升，第1天服2次，第2天开始，仅上午1次，连用3天。再用磺胺胍（磺胺脒）0.5克、鞣酸蛋白0.2克、碱式硝酸铋0.2克、碳酸钠0.2克，加水一次灌服，每天3次，连用3天。

【转归】 7天后回访，痊愈。

第九节 牛放线菌病

本病是由放线杆菌等多种菌引起的多种动物和人畜共患的一种非接触性慢性传染病。放线菌在自然界分布广泛，常存在于土壤、水和禾本科植物（大麦、小麦、燕麦等）的穗芒上，牛羊采食时，因芒刺损伤口腔和齿龈黏膜而感染。病的特征为头、颈、颌下和舌的放线菌肿。

一、临床诊断要点

牛最易感染发病。病牛表现头、颈和颌下慢性肿大，常在6~18个月内形成小而坚实、不热不痛的肿块，有时肿块化脓破溃，形成瘘管，长期不愈（彩图18、彩图19）；有时见到舌和咽部组织发硬，称为“木舌病”；病羊常见嘴唇、头部和身体前半部的皮肤增厚，可发生多数小脓肿。有时需结合实验室检查脓汁内的放线菌。脓汁内有外观与硫黄颗粒类似的菌芝（带有辐射状菌丝的颗粒状聚集物），可找出进行检查。其方法步骤为：

取脓汁少许，用水稀释，找出内含的硫黄颗粒，在水内洗净，置载玻片上，加1滴15%氢氧化钾溶液，覆以盖玻片用力挤压，置显微镜下检查，可见特征性辐射状菌芝，即可确诊。若要进行细菌辨别，需经革兰氏染色后镜检。

二、主要防治措施

1. 预防措施

合理饲养管理，避免在低洼地区放牧牛羊；注意防范皮肤、黏膜的损伤，尤其是粗糙或有芒刺的饲草要经过浸软处理后再饲喂牛羊；出现

损伤时要及时处理，以控制放线菌的感染。

2. 治疗措施

1）全身给药。碘化钾内服，成畜4~6克/次、幼畜1~2克/次，每天2次；重症病畜用碘化钾2~4克/100千克体重，或用碘化钠2~3克/100千克体重，加入5%葡萄糖溶液1000毫升内静脉滴注，每周1次，连用2次。灰黄霉素60~80毫克/千克体重，分早晚2次内服，连服7~12天；0.5%黄色素200~250毫升或新胂凡纳明（914）3~4克，均溶于5%~10%葡萄糖溶液中静脉滴注，均有良好效果。

2）局部药物注射。放线菌肿局部注射0.5%黄色素10~20毫升；或碘化钾10克，溶于5毫升水中，再吸5%碘酒10毫升，注入患部；卡那霉素100万~300万国际单位，分点注入患部，2次即痊愈。5%碘酒20~40毫升在肿块周围和基部，皮下或肌内分2~4点注射，效果良好。

3）用病灶局部烧烙法进行治疗。

4）手术治疗。切开肿处，挖去脓汁和增生物，用5%碘酒浸湿的纱布填塞创腔，24~48小时更换1次，伤口周围注入10%碘仿醚，有较好效果。

三、典型病例介绍

1985年10月，某县兽医院接诊一病牛。

【主诉】　不知道从什么时候开始，牛肩膀前下方长出1个硬疙瘩，后来疙瘩逐渐变软。

【临床检查】　病牛肩前下方有1个7厘米×8厘米的肿块，触之柔软，无热感，病牛也不躲避（无痛觉）。病牛精神正常，体温38.5℃，呼吸30次/分钟，脉搏70次/分钟。

【初步诊断】　放线菌病。

【处理措施】　实行手术治疗。病牛取站立保定，常规剪毛消毒，用0.5%盐酸普鲁卡因溶液局部浸润麻醉，切开肿处，去除脓汁和挖去增生物，用灭菌生理盐水冲洗干净，用5%碘酒浸湿的纱布填塞创腔，24小时更换1次，伤口周围注入10%碘仿醚。

【转归】　3周后回访，痊愈。

第十节　坏死杆菌病

本病是由坏死杆菌引起的多种动物共患的一种慢性传染病。坏死杆菌存在于健康动物的胃肠道，沼泽、水塘、污泥、低洼地更适宜于该菌生存。此病的特征是受损的皮肤和皮下组织、消化道黏膜发生组织坏死，有的在内脏形成转移性坏死灶（彩图20）。

一、临床诊断要点

1. 流行特点

多种动物均可感染，但家畜中以猪、羊、牛最易感，主要经损伤的皮肤和黏膜（口腔）感染。多发于低洼潮湿地区，常发于炎热、多雨季节，呈散发或地方性流行。

2. 临床症状特点

（1）腐蹄病　牛羊多见，蹄部肿胀或溃疡，流出恶臭脓汁，严重者出现蹄壳脱落。

（2）坏死性口炎　又称“白喉”，多见于犊牛和羔羊。在齿龈、上腭、舌、颊及咽部附有粗糙、污秽的灰褐色或灰白色伪膜，强力撕脱伪膜，可露出易出血的不规则溃疡面。一般病程4～5天，也有较长的。

（3）坏死性肝炎　初生羔羊常见，因生产时的脐带感染。呈急性经过，高热42℃，精神沉郁，食欲废绝，弓腰，磨牙，口流白沫，有的合并坏死性口炎，有的四肢关节肿大。

3. 病理剖检特征

坏死性肝炎病死羔羊，脐环坏死，肝脏肿大呈土黄色，其上有黄白色坏死灶，切开病灶内含豆腐渣样物质，肝门淋巴结肿大。

4. 实验室检查

在病健组织交界处采取检查材料，制成抹片，染色镜检，发现革兰阴性的多形性细菌（有的球杆状或短杆状，有的呈长丝状），即可确诊。

二、主要防治措施

1. 预防措施

1）加强卫生管理，经常清除粪便污物，保持圈舍、环境和用具的清洁和干燥；不去低洼潮湿牧场放牧；尽量避免皮肤、黏膜受损伤；一旦发生外伤，及时处理。

2）炎热多雨季节，使用抗生素药物预防。

2. 治疗措施

1）一般采用局部治疗，必要时，配合全身疗法。常用药物主要有土霉素、四环素、金霉素、磺胺类等，同时配合强心、补液、解毒等对

第四章

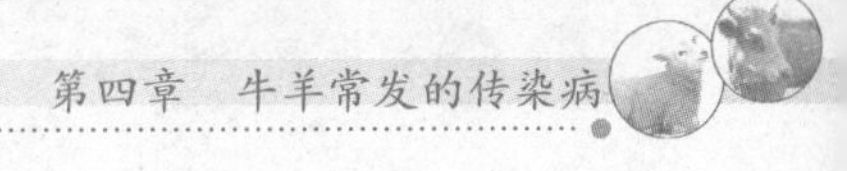

症治疗，常能取得较好疗效。

2）腐蹄病的治疗。先用清水冲洗患部并清理创口，再用1%高锰酸钾溶液或5%福尔马林或10%硫酸铜溶液冲洗消毒，然后在蹄底的创洞内填塞硫酸铜、水杨酸粉或高锰酸钾、磺胺粉，创面涂敷5%高锰酸钾溶液或10%甲醛酒精或甲紫溶液。也可用5%福尔马林或10%硫酸铜溶液蹄浴。

3）“白喉”病畜的治疗。先除去伪膜，再用1%高锰酸钾溶液冲洗，然后用碘甘油涂抹，每天2次至痊愈。

三、典型病例介绍

2002年8月10日，某县兽医院接诊一病牛。

【主诉】　前天发现牛4个蹄子肿胀，昨天开始流脓，不敢走路。

【临床检查】　病牛蹄部肿胀破溃，流出恶臭脓汁，破溃处形成溃疡。病牛站立不动，不愿行走，强行牵拉，行走小心。精神尚可，全身状况良好。

【初步诊断】　根据临症，怀疑坏死杆菌病。在破溃处采取病料，制成抹片，革兰氏染色镜检，发现大量呈红色（革兰阴性）的球杆状、短杆状或长丝状的多形性菌体，即可确诊。

【处理措施】

1）先用清水洗去患部污物，并清理创口，再用1%高锰酸钾溶液冲洗消毒，然后在蹄底的创洞内填塞磺胺粉，创面涂敷5%高锰酸钾溶液。隔天如此处理1次。

2）在5%葡萄糖注射液中加入注射用土霉素2克，静脉滴注，每天1次，连用5天。

【转归】　10天后回访，痊愈。

第十一节　气肿疽

气肿疽俗称“黑腿病”，是由气肿疽梭菌引起的一种急性、败血性传染病。以肌肉丰满的部位（尤其是股部）发生黑色的气性肿胀、按压有捻发音为特征。气肿疽梭菌是一种专性厌氧菌，在动物体内外均能形成芽孢，形成芽孢后菌体呈汤匙状。

一、临床诊断要点

1. 流行特点

病畜和病死畜是主要的传染源。黄牛最易感染发病，羊较少发病。

病原菌随肿胀破溃的渗出物排出，形成芽孢污染环境，牛羊采食了被污染的草料和饮水，经消化道感染。芽孢也可通过皮肤创伤和蜱、蝇等吸血昆虫的叮咬感染。本病呈地方性流行，发病无季节性，但以夏季放牧牛发病较多，舍饲牛发病较少。

2. 临床症状特点

牛发病突然，高热达 40 ~ 41℃，食欲废绝，反刍停止。早期跛行，不久在股臀部、肩、胸、颈、腰、臂等肌肉丰满部位发生气性、坏疽性炎症肿胀。肿胀处最初有热感和痛感，后变冷且无知觉，皮肤干燥、紧张，呈紫黑色，叩之如鼓，压之有捻发音。肿胀部破溃或切开后，流出黑红色带泡沫的酸臭液体。病变附近淋巴结肿大。若治疗不及时，常在 1 ~ 2 天内死亡。

3. 病理剖检特点

剖检病死牛，可见患部肌肉肿胀，触压有捻发音，切面呈黑红色，部分湿润，压之流出黑红色渗出液，内含气泡；病变部位上面的皮下组织呈黄色，胶冻样，含有气泡；其他部分的肌肉干燥，状如海绵，有很多气泡，有一种特殊的甜臭味。

4. 实验室检查

在肿胀部位取材，做细菌的分离培养鉴定和动物试验（豚鼠致死试验）。

5. 鉴别诊断

本病应与恶性水肿、炭疽、牛出败相区别。恶性水肿多因创伤引起，气肿部显著，发生部位不定，肌肉无海绵状病变，肝脏表面触片能检到长丝状的腐败梭菌；炭疽局部肿胀为水肿，无捻发音，脾脏高度肿大，末梢血检有荚膜竹节状的炭疽杆菌；牛出败的肿胀部位在咽喉部和颈部，为炎性水肿，无捻发音，常伴有急性纤维素性胸膜肺炎症状和病变，血液和脏器涂片，可见到两极着色的巴氏杆菌。

二、主要防治措施

1. 预防措施

近 3 年内发生过气肿疽的地区，每年春天接种气肿疽灭活菌苗，不论大小，一律皮下注射，牛 5 毫升、羊 1 毫升，犊牛 6 个月龄时再注射 1 次，免疫期 1 年。

2. 控制措施

一旦发生本病，要对整个羊群逐只检查。对病羊和可疑羊就地隔离

治疗，其他羊立即接种气肿疽菌苗。羊舍、用具等用5%~10%氢氧化钠溶液或0.2%升汞液或20%漂白粉溶液进行严格消毒；病死的羊不准食用，连被污染的粪尿、垫草等一起烧毁或深埋，圈舍（清扫干净后）和用具用2%氢氧化钠溶液消毒，防止形成气肿疽疫源地。

3. 治疗措施

在发病初期，用大剂量的抗生素或磺胺类药治疗较有效。青霉素，每次100万~200万国际单位，肌内注射，每天3次。若结合使用抗气肿疽血清，效果会更好。同时还需采用强心、补液及其他对症疗法。

早期病例，可用1%~2%高锰酸钾溶液或3%过氧化氢溶液或3%苯酚溶液，在肿胀部周围分点皮下或肌内注射，或用0.25%~0.5%普鲁卡因溶液10~20毫升，溶解青霉素80万~120万国际单位，于肿胀部周围分点注射，直至患病牛羊恢复健康为止。

三、典型病例介绍

1985年某县兽医院接诊一病牛。

【主诉】　该牛昨天突然发病，高烧、不吃、不反刍，走路有点跛。找兽医看过，打了退烧针。今天发现肩、臀部有肿胀。

【临床检查】　病牛精神沉郁，在股臀部、肩、胸、颈、腰、臂等部位肿胀。触诊肿胀处发凉，不敏感，皮肤干燥，发紧，呈紫黑色，叩击呈鼓音，按压有捻发音。体温41℃，呼吸45次/分钟，脉搏87次/分钟。

【初步诊断】　怀疑气肿疽。

【处理措施】

1）注射用青霉素G钾，每次100万~200万国际单位，肌内注射，每天3次。

2）5%葡萄糖生理盐水500毫升×3瓶、5%葡萄糖注射液500毫升、10%安钠咖注射液10毫升×4支，一次静脉滴注。

3）用0.5%普鲁卡因溶液15毫升，溶解青霉素100万国际单位，于肿胀部周围分点注射，每天2次。

【转归】　第2天死亡。

【病例分析】　本病例为转诊病例，入院时已经是晚期，虽然进行了治疗，但终因败血症而死亡。

第十二节　羊支原体肺炎

羊支原体肺炎，又称羊传染性胸膜肺炎，是由支原体所引起的羊的一种高度接触性传染病，其临床特征为高热，咳嗽，肺和胸膜发生浆液性和纤维性炎症，取急性或慢性经过，病死率很高。引起本病的病原体为丝状支原体山羊亚种和绵羊肺炎支原体。

一、临床诊断要点

1. 流行病学特点

丝状支原体山羊亚种只感染山羊，且3岁以下的山羊最易感染；绵羊肺炎支原体可感染山羊和绵羊；病羊是主要的传染源，病羊肺组织和胸腔渗出液中含有大量病原体，耐过病羊也有散播病原的危险性；本病多发生于冬季和早春季节，呈地方流行性；接触传染性很强，主要通过空气——飞沫经呼吸道传染。阴雨连绵，寒冷潮湿，羊群密集拥挤等常成为诱发因素。

2. 临床症状特点

根据病程和临床症状，可分为最急性、急性和慢性3种类型。

（1）最急性　流行初期，多见此型。病初体温增高达41～42℃，精神极度委顿，不食，呼吸急促，发出痛苦的叫声。数小时后呼吸困难，咳嗽，并流浆液带血鼻液。肺部叩诊呈浊音或实音，听诊肺泡呼吸音减弱、消失或呈捻发音。12～36小时内，病羊卧地不起，四肢伸直，呼吸极度困难，随每次呼吸全身颤动；可视黏膜发绀，目光呆滞，呻吟哀鸣，不久窒息而亡。病程不超过5天，有的仅1天。

（2）急性　最常见。病初体温升高，出现湿咳，伴有浆液性鼻漏。4～5天后，变成痛苦的干咳，鼻液转为黏液—脓性并呈铁锈色，黏附于鼻孔和上唇，结成干固的棕色痂垢。一侧肺部叩诊有实音区，听诊呈支气管呼吸音和摩擦音，按压胸壁表现敏感、疼痛。头颈伸直，口半张，流泡沫状唾液，腰背拱起，腹肋紧缩，70%～80%的孕羊发生流产。最后病羊倒卧，极度衰弱委顿，濒死前体温降至常温以下，病期多为7～15天，有的可达1个月。间或未死的转为慢性。

（3）慢性　多见于夏季，由急性型病例转化而成。全身症状轻微，体温降至40℃左右。病羊时有咳嗽和腹泻，鼻涕时有时无，身体衰弱，被毛粗乱无光。在此期间，若饲养管理不良，或与急性型病例接触，或遭遇某种应激因素，均可导致病情恶化或出现并发症而迅速死亡。

3. 病理剖检特征

局限于胸部。胸腔常有浅黄色液体，多达500～2000毫升，暴露于空气有纤维蛋白凝块。急性型病例损害多为一侧，呈纤维素性肺炎病变；

肺肝变区凸出于肺表面，颜色由红至灰色不等，呈大理石样外观。肺小叶间质变宽，小叶界限明显，支气管扩张；胸膜变厚而粗糙，表面有黄白色纤维素附着，心包粘连。

根据流行特点、典型临症、病变特征，一般可以做出诊断。

二、主要防治措施

1. 平时预防

发病季节，除加强羊舍保温干爽、通风换气、清洁卫生、定期消毒等一般措施外，防止引入或迁入病羊和带菌羊是关键措施。新引进羊只必须隔离检疫1个月以上，确认健康时方可混群饲养。

2. 免疫接种

免疫接种是预防本病的有效措施。各地可根据当地病原体的分离结果，选择使用以下菌苗。

1）山羊传染性胸膜肺炎氢氧化铝胶灭活苗。山羊皮下或肌内注射，6月龄内幼羊3毫升、6月龄以上羊5毫升，免疫期1年。

2）羊肺炎支原体氢氧化铝胶灭活苗。山羊或绵羊颈侧皮下注射，6月龄以内幼羊2毫升、6月龄以上羊3毫升，免疫期1.5年。

3. 控制措施

1）封锁疫点，对病羊、可疑病羊和假定健康羊分群隔离和处置。

2）彻底消毒被污染的羊舍、场地和饲管用具。消毒药液可用3%氢氧化钠溶液、10%石灰乳、0.05%百毒杀等。

3）无害化处理病羊的尸体、粪便。

4）紧急预防。对可疑病羊和假定健康羊可用疫苗进行紧急免疫接种，或用新胂凡纳明（914）预防注射。

5）病羊处理。用新胂凡纳明（914）按每千克体重10～15毫克于静脉注射；或用磺胺嘧啶钠注射液按每千克体重50～100毫克于皮下注射。同时，加强护理，结合饮食疗法和必要的对症疗法。

三、典型病例介绍

2005年3月10日，某县兽医站门诊接诊一病羊。

【主诉】　病羊发热，咳嗽，流鼻液，吃草减少，已经有3天。在别处看过，打过消炎针，没见好。

【临床检查】　病羊头颈伸直，口半张，流泡沫状唾液；咳嗽，鼻流黏脓性、呈铁锈色的鼻液，黏附于鼻孔和上唇，结成干固的棕色痂垢。肺部叩诊，一侧有实音区，听诊呈支气管呼吸音和摩擦音，胸壁按压敏感。

【初步诊断】 怀疑羊支原体肺炎。

【处理措施】

1）用磺胺嘧啶钠注射液按每千克体重80毫克于皮下注射，每天2次，连用7天。

2）5%葡萄糖注射液300毫升、维生素C 0.5克、5%碳酸氢钠注射液100毫升，一次静脉滴注。每天1次，连用5天。

犊牛支原体肺炎

【转归】 1个月后回访，痊愈。

【医嘱】 给病畜提供温暖舒适环境，充足饮水，易消化草料，避免不良刺激。

犊牛支原体肺炎发病症状可通过扫码查阅。

第十三节 口蹄疫

口蹄疫（FMD）俗称“口疮”“蹄癀”，是由口蹄疫病毒引起的一种急性、热性、高度接触性传染病，主要侵害牛、羊、猪等偶蹄动物，偶见于人和其他动物。临诊上以口腔黏膜、蹄部及乳房皮肤发生水疱和溃烂为特征。本病具有强烈的传染性，一旦发病，传播迅速，往往引起大流行，不易控制和消灭，造成严重的经济损失和社会影响，一直被国际兽疫局（OIE）列为A类动物疫病之首，在我国被列为一类动物疫病之一。

口蹄疫病毒有7个血清型，即O、A、C、SAT_1、SAT_2、SAT_3（即南非1、2、3型）和$Asia_1$（亚洲I型），常见的是O型和亚洲I型。目前，我国使用的疫苗多为O型，亚洲I型较少，O型毒力较弱，而亚洲I型致病性最强，常常引起动物的死亡。故而畜牧生产中接种O型疫苗常常不能控制亚洲I型等其他型口蹄疫的发生和流行。这也是口蹄疫病年年防疫却屡发不息的主要原因。

一、临床诊断要点

根据本病的流行特点、临床症状、病理剖检，易于做出初步诊断，但要确诊，须结合试验室检查进行诊断。

1. 流行病学特点

口蹄疫病毒主要侵害偶蹄动物。家畜中牛最易感，猪、羊、骆驼次之，其他偶蹄兽及人也有易感性。病畜或带毒畜是主要的传染源，在潜伏期、发病期、康复期均能排出病毒，如牛、羊的康复期排毒时间为6~8个月。值得注意的是，羊的感染率较牛低，患病期症状轻微，易被忽略而成为羊群中长期的传染源。所以，从流行病学的观点上看，绵羊是“贮存器”、猪是“扩大器”、牛是“指示器”。

传染源排毒途径主要是病变组织、呼出气体、飞沫、分泌物、排泄物等，其中以水疱液、水疱皮、乳、尿、唾液、粪便含毒量最多，毒力最强。传播途径主要是直接接触传播，或通过饲料、饲草、饮水、垫料、用具、空气、人员活动等各种媒介物的间接接触传播。感染途径主要是消化道、呼吸道及损伤的黏膜和皮肤。

本病传染性很强，一旦发生往往呈流行性。病的发生无严格的季节性，但流行却有明显的季节规律。多为秋末开始，冬季加剧，春季减轻，夏季平息。但近几年口蹄疫常表现为一年四季均有发生、流行。并且，其暴发和流行具有周期性的特点，每隔1~2年或3~5年就流行1次。

2. 临床症状特点

病牛初期见体温升高至40~41℃，精神沉郁，食欲下降，闭口，流涎，随后在唇内面、舌面、颊部黏膜、蹄部、乳房皮肤发生蚕豆大至核桃大的水疱，此时口温增高，口角流涎增多，呈白色泡沫状，挂满嘴边（彩图21~彩图25），病牛站立不稳、跛行严重；而后水疱融合、破裂，形成溃疡和糜烂（彩图26、彩图27），体温降至正常；糜烂逐渐愈合，全身症状逐渐好转。山羊多见于口腔，呈弥漫性口膜炎，水疱发生于硬腭和舌面，表现疼痛，流出带泡沫的口涎。羔羊常呈现出血性胃肠炎和心肌炎症状，不出现水疱而死亡。且山羊患病比绵羊重，病死率也高。

牛口蹄疫

3. 病理变化特点

病畜口腔、蹄部的水疱和烂斑；咽喉、气管、支气管、前胃黏膜圆形烂斑和溃疡；真胃和肠黏膜的出血性炎症；病死羔羊，心包膜有散在出血点，心肌松软，似煮熟状，心肌切面有灰白色或浅黄色斑点或斑纹，好像老虎皮上的斑纹，称为“虎斑心”（彩图28）。

4. 实验室诊断

可采取病羊水疱皮或水疱液，置50%甘油生理盐水中，迅速送有关单位实验室（国家法定单位实验室），进行补体结合试验、琼脂扩散试验、动物接种试验等进行确诊。

5. 鉴别诊断

本病应与牛瘟、牛恶性卡他热、传染性水疱性口炎相区别。

二、主要防治措施

口蹄疫病的防治原则是以免疫预防为主，检疫、扑杀、消毒并用。具体防治措施如下。

1. 预防措施

1）平时对牛羊群体加强检疫、检测，发现病畜或疑似病畜要分别进行扑杀或隔离观察处理。

2）每年春秋季对牛羊进行口蹄疫疫苗的免疫接种 2 次。牛口蹄疫 O 型灭活疫苗，于颈部皮下或肌内注射，成年牛 3 毫升、犊牛与成年羊 2 毫升、2 月龄以上羔羊 1 毫升，注射后 14 天产生免疫力，免疫期 6 个月。免疫期间不能接种的哺乳牛羊、妊娠牛羊和体弱不宜接种的牛羊，要适时补免，以确保牛羊群体的免疫密度达 100%。

3）加强饲养管理，据营养需要足量供给全价饲草、饲料，畜舍通风良好、光照充足、温度适宜、清洁干燥，并定期清扫和消毒。

4）严格制定和执行包括动物防疫管理制度、疫病免疫程序、驱虫制度等在内的各种管理制度和措施，坚持自繁自养，必须引进时，要经过严格的检疫和隔离饲养 2 周以上，确认无疫病时，再合群饲养。

2. 扑灭措施

1）当发现病牛羊疑似口蹄疫时，应及时诊断，立即向动物防疫机关报告疫情。

2）疫病确认后，病牛羊就地迅速隔离、扑杀并做无害化处理；划定疫点、疫区和受威胁区。

3）报请同级人民政府下达封锁令，严格封锁疫点、疫区；彻底清除、烧毁或深埋病畜剩余草料、饮水、垫料等污染物；消毒疫区出入口、污染环境和用具。疫区出入口用生石灰铺置 2 米宽的隔离带；污染圈舍、地面用 2%~4% 氢氧化钠溶液、5% 氨水或 30% 的草木灰溶液消毒；污染器具用 3%~5% 的福尔马林溶液、0.2%~0.5% 的过氧乙酸或 5% 次氯酸钠溶液。每天 2 次，连续 14 天。

4）对受疫区周围的牛羊等易感动物选用与当地流行的口蹄病毒毒型相同的疫苗（O 型或亚洲 I 型），进行紧急预防接种，其用量、注射方法及注意事项须严格按疫苗说明书规定执行。

5）在最后一头病牛羊被扑杀或痊愈，经连续 14 天检疫、消毒处理，未再发现一个新发病例，通过完全彻底的终末消毒，即可报请人民政府解除封锁。

3. 治疗措施

本病病畜一般不准许治疗，应就地扑杀，进行无害化处理。羊被感染后大多经 10 ~ 14 天可自愈，必要时可在严格隔离下做以下对症治疗，以促进病羊痊愈，缩短病程。

1）对病羊要加强饲养管理及护理工作，每天用盐水、硼酸溶液等洗涤口腔及蹄部，喂以软草、软料或麸皮粥等。

2）口腔治疗。可用食醋或 1% 高锰酸钾溶液洗涤口腔，溃疡面涂以 1% ~ 2% 明矾或碘甘油合剂（配方为碘 7 克、碘化钾 5 克、酒精 100 毫升，溶解后加入甘油 10 毫升），每天涂擦 3 ~ 4 次。也可使用加减冰硼散涂擦（冰片 15 克、硼砂 150 克、芒硝 18 克，研为细末）。

3）蹄部治疗。用 3% 克辽林或来苏儿洗涤，然后涂以碘甘油或四环素软膏，用绷带包裹，不可接触湿地。

4）乳房治疗。先用肥皂水或 2% ~ 3% 硼酸水清洗，然后涂以 1% 甲紫溶液或抗生素软膏等，定期挤乳以防发生乳腺炎。

三、典型病例介绍

2001 年 1 月，某县某村发生一起牛的疫情。

【村防疫员介绍】 疫情最先从村西的一户杨姓人家开始，他家饲养的 3 头牛先后出现发热、不食、流涎、口腔糜烂等症状；后来 2 户邻居的牛也发病，逐渐蔓延到 10 多户，出现 15 头病牛、8 头病羊。

【临床检查】 牛精神沉郁，闭口、口角流涎增多，呈白色泡沫状，挂满嘴边，在唇内面、舌面、颊部黏膜、蹄部、乳房皮肤出现大小不等的水疱，病牛站立不稳，跛行严重；有的水疱融合、破裂，形成溃疡和糜烂，有的病牛体温 41℃，有的 39.5℃，接近正常。山羊发生弥漫性口膜炎，水疱发生于硬腭和舌面，表现疼痛，口流出带泡沫的涎液。

【初步诊断】 口蹄疫。

【处理措施】 依照以上扑灭措施中的 2）、3）、4）、5）条进行。

【效果】 经过实施严格的扑灭措施，本村及邻近乡村的牛、羊、猪均未再出现新的疫情。

第十四节 狂犬病

狂犬病俗称“疯狗病”，是由狂犬病病毒引起的急性、接触性人兽共患传染病。包括人和家畜、甚至家禽的一切温血动物均可感染发病。其症状明显而严重，病死率极高，一旦发病，几乎全部死亡。感染途径主要为咬伤，临床表现为脑脊髓炎，极度怕水，又叫“恐水症”。近几年世界范围内，本病流行呈上升趋势，尤其是国内不断有人和各种家畜的狂犬病例报道。严重威胁着人畜的安全和社会的稳定。

本病的病原是弹状病毒科狂犬病病毒属的狂犬病病毒。该病毒主要存在于病畜的中枢神经组织、唾液腺和唾液中。在中枢神经细胞的细胞质中形成圆形、卵圆形或梭状的嗜酸性包涵体，称为内基氏小体。病毒不耐湿热，各种理化因素均可使其灭活。于56℃下15～30分钟或100℃下2分钟均可杀死，但冷冻或冻干状态下可长期存活。病毒囊膜上的纤突具有血凝特性，能凝集鹅和1日龄雏鸡的红细胞，且凝集鹅红细胞的能力可被特异性抗体所抑制，故可进行血凝抑制试验。

一、临床诊断要点

狂犬病的诊断较困难，若出现典型的临床症状，根据流行病学、病理变化，结合有被狗、猫咬伤史，可做出初步诊断。确诊要进行实验室诊断。

1. 流行特点

人和各种畜禽、野生动物对本病均有易感性，患狂犬病的犬猫是人畜感染的主要传染源，以咬伤、动物皮肤黏膜伤口接触病畜的唾液为主要感染途径，也可经呼吸道、消化道和胎盘感染。有资料记载，人畜被咬伤后不做任何处理，其发病率为30%～35%，若及时进行伤口处理、疫苗注射，发病率可降为0.2%～0.3%。

2. 临床症状特点

潜伏期差异很大，短者1周，长者1年以上（有报道10年以上），一般为2～3周。病牛精神沉郁，食欲降低，反刍减少，表现起卧不安，前肢挠地，有阵发性兴奋和攻击动作，性欲亢进，流涎。当兴奋发作后，常有短时停歇，又复发作。逐渐出现麻痹症状，最后倒地不起，衰竭而死。羊的狂犬病较少见，症状与牛相似，多无兴奋症状或兴奋期很短，末期发生麻痹而死亡。

3. 病理变化特点

剖检病死牛羊可见到咽部黏膜充血，胃内空虚，并有少量青草、砂土等。胃底、幽门区及十二指肠黏膜充血、出血。肝、肾、脾充血。胆囊肿大、充满胆汁。脑组织的病理组织学检查，见有非化脓性脑炎变化，小脑神经细胞的细胞质内出现界限明显、圆形至卵圆形嗜酸性包涵体（内基氏小体）。

4. 试验室诊断

生前可采集唾液进行血凝抑制试验，死后可做小脑的组织切片，检查脑神经细胞细胞质内的内基氏小体。

二、主要防治措施

按照“控制和消灭传染源，咬伤后及时处理，发病牛羊立即扑杀”的原则，采取以下措施。

1）免疫接种。要定期对家养犬、猫普遍进行免疫接种。使用狂犬病灭活疫苗，3 月龄以上犬猫皮下或肌内注射 1 毫升，免疫期 1 年。免疫程序为：3 月龄时接种 1 次，以后每年 1 次；家畜被病畜咬伤后，可立即用本疫苗注射 1～2 次，间隔 3～5 天，注射剂量为牛 25～50 毫升、羊10～25 毫升，作为紧急预防用。

2）扑杀病犬猫、野犬猫、流浪犬猫，并将死尸焚化或深埋，严禁剥皮剖检、加工和食用，以免人员经破损的皮肤黏膜伤口感染。

3）严格防鼠，严禁鼠类污染饲草、饲料和饮水。

4）被可疑患病动物咬伤后，要紧急处理伤口，先用大量肥皂水和清水冲洗，再用 70%～75% 的酒精或碘酒消毒，然后立即注射疫苗。

三、典型病例介绍

1986 年 1 月，某县兽医站门诊接诊一病牛。

【主诉】 该牛前些天被一条流浪狗咬伤前腿上部，也没做处理。昨天发现病牛精神沉郁，吃草少，不反刍，不喝水。

【临床检查】 病牛异常兴奋，起卧不安，前肢挠地，有阵发性兴奋和攻击动作，性欲亢进，流涎。一阵兴奋后，稍停一会，又再次回复兴奋状态。

【初步诊断】 根据有犬类咬伤史，出现比较典型的神经症状，诊为狂犬病。

【处理措施】 扑杀病牛，尸体进行焚烧、深埋等无害化处理；用

4%氢氧化钠溶液彻底消毒环境。

第十五节 羊痘

羊痘是由羊痘病毒引起的一种急性、热性、接触性传染病，是牧区羊群最常发的传染病之一。其特征是羊全身皮肤，尤其是无毛或少毛的皮肤和某些黏膜上发生特异的痘疹。山羊痘和绵羊痘分别由同属的山羊痘病毒和绵羊痘病毒引起，其中绵羊痘是各种家畜痘病中危害最严重的疾病。山羊痘病较少发生，通常仅侵害个别羊只，病势及损失比绵羊痘轻。典型病例可见到典型的斑疹、丘疹、水疱、脓疱、结痂及痂皮脱落等病理过程，病羊发热，病死率较高。

一、临床诊断要点

根据本病流行特点、典型的临床症状及剖检病变，不难做出诊断。若要确诊，还需进行实验室诊断。

1. 流行特点

绵羊痘在养羊地区传染速度快、发病率高。流行初期个别羊发病，以后逐渐蔓延全群。自然情况下，本病仅发生于绵羊，不同品种、性别、年龄的绵羊都有易感性，羔羊容易感染，病死率也高，细毛羊较易感且病情也严重，妊娠母羊易引起流产。山羊痘发生率较低，病势也轻微，仅个别发生。羊痘流行时，山羊不感染绵羊痘，绵羊不感染山羊痘。

羊痘主要通过呼吸道感染，也可经损伤的皮肤和黏膜感染，饲养管理人员、用具、皮毛、饲料、垫草和外寄生虫都可成为传播媒介。本病多在冬末春初发生，呈地方性或广泛性流行。气候寒冷、雨雪、霜冻、枯草季节、饲养管理不良等因素可以促进发病和加重病情。

2. 临床症状特点

病羊病初体温高达41～42℃，精神不振，食欲减退，呼吸、脉搏增数，结膜潮红，鼻孔流出浆液或脓性分泌物。经1～4天后，在全身皮肤的无毛或少毛部位（如眼周、唇、鼻、乳房、外生殖器、四肢和尾内侧）相继出现红斑、丘疹（凸出于表面）、结节（半球状，呈灰白色或淡红色）、水疱（中央凹陷呈脐状，内容物为淋巴液样液体）、脓疱（内容物为脓性）、结痂，痂皮脱落后遗留一红色或白色瘢痕，而后痊愈等典型病理过程。非典型病例，常发展到丘疹期而终止，呈现良性经过，即“顿挫型”。有继发感染的病例痘疱发生化脓、坏疽，形成较深的溃

疡，发出恶臭味，多为转归不良，病死率可达20%~50%。

3. 病理变化

剖检病死羊，可见前胃和第4胃的黏膜有大小不等的圆形或半球形坚实结节，有的融合在一起形成糜烂或溃疡。咽和支气管黏膜也常出现痘疹，肺部有干酪样结节和卡他性炎症变化。严重的病例则见内脏多种器官如食道、气管黏膜、心、肺、肾、胃等都能见到明显的痘斑或结节。

4. 试验室检查

可用丘疹组织涂片，以姬姆萨染液或苏木紫-伊红染液染色，镜检，若在细胞质内发现深褐色，或红紫色/浅青色，或紫色/亮红色的球菌样圆形小颗粒即可确诊；也可用血凝抑制试验、琼脂扩散试验或中和试验来确诊。

5. 鉴别诊断

山羊痘病应与羊传染性脓包病加以区别。其要点是山羊痘病仅发生于山羊，在皮肤和黏膜上形成痘疹，并有发热和全身反应；而羊传染性脓包病发生于绵羊和山羊，主要在口唇和鼻周围皮肤上形成水疱、脓疮，后结成厚而硬的痂，一般无全身反应。

二、主要防治措施

1. 预防措施

1）加强饲养管理。羊圈要保持干燥清洁，抓好秋膘，做好防寒过冬工作。

2）饲养的羊只，每年定期预防接种。所用疫苗为：

① 羊痘鸡胚化弱毒疫苗。用生理盐水稀释25倍，摇匀，不论羊只大小，一律在尾部或股内侧皮内注射0.5毫升，注射后6天产生免疫力，免疫期为1年。可预防绵羊痘和山羊痘。

② 羊痘氢氧化铝疫苗。在尾部或肩胛骨后的皮下注射，3月龄以上绵羊5毫升、3月龄以下3毫升，注射后10天发生免疫力，免疫期5个月。预防绵羊痘。

3）购买羊只，注意不从疫区引进。正常引进时，要隔离饲养、观察2周以上，健康无疫病，再混群饲养。

4）发生疫情时，及时封锁疫点、疫区，隔离、治疗病羊，深埋处理病死羊，用消毒药如3%苯酚溶液、2%甲醛溶液或0.1%升汞溶液等彻底消毒环境和器具，垫草、吃剩的草料可置于阳光或紫外线下暴晒，能迅速杀死病毒。紧急接种受威胁羊只，病死羊做深埋处理。

2. 治疗措施

1）病羊皮肤上的痘疹可用2%来苏儿或1%醋酸溶液擦洗；有溃疡时可用1%硫酸铜溶液、1%明矾溶液或0.1%高锰酸钾溶液冲洗后，再涂以碘酊或甲紫药水。黏膜上的痘疹可用0.1%高锰酸钾溶液、甲紫药水、碘甘油或抗生素软膏涂抹。

2）为防止继发感染，可对病羊肌内注射抗生素（青霉素、链霉素等）或磺胺类药物。

3）为缩短病情，可用特异性疗法。皮下注射高免血清，大羊10～20毫升、小羊为5～10毫升，必要时可重复注射1次。

4）病羊在治疗用药的同时，要加强饲养管理，保持羊圈通风、保暖、干燥、清洁、卫生。

三、典型病例介绍

2004年3月24日，某乡兽医站门诊接诊一患病绵羊。

【主诉】 昨天羊开始发热，精神不好，吃草少，喘气粗、快。

【临床检查】 病羊精神不振，结膜潮红，鼻孔流出浆液或脓性分泌物。在眼睛周围、嘴唇、鼻端、乳房、外生殖器、四肢和尾内侧有大小、多少不等的红斑和突出于表面的丘疹，以及呈灰白色或浅红色半球状的结节和水疱，水疱中央凹陷呈脐状，内有淋巴液样液体。体温高达41～42℃，呼吸50次/分钟，脉搏89次/分钟。

【初步诊断】 排除羊传染性脓包病的可能，诊为绵羊痘。

【处理措施】

1）局部处理。用2%来苏儿涂擦病羊皮肤上的痘疹；有溃疡的地方用0.1%高锰酸钾溶液冲洗后，再涂以3%碘酊。眼、口周围黏膜上的痘疹，先用0.1%高锰酸钾溶液冲洗，再用碘甘油涂抹，每天2次，连用7天。

2）肌内注射抗生素。注射用青霉素200万国际单位、链霉素1.5克，注射用水10毫升，于颈部一次肌内注射，每天2次，连用5天，以防止继发感染。

3）加强饲养管理，多给饮用温水，喂给易消化的优质饲草、饲料，保持羊圈通风、保暖、干燥、清洁、卫生，每天用3%氢氧化钠溶液或0.1%百毒杀消毒。

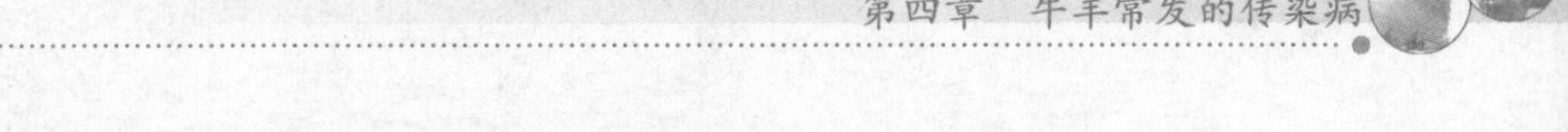

【转归】经连续7天的处理，逐渐康复。

第十六节　牛流行热

牛流行热又称三日热、暂时热，是由牛流行热病毒引起的一种急性、热性传染病。

一、临床诊断要点

1）本病奶牛、黄牛多发，水牛较少发生，羊不感染；3～5岁牛多发，1～2岁及6～8岁牛次之，犊牛及9岁以上牛少发，6月龄以下犊牛不发病。

2）病牛是主要的传染源，蚊、蝇、库蠓等吸血昆虫为传播媒介。

3）本病呈流行性或大流行，且具有明显的周期性，一般3～5年或6～8年流行1次，一次大流行之后，常隔一次较小的流行。流行多发生在夏末至秋初，高温炎热、多雨潮湿、蚊蠓多生的季节。

4）临床特征为突发高热（40℃以上），流泪，流鼻涕，口流泡沫样涎液，呼吸促迫，食欲废绝，反刍停止，后躯僵硬，四肢跛行，病程3～4天，一般取良性经过，很快恢复，发病率高，病死率低。

二、主要防治措施

1. 预防措施

预防措施主要是免疫接种。牛流行热灭活疫苗，牛颈部皮下注射4毫升，间隔3周相同剂量重复免疫1次。第2次免疫后3周产生免疫力，免疫期6个月。

2. 治疗措施

根据病情的发展，合理使用以下药物。

1）病初。30%安乃近注射液，每头牛10～30毫升，一次肌内注射；或10%氨基比林注射液每头牛10～20毫升，一次肌内注射，每天2次，连用3天；注射用青霉素钾每千克体重1万～2万国际单位，每天2次，连用3天；注射用硫酸链霉素每千克体重10～15毫克，每天2次，连用3天。

2）后期。脱水严重时，除使用上述药物外，可用生理盐水500毫升、5%的葡萄糖注射液1000毫克、注射用维生素C注射液2～4克、10%樟脑磺酸钠注射液10～20毫升，一次静脉滴注。

3）银翘解毒汤。金银花45克、连翘45克、生地45克、玄参45克、僵蚕90克、土茯苓90克、黄芩45克、木瓜30克、生甘草30克，共研细末，开水冲灌服。可随症加减，以跛行为主症者，加独活、秦艽、威灵仙；以食欲废绝为主症者，加茯苓、砂仁、白豆蔻。一般一次即可痊愈。

三、典型病例介绍

1983年9月22日，某县兽医院接诊一病牛。

【主诉】 昨晚吃草、饮水、反刍正常，今早突然高热、站立不动、强迫牵遛出现跛行。

【临床检查】 精神沉郁，反刍停止，两眼流泪、怕光，眼结膜潮红，眼睑肿胀，鼻流清涕，口流泡沫样涎液，呼吸促迫，后躯僵硬，四肢跛行。皮温增高，体温42℃，呼吸40次/分钟，脉搏85次/分钟。

【处理措施】 25%安乃近注射液10毫升×4支，一次肌内注射，每天2次，连用3天；注射用青霉素钾400万国际单位、注射用硫酸链霉素4克、注射用水20毫升，一次肌内注射，每天2次，连用3天。

【转归】 3天后痊愈。

第十七节 牛恶性卡他热

恶性卡他热是由疱疹病毒引起的一种致死性淋巴增生性传染病，其特征为高热，呼吸道、消化道黏膜的黏脓性坏死性炎性。

一、临床诊断要点

1. 流行病学特点

本病仅发生于牛，1～4岁牛较易感，绵羊可感染，但无明显症状，为带毒者。病原不能通过病牛传染给健康牛，只能通过带毒羊传染。发病无季节性，但冬季和早春多见病例。多为散发，有时呈地方性流行。发病率低，病死率高，为60%～90%。

2. 临床症状特点

本病表现4种病型：最急性型、消化道型、头眼型及慢性型。在我国，头眼型最常见，也最典型，且几种类型常常混合发生。

临床主见高热稽留（41～42℃），鼻眼流出少量分泌物；口、鼻腔黏膜充血、坏死、糜烂，口流臭味黏液；黏脓样鼻液形成黄色长线状由鼻端垂于地面；眼怕光、流泪，眼睑闭合，继而发生虹膜睫状体发炎和角膜炎，角膜混浊；炎症蔓延到额窦，会使头颅上部隆起，有些病例出现神经症状等。最急性型病程1～3天，特征症状未表现即死亡；消化道型常取死亡结局；头眼型常伴发神经扰乱，预后不良，一

般病程4～14天，表现轻微时可恢复，病死率很高。

3. 病理变化特征

以临床症状而定，最急性型没有或仅有轻微变化；头眼型以类白喉性坏死性变化为主，鼻甲骨、筛骨和角床骨坏死，喉头、气管、支气管黏膜充血、出血和伪膜；消化道型以消化道黏膜变化为主，真胃和肠黏膜出血性炎症，部分形成溃疡。

4. 鉴别诊断

应注意与牛瘟、牛病毒性腹泻—黏膜病、口蹄疫、蓝舌病相区别。

二、主要防治措施

1. 预防措施

1）牛羊不要混群饲养，尽量避免牛、羊的接触。

2）加强牛舍和饲养用具的消毒，可用0.1%百毒杀或3%氢氧化钠溶液消毒。

2. 治疗措施

无特效疗法，可试用以下方法。

1）用0.1%雷佛奴耳溶液冲洗口、眼、鼻部黏膜。

2）注射用盐酸土霉素，每千克体重2.5～5毫克，溶于5%葡萄糖注射液500毫升中，静脉滴注，每天2次，连用5天。

3）抗牛瘟血清150～300毫升，颈部皮下注射，每天1次，连用2～3次。

4）自家血疗法。颈静脉抽血60毫升，一次皮下或肌内注射，隔天1次，每次增加20毫升，3次为1个疗程。效果较好。

三、典型病例介绍

1985年11月7日，某县兽医站门诊接诊一病牛。

【主诉】　昨天牛开始发热，没精神，吃草减少，眼流泪，流鼻涕。

【临床检查】　精神沉郁，呼吸浅快；口腔、鼻腔黏膜充血、坏死、糜烂，口流臭味黏液；鼻腔流出黄色黏脓样鼻液；眼睛畏光、流泪、闭眼。体温41.5℃，呼吸40次/分钟，脉搏83次/分钟。

【初步诊断】　排除牛瘟（国内早已消灭）、口蹄疫（局限在口腔、鼻镜、蹄部和乳房，鼻腔、眼的病变不明显），诊为牛恶性卡他热。

【处理措施】

1）局部冲洗。用0.1%雷佛奴耳溶液冲洗口、眼、鼻部黏膜，每天

2 次，连用 5 天。

2）静脉注射抗生素。注射用盐酸土霉素 4 克，溶解在 5% 葡萄糖溶液 500 毫升，静脉滴注，每天 2 次，连用 5 天。

3）补液。5% 葡萄糖生理盐水 500 毫升 ×2 瓶、5% 葡萄糖注射液 500 毫升、10% 葡萄糖注射液 500 毫升、注射用维生素 C 3 克，一次滴注。每天 1 次，连用 7 天。

4）自家血疗法。自颈静脉抽血 60 毫升，一次皮下注射，隔天 1 次。每次增加 20 毫升，3 次为 1 个疗程。

【转归】 10 天后，食欲、精神恢复较好，基本痊愈。

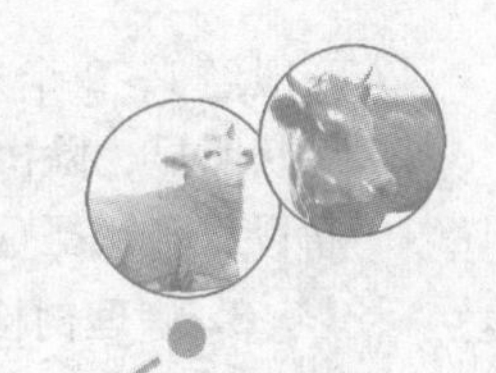

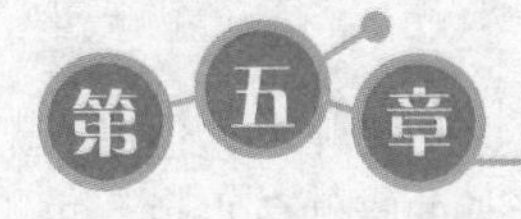

第五章 牛羊常发的寄生虫病

第一节 片形吸虫病

片形吸虫病是由肝片形吸虫和大片形吸虫寄生于牛、羊、骆驼等反刍动物的肝脏、胆管内引起的寄生虫病，是牛羊主要的寄生虫病之一，常呈地方性流行，特征性症状是急性或慢性肝炎和胆管炎，急性时伴发全身性的中毒现象，慢性时伴发营养不良。尤其是幼畜和绵羊，常引起大批死亡。慢性型病例使动物生产能力下降和产品质量降低，如发育受阻、育肥速度减慢、产乳量减少、病肝废弃和病灶剥离等，造成严重的经济损失。

一、临床诊断要点

1. 流行病学特点

1）分布广泛，全国各地都有。

2）宿主范围广，除牛羊外，人、猪、马属动物、兔和一些野生动物均可感染，尤以牛羊最易感，绵羊最敏感。

3）经口感染是本病唯一的感染途径。

4）季节性发生，流行于春末、夏、秋季节。

5）地方性流行，本病多发于雨水较多而低洼、潮湿或沼泽地带的放牧地区。

2. 临床诊断要点

1）夏末和秋季，绵羊和犊牛多发急性型，呈现急性肝炎症状；表现为精神沉郁，体温升高，食欲减退或废绝，排黏液样血便；肝区压痛明显，可视黏膜苍白，红细胞和血红蛋白显著降低，通常于出现症状3～5 天内死亡。

2）冬、春季节，成年牛羊多呈慢性型。病羊表现为逐渐消瘦，被毛粗乱，食欲不振，贫血，眼睑、颌下、胸、腹下部出现水肿，便秘与下痢常交替发生，一般无黄疸。叩诊肝脏的浊音界扩大。后期逐渐恶化，一般经1~2个月后，因全身衰竭而死亡。成年牛症状一般不明显，犊牛症状明显，除出现羊的症状以外，往往表现为前胃弛缓、腹泻，周期性瘤胃鼓胀。严重感染者也会引起死亡。

3. 病理剖检特征

剖检病死牛羊，急性型病例可见急性肝炎变化，肝脏肿大，包膜有纤维素沉积，有出血斑块，肝实质常见有2~5厘米长的暗红色虫道，虫道内有凝固的血液和少量童虫，腹腔内有血色液体。慢性型病例，主见慢性肝炎、慢性胆管炎和贫血变化，肝脏肿大，实质萎缩，色淡、质硬，边缘钝圆，胆管肥厚、增粗、扩张呈绳索样突出于肝脏表面；胆管壁粗糙，有盐类沉积，切开时有“沙沙”声，胆管内充满虫体和污浊稠厚呈棕褐色的黏性液体；有胸腹腔及心包积液（彩图29~彩图31）。

4. 实验室诊断

方法有多种，临床常用粪便虫卵检查，其方法步骤参见第一章第四节有关内容。检查发现较多椭圆形、金黄色或黄褐色，前端较窄、后端较钝，有1个不明显卵盖的较大虫卵。卵壳较薄、透明，可见到卵内充满卵黄细胞，偏前端有1个卵胚细胞的肝片形吸虫卵（图5-1），即为肝片形吸虫病。

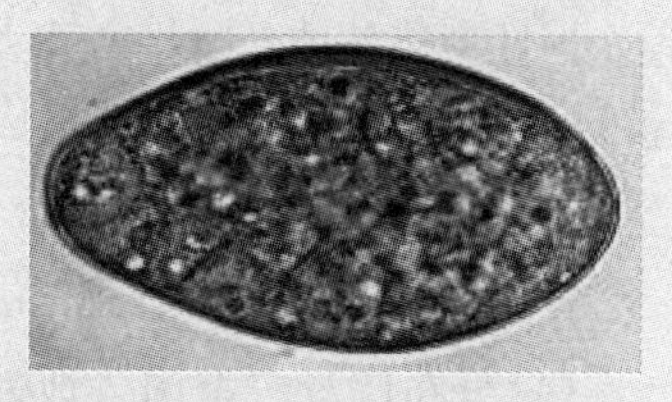
图5-1　肝片形吸虫卵

二、主要防治措施

1. 预防措施

1）定期驱虫。北方地区每年2次，南方地区终年放牧，每年3次。

① 秋末冬初，牛羊由放牧转为舍饲时进行，驱虫药物可用肝蛭净，对成虫、幼虫和童虫均有效。

② 冬末春初，牛羊由舍饲转为放牧之前进行，驱虫药物可用广谱驱虫药丙硫咪唑（阿苯达唑）。

③ 春末夏初，南方地区再增加1次驱虫，驱虫药物使用肝蛭净。

2）粪便无害化处理。每天清理牛羊舍内粪便，堆积封存1~2个月，靠粪便发酵、产热杀死其内的虫卵。

实验证明，粪便发酵可使温度达到80℃以上，能杀死包括虫卵在内的所有病原体。

3）消灭中间宿主。放牧地区要进行经常性地灭螺，其方法有3种。

① 结合水土改造、草场改良等，填平低洼处，使淡水螺失去滋生环境。

② 化学灭螺，每年3~5月可用血防67（含量为0.00025%或2.5毫克/升水）对低湿水洼进行灭螺，用药后5小时，椎实螺的病死率可达94%，24小时为100%。注意该药对哺乳动物的毒性很低，但对鱼类有毒性。沼泽地可用硫酸铜溶液（施用比例为1∶50000）或20%氨水等灭螺。

③ 生物灭螺，饲养鸭等水禽来减少淡水螺的数量，这是最好的灭螺方法。

4）注意饲草和饮水卫生。放牧时注意选择高燥地势，躲避低洼、潮湿地，有条件的地区，实行划地轮牧，每月换一块牧地，3个月轮换1次，以减少感染的机会；舍饲羊只，割自河边、溪旁、低洼潮湿地的草，要经过2~4周的阳光直射，以杀死附着在其上的囊蚴；饮水最好用自来水、井水或流动的河水，并保持水源清洁。

2. 治疗措施

临床常用驱虫药物有以下几种。

1）硝氯酚（拜耳9015）。特效药，对驱除成虫有很好疗效，对童虫无效。内服，用量为每千克体重4~5毫克，一次灌服；深部肌内注射，用量为每千克体重牛0.5~1毫克、羊0.75~1毫克。

2）丙硫苯咪唑（阿苯达唑、抗蠕敏）。广谱驱虫药，对成虫效果好，童虫较差。用量为每千克体重15~25毫克，一次灌服。

3）硫氯酚（别丁）。用量为每千克体重牛40~50毫克、羊80~100毫克，一次灌服，对驱除成虫有很好疗效。

4）三氯苯唑（肝蛭净）。对成虫、幼虫、童虫均有高效驱杀作用。用5%的混悬液或含250毫克的丸剂，以每千克体重12毫克的用量一次灌服。可用于急性型病例，但食用产品的休药期肉为14天，乳为10天。

5）溴酚磷（蛭得净）。对成虫、童虫均有良效。用量为每千克体重16毫克，一次灌服。常用于急性型病例。

6）碘醚柳胺。用量为每千克体重7.5毫克，一次灌服，对驱除成虫和6~12周的未成熟的肝片形吸虫均有很好疗效。

注意

使用驱虫药的同时，要适当配合健胃、强心、补液等对症治疗，改善饲养管理等护理措施，才能取得好的疗效。

第二节 双腔吸虫病

双腔吸虫病是由矛形双腔吸虫和中华双腔吸虫寄生于牛羊等多种反刍动物的胆管和胆囊内所引起的人畜共患寄生虫病。双腔吸虫原名歧腔吸虫，故又称歧腔吸虫病。特征性症状为胆管炎、肝硬化，并导致代谢障碍和营养不良，且常与肝片形吸虫混合感染，严重时可导致死亡。

一、临床诊断要点

牛羊双腔吸虫病的诊断基本同片形吸虫病，主要根据流行病学、临床症状可做出初步诊断，通过生前粪便检出虫卵或死后病理剖检发现大量虫体即可确诊。

1. 流行病学特点

1）地方性流行。主要分布于西南、东北、华北、西北等地。

2）季节性发生。北方，一般夏、秋季感染，冬、春季发病；南方，全年可发病。

3）感染特点。表现为多宿主性，可感染包括反刍动物、马、兔、野生动物在内的70多种哺乳动物；且随着动物年龄增加，其感染率和感染强度也逐渐增加。

2. 临床症状特点

多数病牛羊症状轻微或不表现症状。严重感染时，尤其在早春，就会表现出严重的症状。一般表现为慢性消耗性疾病的临床特征，如精神沉郁、食欲不振、渐进性消瘦、可视黏膜黄染、贫血、颌下水肿、腹泻、行动迟缓、喜卧等。严重的病例可导致死亡。

有些病羊常继发肝源性光敏症，其表现为，在阳光明媚的上午（10～11点）放牧时，病羊耳和头面部突然发生急性水肿，影响采食、视物，有的全身症状恶化，常可引起死亡；不死者肿胀难以消退，往往形成大面积破溃、渗出、结痂或继发细菌感染等。

3. 病理变化特征

病死牛羊可见肝脏肿大变硬，胆管扩张，管壁增厚；挤压切开的肝脏断面，常见从大、小胆管内流出多量黄白色脓性物，内含大量不同发育阶段的虫体和虫卵。胆囊肿大，胆汁内也混有大量不同发育阶段的虫体和虫卵（彩图32）。

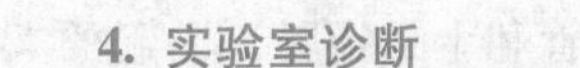

4. 实验室诊断

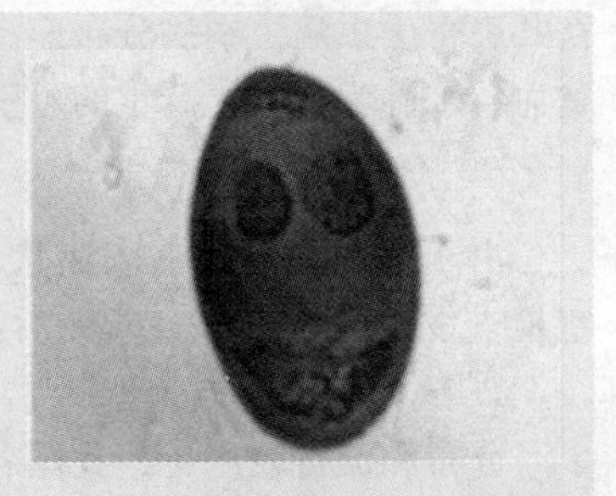

图 5-2　双腔吸虫卵

采集病畜粪便进行虫卵检查，发现大量体积较小、似卵圆形的褐色虫卵，虫卵一端具有稍倾斜的卵盖，透过卵壳可见包在胚膜中的毛蚴，毛蚴体前端有三角形神经团，体后部有 2 个圆形的排泄囊包（图 5-2），即为双腔吸虫病。

二、主要防治措施

1. 预防措施

基本上同肝片形吸虫病。

1）在秋末和冬季进行定期驱虫，注意防止虫卵污染牧场。

2）粪便无害化处理，舍饲牛羊每天清理羊舍内粪便，堆积封存 1～2 个月。

3）消灭中间宿主，在放牧地区要经常性地消灭陆地螺和蚂蚁，如采取开荒种草、烧荒等措施。

4）注意饲草和饮水卫生，放牧时注意选择蚁窝较少的干燥牧地；舍饲羊只，割自河边、溪旁、低洼潮湿地的饲草，要经过 2～4 周的阳光直射，且最好架起来晒，以杀死附着在其上的囊蚴，并避免蚂蚁吞食尾蚴；饮水最好用自来水、井水或流动的河水，并保持水源清洁。

2. 治疗措施

常用的驱虫药物有：

1）丙硫苯咪唑。牛羊按每千克体重 20～30 毫克，一次灌服；或用灭菌植物油配成油剂于腹腔注射，疗效可达 96%～100%。

2）噻苯达唑。牛羊按每千克体重 50～100 毫克，一次灌服。

3）吡喹酮。牛羊按每千克体重 10～35 毫克，一次灌服，疗效甚好。

4）海涛林（三氯苯丙酰嗪）。按每千克体重牛 30～40 毫克、羊 40～60 毫克，配成 2% 的混悬液，一次经口灌服，有特效。

5）六氯对二甲苯（血防 846）。牛羊按每千克体重 200～300 毫克，一次灌服，隔天 1 次，连用 2 次，驱虫率可达 100%。

第三节　阔盘吸虫病

阔盘吸虫病是由双腔科阔盘属的胰阔盘吸虫等多种吸虫寄生于牛羊

等反刍动物和兔、猪、人的胰管内（少见于胆管和十二指肠）引起的人畜共患寄生虫病。本病分布广泛，感染普遍，以营养障碍、腹泻、消瘦、贫血、水肿为特征，严重的可引起大批动物死亡。

一、临床诊断要点

由于流行病学和临床症状均无特征性，故生前诊断需要结合实验室检查发现大量虫卵，或死后剖检胰脏发现大量虫体均也可确诊。

1. 流行病学特点

分布和流行较广泛，我国各地均有报道，但以东北、西北和西南的放牧地区流行最普遍、感染率最高；易感动物的种类较多，牛、羊、骆驼、猪和人类均可感染；本病流行与陆地螺、草螽的分布和活动关系密切；牛羊等动物的发病呈现一定的季节性，多在冬、春季节发病。

2. 临床症状特点

临床表现，取决于虫体寄生的数量和动物的体质。寄生数量少时，可不表现临床症状；严重感染时，常发生慢性代谢失调和营养障碍，表现为消化不良、精神沉郁、消瘦、贫血、颌下、胸前水肿（彩图 33）、腹泻、粪便中带有黏液，最终可因恶病质而死亡。

3. 病理剖检特征

死后剖检胰脏，在胰管或胆管、十二指肠内能发现大量虫体。

4. 实验室检查

生前诊断需要采集粪便，进行水洗沉淀法虫卵检查，发现较多体积较小的黄棕色椭圆形虫卵，虫卵两侧稍不对称，一端具有卵盖。透过卵壳可见卵内含有毛蚴（图 5-3）的阔盘吸虫卵，即为阔盘吸虫病。

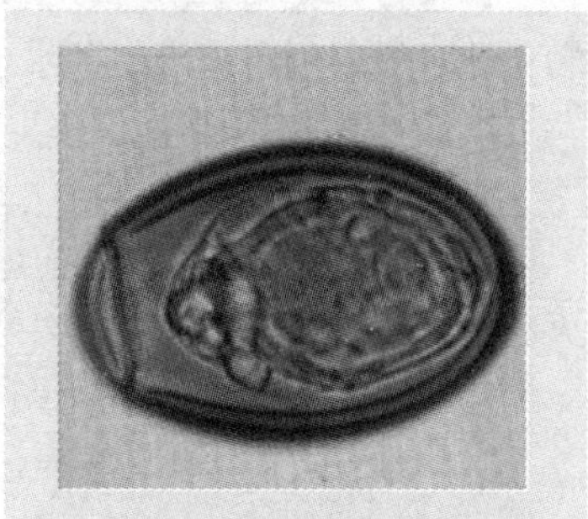

图 5-3　阔盘吸虫卵

二、主要防治措施

1. 预防措施

基本上同肝片形吸虫病。包括在秋末和冬季进行定期驱虫，消灭病原体，注意防止虫卵污染草原；将粪便无害化处理，每天清理羊舍内粪便，堆积封存 1 ~2 个月；消灭中间宿主，在放牧草场要经常采取措施消灭蜗牛和草螽，如开荒种草、实行划地轮牧，减少羊只感染胰阔盘吸虫的机会。

2. 治疗措施

常用的驱虫药物有：

1）六氯对二甲苯（血防 846）。每千克体重牛 200 毫克、羊 200～250 毫克，一次内服，隔天 1 次，3 次为 1 个疗程。驱虫率 100%。注意，驱虫后 5 天内将有大量虫卵随粪便排出，要随时收集粪便，堆积发酵。

2）吡喹酮。牛羊每千克体重 10～35 毫克，一次内服；或按每千克体重 30 毫克，用液状石蜡或植物油配成灭菌油剂于腹腔注射，疗效均好。

第四节　前后盘吸虫病

前后盘吸虫病是由前后盘科各属吸虫寄生于牛、羊、鹿等反刍动物的瘤胃和胆管中所引起的寄生虫病的总称。前后盘吸虫包括前后盘属、殖盘属、腹袋属、菲策属、卡妙属等多种吸虫，成虫寄生于瘤胃内，童虫寄生于皱胃、小肠、胆管和胆囊，寄生数量大时，可引起严重疾病，甚至导致死亡。

一、临床诊断要点

牛羊前后盘吸虫病的生前诊断：根据流行病学和临床症状，结合实验室检查，发现粪便中的大量虫卵即可确诊。死后诊断：病理剖检，在瘤胃等处发现大量成虫，皱胃、小肠和肝胆内发现大量童虫和幼虫及相应的病理变化，也可以确诊。

1. 流行病学特点

本病在我国广泛分布和流行，动物感染率高，感染强度大，且多为混合感染；感染动物为各种反刍动物，如牛、羊、鹿等。本病的发生和流行，有明显的季节性，主要与当地气温、中间宿主的繁殖发育季节及牛羊等放牧情况有密切关系，南方可常年感染，北方主要在 5～10 月感染，多雨年份易造成本病的流行。

2. 临床症状特点

成虫的感染强度较大时，危害较轻，多为慢性消耗型的症状，如食欲减退、消瘦、贫血、颌下水肿、腹泻，体温一般正常；大量童虫在皱胃、小肠、胆管和胆囊内移行和寄生时会引起急性、严重的临床症状，甚至导致死亡，如精神委顿，顽固性下痢，粪便呈粥样或水样、有腥臭味，有时可见幼虫随粪便排出；严重感染时，食欲废绝，极度贫血，消瘦，体温升高；最后卧地不起，衰竭死亡。

3. 病理剖检

采集病畜粪便进行虫卵检查，发现较大的呈椭圆形、浅灰色的虫卵，卵黄细胞不充满整个虫卵（图5-4），即可确诊。

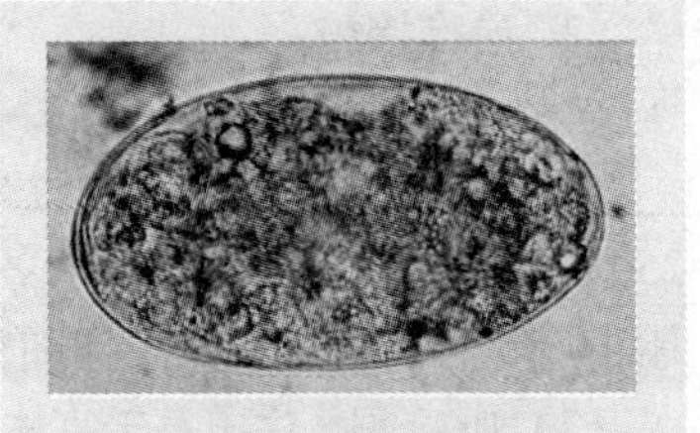

图5-4　前后盘吸虫卵

二、主要防治措施

1. 预防措施

1）消灭中间宿主。用化学、生物等方法灭螺或改良土壤，使潮湿、沼泽地干燥，造成不利于淡水螺类生存的环境。

2）防止羊只感染。不在低洼、潮湿之地放牧、饮水。

3）定期驱虫。舍饲期间进行驱虫，药物同治疗用药。

2. 治疗措施

可用下列药物治疗：

1）氯硝柳胺。按每千克体重牛40~60毫克、羊60~70毫克，一次内服，对成虫、童虫、幼虫均有效。

2）硫氯酚（别丁）。按每千克体重牛40~60毫克、羊80~120毫克，一次内服，对成虫、童虫、幼虫均有效。

第五节　莫尼茨绦虫病

莫尼茨绦虫病是由莫尼茨绦虫寄生于牛羊等反刍动物的小肠中引起的寄生虫病。本病是反刍动物最重要的寄生虫病之一，分布非常广泛，多呈地方性流行，对1.5~8月龄羔羊和当年生的犊牛危害尤为严重，不仅影响其生长发育，常可引起大批死亡。

一、临床诊断要点

莫尼茨绦虫病的诊断要根据流行病学资料，结合临床症状及粪便检查进行。

1. 流行病学特点

1）牧区呈地方性流行，农区较轻。

2）季节性发生和流行，南方一般在2~3月开始感染，4~6月达到高峰，北方在5~8月感染，8月以后逐渐降低。

3）动物的易感性有明显的年龄差异，2月龄内的新生羔羊就可感染，2~5月龄感染率最高，8月龄后病羊获得了免疫力而迅速排出虫体

并不再重复感染，一般成年牛羊的感染率极低。

2. 临床症状特点

成年牛羊一般不显症状。患病羔羊表现为精神不振，食欲减退，渴欲增加，粪便变软，后发展为腹泻，粪便中混有黏液和绦虫的孕卵节片。后消瘦，衰弱，贫血，有时有明显神经症状，如回旋运动、步样蹒跚、时有震颤等。病末期，病羔羊弓背，不能起立，并经常做咀嚼样动作，口周围有泡沫，精神极度委顿，反应迟缓，终至死亡。

3. 粪便检查

本病的确诊主要是查看新鲜粪便表面，找到活动性的呈黄白色的孕卵节片（似煮熟的米粒），将其夹在两块载玻片间压薄，根据虫体的内部结构和虫卵的特点，即可确诊。也可用漂浮法或沉淀法检查粪便中的虫卵。见到大量灰白色、内有灯泡样的梨形器，内含六钩蚴的虫卵（图5-5），即可确诊。

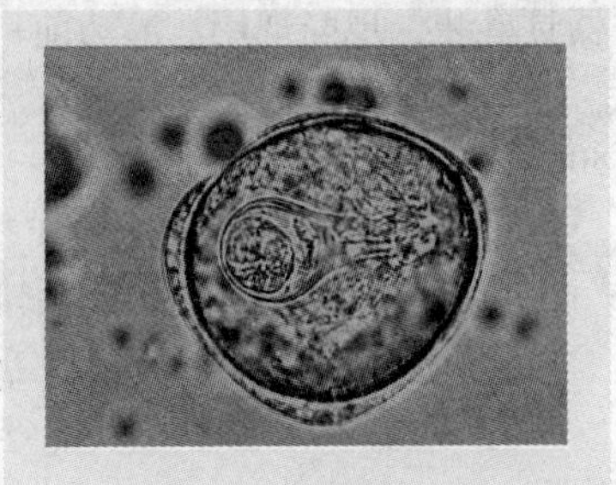

图5-5　莫尼茨绦虫卵

二、主要防治措施

1. 预防措施

1）预防性驱虫。

① 从舍饲转为放牧前，对整个牛羊群进行一次驱虫。

② 放牧后4～5周时进行“成虫期前驱虫”。

③ 第2次驱虫后间隔4周，再进行第3次驱虫；驱虫药可用1%硫酸铜溶液，根据羊只大小，每头羊灌服15～100毫升，或灌服吡喹酮、阿苯达唑、硫氯酚、氯硝柳等驱虫药。

注意

驱虫后，牛羊群要及时地转移到清净的安全牧场。

2）控制中间宿主。地螨分布广泛，生命力强，生存时间长，而且一个地螨体内可带有大量的似囊尾蚴（幼虫）。要采取的控制措施主要有：

① 净化牧场。可采用污染牧地空闲2年后再利用的牧场净化措施。

② 减少地螨滋生。可采用土地耕作几年后再播种高质量的牧草。

③ 合理放牧。草场轮牧以减少感染机会；避免在低湿地、清晨、黄昏和雨后放牧，以减少感染。

2. 治疗措施

常用的治疗药物：

1）1%硫酸铜溶液。羊1~3月龄15~30毫升、3~6月龄30~40毫升、6~9月龄45~80毫升、成年绵羊80~100毫升、成年山羊不超过60毫升。配制时用蒸馏水或没有接触过金属器具的井水，且不可用金属器具盛装，现配现用。灌药前一天停止饮水。

2）氯硝柳胺（灭绦灵）。按每千克体重牛60~70毫克、绵羊75~80毫克，羔羊每头最低剂量1克，制成10%水悬液，一次灌服。

3）硫氯酚（别丁）。牛羊按每千克体重100毫克，一次灌服。

4）羟溴柳胺。按每千克体重牛50毫克、绵羊100毫克，一次灌服。

5）吡喹酮。牛羊按每千克体重75毫克，一次灌服。

6）丙硫苯咪唑（阿苯哒唑）。牛羊按每千克体重10~20毫克，一次灌服。

7）苯硫达唑（芬苯达唑）。牛羊按每千克体重5~10毫克，一次灌服。

8）甲苯咪唑（甲苯达唑）。牛羊按每千克体重20毫克，一次灌服。

三、典型病例介绍

2007年6月，某县兽医院接诊一患病羔羊。

【主诉】 羊羔出生3个多月，一般跟着母羊放牧，前几天发现吃草少，喝水多，拉稀粪，找兽医治过，用的抗生素，没见好。

【临床检查】 患病羔羊表现为精神不振，食欲不好，腹泻，粪便中可见黏液和绦虫的孕卵节片。

【诊断】 莫尼茨绦虫病。

【处理措施】

1）吡喹酮0.8克，一次灌服。

2）5%葡萄糖注射液300毫升、维生素C注射液10毫升，一次滴注。

【医嘱】 注意多给清洁饮水，每天饮淡盐水200~300毫升。

【转归】 2周后回访，痊愈。

第六节 棘球蚴病（包虫病）

棘球蚴病，又称包虫病，是由细粒棘球绦虫等多种绦虫的中绦期幼

虫——棘球蚴（也称包虫）寄生于牛、羊、猪、人及其他动物肝、肺和其他器官中所引起的，一类重要的、危害极为严重的人畜共患慢性寄生虫病。成虫寄生于犬、狼等犬科动物的小肠内，牧区多发，绵羊最易感，肝脏内寄生最普遍，肺脏次之。在《中华人民共和国动物防疫法》中被列为三类疫病。

我国棘球蚴病为典型的家养动物循环型，即病原循环于有蹄家畜和家犬、牧犬之间。绵羊是最适宜的中间畜主，其他有蹄家畜如马、驴、骡、黄牛、牦牛、水牛、骆驼、山羊和猪等也有不同程度的感染。人体棘球蚴病以慢性消耗型为主，使患者丧失劳动能力。它阻碍畜牧业的发展，摧残人的生命和健康。

一、临床诊断要点

本病的生前诊断除根据流行病学特点和临床症状外，还要进行皮内变态反应试验；死后诊断要进行尸体剖检，查找棘球蚴囊包，并做囊内容物检查以资鉴别。

1. 流行病学特点

1）地方性流行。主要分布于西北农牧地区，以放牧地区多发，以新疆维吾尔自治区（新疆）、内蒙古自治区（内蒙古）、青海、甘肃流行最广，其中新疆最为严重。

2）绵羊感染率最高，受威胁最大。犬、狼等犬科动物能播撒虫卵，为重要传染源；羊接触或吞食被虫卵污染的饲草或饮水，经口感染。患棘球蚴病的病羊内脏丢弃，被犬、狼吞食而感染，所以牧区绵羊与犬科动物形成循环链。

2. 临床症状特点

临床表现因棘球蚴寄生数量和部位不同而异。寄生数量不多时，无明显症状；严重感染时，常表现为消瘦，被毛逆立，易脱落，发育不良，呼吸困难，咳嗽等全身症状。寄生于肺部时有明显的咳嗽、喘息和呼吸困难，一般在连续咳嗽后，羊躺卧地上，肺部压痛明显；寄生于肝脏时，导致消化失调，表现消瘦，贫血，黏膜黄染，肝脏区压痛明显，倒地不起而死亡。各种易感动物中，绵羊最敏感，病死率最高。

3. 病理变化特征

剖检病死羊可见肺、肝脏表面凹凸不平，有数量不等的棘球蚴包囊突出于表面，实质中也可发现大小不等的棘球蚴包囊。有时棘球蚴也可发生钙化和化脓。在其他脏器、肌肉及皮下偶尔也可发现棘球蚴（彩图34、彩图35）。

4. 皮内变态反应试验

利用羊棘球蚴病皮内变态反应试验进行免疫生前诊断，效果较好。其操作方法是：取新鲜棘球蚴囊液，无菌过滤（除去原头蚴）后，在动物颈部皮内注射滤液0.1～0.2毫升，注射后5～10分钟观察注射部位，若出现直径0.5～2厘米的红斑，并有肿胀或水肿，即为阳性反应。

注意事项：一是设对照，在相近部位用等量生理盐水注射；二是该方法与感染其他绦虫蚴的羊能产生交叉反应现象，会出现假阳性反应，准确率仅为70%左右；三是囊液储备，取新鲜棘球蚴囊液加0.5%的氯仿，密封保存在冷暗处，备用。

二、预防措施

本病尚无有效疗法，比较可靠的方法是手术摘除棘球蚴或切除被寄生的器官，该法适用于病人，不适于羊等家畜。只能针对本病流行的各个环节，制订切实可行的措施，阻断棘球蚴病的传播途径。

1）加强家犬和牧犬的管理和定期驱虫，至少每个季度进行1次驱虫。常用驱虫药物有：吡喹酮，按每千克体重5毫克，一次灌服；氢溴酸槟榔碱，按每千克体重1～4毫克，一次灌服。服药后栓留24小时，并将所排出的粪便烧毁或深埋处理。此外，也可用甲苯咪唑和亚砜咪唑驱虫。

2）加强兽医卫生管理，屠宰场牧区发现有棘球蚴寄生的内脏，一律烧毁或深埋，严禁用来喂犬和随便丢弃。防止饲草、饮水被犬粪污染，切断循环链。

3）羊饲养场、户要保持畜舍、饲草、饲料和饮水卫生，防止被犬粪污染。

4）经常与犬接触的人员，应严格注意个人防护，防止虫卵感染。

发现病畜，紧急屠宰，高温处理肉尸，销毁内脏。

第七节 消化道线虫病

消化道线虫病是指寄生在牛羊消化道的多种线虫所引起的寄生虫病的总称，包括寄生于牛羊第4胃和小肠的毛圆科线虫病，寄生于牛羊小

肠的仰口线虫病，以及寄生于牛羊大肠的食道口线虫病、夏伯特线虫病和寄生于牛羊盲肠的毛尾线虫病等。其共同特点是分布和流行广泛，对牛羊危害严重，尤其是给养羊业造成重大损失。

一、临床诊断要点

1. 流行病学特点

牛羊消化道线虫病分布、流行广泛，危害较大。感染有一定的季节性，春季为感染发病高潮。本病可发生于各月龄牛羊，但主要危害羔羊和犊牛，严重感染时可引起大批死亡，尤其是食道口线虫、夏伯特线虫和毛尾线虫的感染。各种消化道线虫常常呈混合感染，出现较重的临症和一定的病死率。

2. 临床症状特点

牛羊消化道线虫病严重感染时，会影响机体正常的消化机能和对营养物质的吸收，引起以贫血、消化功能紊乱、营养障碍和衰竭为主的临床表现。各种消化道线虫由于寄生部位不同，其临床表现各异。

（1）毛圆科线虫病　以捻转血矛线虫为代表的毛圆科线虫寄生于牛羊的第4胃和小肠，以吸食宿主血液为生，并常与仰口线虫、夏伯特线虫、毛尾线虫混合感染。其临症特点是失血性贫血，消化机能紊乱，营养障碍，继发感染，下痢。症见病羊精神沉郁，食欲不振，高度营养不良，渐进性消瘦，可视黏膜苍白，下颌和下腹部水肿，腹泻和便秘交替发生，最后可因衰竭而死。死亡多发生在春季。

（2）仰口线虫病　仰口线虫寄生于牛羊的小肠。症见病羊进行性贫血，严重消瘦，下颌水肿，顽固性下痢，粪便带血。幼羊发育受阻，有时出现神经症状，最后因恶病质而死亡。

（3）夏伯特线虫病　夏伯特线虫幼虫附着在大肠的肠壁或钻入肌层发育，成虫在肠黏膜上寄生。症见患羊消瘦，贫血，粪便带有多量黏液和血液，有时下痢，幼羊生长、发育缓慢，食欲减退，下颌水肿，有时可引起死亡。

（4）毛尾线虫病　毛尾线虫寄生于牛羊的盲肠，引起盲肠黏膜的卡他性炎症。症状基本同夏伯特线虫病。

（5）食道口线虫病　食道口线虫寄生于牛羊的大肠。第3期幼虫钻入结肠固有层的深部进行发育，导致肠壁形成卵圆形结节，故名结节虫病。第4期幼虫至成虫均在肠腔内发育和寄生。症见持续性腹泻，粪便暗绿色，富含黏液，有时带血。慢性病羊表现便秘和腹泻交替发生，渐进性消瘦，下颌水肿，最后可因机体衰竭而死。

二、主要防治措施

1. 预防措施

1）改善饲养管理，提高牛羊营养水平，尤其在冬、春季节，应给羔羊和犊牛合理地补充精料和矿物质，提高其抗病力，可缩短虫体寄生时间。

2）注意饲料、饮水的清洁卫生，饮用流动水或井水，尽可能地避免在低洼潮湿地区和开幼虫活跃时间放牧，以减少感染机会。

3）定期驱虫，每年春、秋两季分别进行1次，以2月和11月为宜。驱虫、治疗期间应将粪便进行生物热处理。

4）流行季节，应经常进行粪便虫卵检查，发现有感牛羊，及时进行驱虫治疗，同时对全群进行预防性驱虫。

5）有条件的地区，可实行划地轮牧或不同畜种之间的轮牧以减少感染机会。

2. 治疗措施

结合对症、支持疗法，对牛羊选用以下驱虫药物。

1）左旋咪唑。按每千克体重8～10毫克，一次灌服。

2）阿苯达唑。按每千克体重10～15毫克，一次灌服。

3）甲苯达唑。按每千克体重10～15毫克，一次灌服。

4）伊维菌素。按每千克体重0.2毫克，一次灌服或皮下注射。

第八节 牛犊新蛔虫病

牛犊新蛔虫病是由牛新蛔虫（又称牛弓首蛔虫）寄生于犊牛的小肠所引起的寄生虫病，主要表现虫性肠炎、腹泻、腹部膨大和腹痛等症状，大量感染可引起犊牛死亡，对养牛业危害很大。

一、临床诊断要点

1）本病主要发生于5月龄以内的犊牛；自然感染病例，2周～4月龄犊牛小肠中有成虫寄生；成年牛只在其组织、器官中见有移行阶段的幼虫，肠道中并无成虫存在。犊牛的感染一般通过胎盘的生前感染或通过乳汁的出生后感染，而母牛的感染是吞食了犊牛排出的虫卵。

2）出生2周后的犊牛感染症状最严重，表现为精神不振，后肢无力，不愿活动，嗜睡；吸乳无力或停止哺乳，腹胀、腹痛，消化不良、

腹泻，排出稀糊样灰白色腥臭粪便，有时带有黏液或血液，呼出气有刺鼻的酸味。大量虫体寄生时，可引起肠阻塞或穿孔，病死率很高。成年牛感染后，无明显临床症状，但乳汁有特殊的腥味。

3）实验室诊断：采集病牛粪便，进行粪便虫卵检查，具体操作方法步骤参见第一章第四节相关内容。发现大量近于球形，呈浅黄色，壳厚，外层呈蜂窝状，内含1个胚细胞的中等大小虫卵即可确诊。

二、主要防治措施

1. 预防措施

1）预防性驱虫。在犊牛出生后10～30天进行，驱虫药物可选用精制敌百虫、左旋咪唑、阿苯达唑、伊维菌素等。

2）保持环境卫生。勤清扫牛舍和运动场的垫草、粪便，并进行堆积发酵处理。

3）隔离饲养。犊牛出生后尽量与母牛分开饲养，以减少母牛的感染。

2. 治疗措施

1）选择适宜的驱虫药物。

① 精制敌百虫：每千克体重20～40毫克，一次灌服。

② 盐酸左旋咪唑注射液：每千克体重8～10毫克，一次肌内注射。

③ 丙硫苯咪唑：每千克体重10～15毫克，一次灌服。

④ 1%伊维菌素注射液：每千克体重0.2毫克，一次皮下注射。

2）对症治疗。

① 注射用硫酸链霉素，每千克体重10～15毫克，肌内注射，2～3次/天，连用3～5天。

② 25%葡萄糖注射液200毫升，静脉滴注。

第九节 牛巴贝氏虫病（蜱热）

巴贝氏虫病是由双芽巴贝氏虫和牛巴贝氏虫寄生于牛的红细胞所引起的血液原虫病，主要分布于热带和亚热带地区的南方各省，常呈地方性流行，经硬蜱吸血传播，故名“蜱热”，主要表现为高热稽留、血红蛋白尿，故又称“红尿热”。

一、临床诊断要点

根据流行特点、临床症状和剖检病变，可做出初步诊断，但确诊需进行实验室诊断。

1. 流行病学特点

1）借传播媒介传播。我国巴贝氏虫病的传播者为微小牛蜱，属于野外蜱，以期间传播方式传播，均能经卵传播，但双芽巴贝氏虫病由次代若虫和成虫传播，幼虫阶段无传播能力，且在牛体内可经胎盘垂直传播；而牛巴贝氏虫病由次代幼虫传播，若虫和成虫阶段无传播能力。

2）呈地区性、季节性发生和流行。在热带和亚热带地区，呈地方性流行。我国四川、贵州、青海、安徽、湖南、湖北、陕西、河南等14个省市陆续发生，且一年之内可暴发2～3次。从春季到秋季以散发形式出现，南方省份主要发生于6～9月。

3）易感动物。本病多发生于放牧牛群，舍饲牛较少发病。巴贝氏虫病流行区，双芽巴贝氏虫病多发于2岁以内的黄牛，症状轻微；成年黄牛发病率低，症状较重，病死率高，尤其是老、弱牛，病情更为严重；牛巴贝氏虫病多发生于1～7月龄犊牛，8月龄以上牛较少发病，成年牛多呈带虫者。

4）存在“带虫免疫”现象。耐过病牛成为带虫者，对于再次感染有耐受力。

2. 临床症状特点

特异性症状有：病牛高热（41～42℃）稽留，可视黏膜苍白、黄染，排出血红蛋白尿，尿的颜色由浅红色转为棕红色至黑红色，迅速消瘦。重症时若不及时治疗，可在4～8天内死亡，病死率可达50%～80%。

3. 血液学变化

红细胞数降至100万～200万个/毫升，血红蛋白量减少到25%左右，血沉加快10余倍。红细胞大小不均，着色浅。病初白细胞正常或减少，以后增到正常的3～4倍；淋巴细胞增加15%～25%；嗜中性粒细胞减少；嗜酸性粒细胞降至1%以下或消失。

4. 病理变化特征

剖检病死牛，血液稀薄如水；皮下组织、肌间结缔组织和脂肪呈黄色胶冻样水肿，各器官被膜均黄染；肝脾肿大，脾髓软化呈暗红色，肝脏黄褐色，切面呈豆蔻状花纹；胆囊肿大2～3倍，充满浓稠胆汁；皱胃、肠、肾、肺、心等均有出血点。

5. 实验室诊断

主要是虫体检查。常用方法有以下2种。

1）末梢血液检查。采取发热1~2天病牛的耳尖血液制成血片，姬姆萨染色或瑞氏染色，镜检发现红细胞内有少量圆形或变形虫样虫体即可确诊；出现血红蛋白尿时，血涂片中可见多量梨子形虫体，可确诊。

2）淋巴结检查。当体表淋巴结严重肿大，触摸稍稍开始变软时，进行淋巴结穿刺，姬姆萨染色或瑞氏染色后，镜检发现淋巴细胞内的裂殖体（梨籽状），也可确诊；死后也可取淋巴结直接涂片、染色、镜检。

二、主要防治措施

1. 预防措施

1）注意做好购入、调出牛的检疫工作，防止外来牛将带虫蜱带入或本地牛将带虫蜱带到其他地区；并注意调出、调入牛的时节，最好选择在无蜱活动的季节进行。

2）在本病流行区，于每年发病季节到来之前，对牛群采用咪唑苯脲预防注射。

3）灭蜱。在温暖季节，使用0.33%敌敌畏或0.2%~0.5%敌百虫（美曲膦酯）水溶液喷洒牛体、牛舍地面、墙壁等，以消灭越冬的幼蜱。

4）牛群中出现巴贝氏虫病例时，应及时隔离病牛，对同群或相邻地区的牛羊等家畜进行药物预防。

注意

牛的调运是巴贝氏虫病传播的重要途径。

2. 治疗措施

对病牛应做到早诊断、早治疗。可选择的治疗药物有：

1）三氮咪（贝尼尔、血虫净）。按每千克体重3.5~3.8毫克，以灭菌蒸馏水配成7%水溶液，分点深部肌内注射，每天1次，连用3天为1个疗程。水牛对该药敏感，一次用药较安全，连续用药易出现毒性反应；黄牛偶尔出现一过性起卧不安、肌肉震颤等副作用。

2）咪唑苯脲。按每千克体重1~3毫克配成10%水溶液，皮下或肌内注射，对各种巴贝斯虫均有良效，休药期28天。

3）喹啉脲（阿卡普林）。按每千克体重0.6~1毫克配成5%水溶液，皮下注射。48小时后再注射1次。有时注射后数分钟出现起卧不安、肌肉震颤、流涎、出汗、呼吸困难等副作用，一般1~4小时后自行消失，严重者可皮下注射阿托品，剂量为每千克体重10毫克。

4）锥黄素。按每千克体重3～4毫克，配成0.5%～1%水溶液，静脉滴注，注射药物时不可漏出血管外，注射后数天内要避免强烈阳光照射，以免灼伤。症状未减时，24～48小时后再重复注射1次。

同时加强护理，给予易消化的饲料，提供充足饮水，检查、捕捉体表的蜱，辅以健胃、强心、补液等，以使病牛早日痊愈。

三、典型病例介绍

2008年8月，某县兽医院接诊一患病黄牛。

【主诉】 该牛1岁半，前天开始发热，一直不退，没精神，喜趴着，吃草少，不反刍，尿发红。

【临床检查】 病牛精神沉郁，形体消瘦，眼结膜苍白、黄染，排出棕红色尿液，体温41℃，呼吸40次/分钟，脉搏89次/分钟。采取病牛耳尖血液制成血片，姬姆萨染色后，镜检，发现红细胞内多量梨子形虫体，确诊为牛巴贝氏虫病。

【处理措施】

1）三氮咪（贝尼尔、血虫净）1.05克，以灭菌蒸馏水配成7%水溶液15毫升，分点深部肌内注射，每日1次，连用3天。

2）10%维生素B_1注射液10毫升×4支，一次肌内注射，每天2次，连用3天。

3）5%葡萄糖生理盐水500毫升×4瓶，一次静脉滴注，每天1次，连用3天。

4）20%安钠咖注射液10毫升×3支，一次肌内注射，每天1次，连用3天。

【医嘱】 加强护理，给予易消化的饲料，提供充足饮水，捕捉牛体表的蜱。

【转归】 2周后回访，痊愈。

第十节 泰勒虫病

泰勒虫病是由泰勒科、泰勒属的各种原虫寄生于牛羊和其他野生动物的巨噬细胞、淋巴细胞和红细胞内所引起的血液原虫病的总称。在我国，寄生于牛的泰勒虫有环形泰勒虫和瑟氏泰勒虫，寄生于羊的是山羊泰勒虫，故泰勒虫病包括环形泰勒虫病、瑟氏泰勒虫病和羊恶性泰勒虫病。

一、临床诊断要点

1. 环形泰勒虫病

1）发病季节。在我国内蒙古自治区及西北地区，6 月开始发病，7 月达高潮，8 月渐平息。

2）地方性流行。主要流行于我国西北、华北和东北。

3）传播媒介。多种璃眼蜱（属于圈舍蜱），以期间传播方式传播，不能经卵传播。

4）易感牛群。1～3 岁牛较易感，耐过牛带虫免疫 2.5～6 年，主要在舍饲条件下发生。

5）症状特点。多呈急性经过，以高热稽留、贫血、出血、消瘦和体表淋巴结肿大、触摸有疼痛感为特点，发病率高，病死率16%～60%（彩图 36、彩图 37）。

6）特征性病变。全身性出血、淋巴结肿大和皱胃溃疡；皱胃的特征性病变：黏膜肿胀，有大小不等的出血斑，伴有大小不等暗红、黄白色结节；结节局部出现大小不一的溃疡、糜烂，严重病例溃疡或糜烂的黏膜面积占全部黏膜的 1/2 以上（彩图 38）。

7）血常规检验。红细胞数下降，血红蛋白减少，血沉加快，形状异常红细胞增多。

8）病原检查。从末梢静脉采血制成血片、染色、检查和淋巴结穿刺涂片、染色、检查，查验红细胞内的虫体和巨噬细胞内的裂殖体。

2. 瑟氏泰勒虫病

1）季节性发病。5 月开始发病，6～7 月为发病高峰，10 月终止。

2）传播媒介。青海血蜱（为野外蜱），以期间传播方式传播，不能经卵传播。

3）临症特点。与巴贝氏虫病相比，此病病程较长，一般在 10 天以上，个别可长达数十天；症状和缓，病死率较低，仅在应激状态下才使病情恶化。

4）实验室虫体检查。淋巴结穿刺，淋巴细胞内难以查到石榴体，但在细胞外可见到。

3. 山羊泰勒虫病

1）传播媒介。同瑟氏泰勒虫病。

2）流行特点。呈地区性、季节性发生和流行，我国的四川、甘肃、青海等省陆续发生，多在4~6月发病，5月为发病高峰。

3）易感动物。本病多发生于放牧羊群，舍饲羊较少发病。流行区1~6月龄羔羊发病率、病死率均高，1~2岁次之，3~4岁很少发病。有的地区发病率可高达36%~100%，病死率13.3%~92.3%。

4）症状特点。病羊高热（40~42℃）稽留6~7天；可视黏膜初期充血，继而苍白、轻度黄染，有小出血；病羊消瘦，体表淋巴结肿大，有痛感，特别是颈浅淋巴结肿大尤为明显。病程一般为6~12天，急性型病例常于1~2天内死亡。

5）病变特征。尸体消瘦，血液稀薄，皮下脂肪胶冻状，有点状出血，全身淋巴结肿胀，以颈浅、肠系膜、肝、肺等处明显，切面多汁、充血；肝脾肿大，肾脏呈黄褐色，皱胃黏膜有溃疡斑，肠黏膜有少量出血点。

6）实验室检查。血片、淋巴结和脾脏涂片、染色、镜检，发现虫体即可确诊。

二、主要防治措施

1. 预防措施

1）根据泰勒虫病流行的三要素：病原体、硬蜱和易感动物，对泰勒虫病流行区域划分为安全区（有易感动物，无病原体和媒介的区域）、受威胁区（有易感动物和媒介，但无病原体；或有病原体和易感动物，无媒介的区域）、隐伏区（存在3个因素，并有发病史；但由于当地牛羊的带虫免疫，或硬蜱数量减少，形成假的安全区，如果条件适宜，即可发病）、固定流行区（具备发病的所有条件，每年都有发病的区域），据不同的区域，采取适当的措施。

① 在安全区、受威胁区或隐伏区，注意做好购入、调出牛羊的检疫工作，防止外来牛羊将带虫蜱带入或本地牛羊将带虫蜱带到其他地区；调出、入牛羊，应选择在无蜱活动的季节进行。

② 在固定流行区，应用环形泰勒虫裂殖体胶冻细胞苗对牛进行预防接种。接种后20天即可产生免疫力，免疫持续时间为1年以上；或在每年发病季节到来之前，对牛羊群采用咪唑苯脲或贝尼尔（血虫净）预防注射。贝尼尔，按每千克体重3毫克配成7%的溶液，深部肌内注射，每20天1次，对预防牛羊泰勒虫病效果较好。

2）消灭圈舍蜱和牛羊体表的蜱，这是预防的关键措施。在温暖季

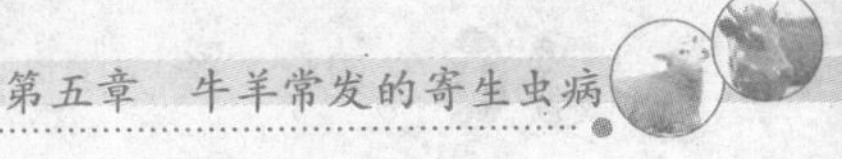

节，使用0.33%敌敌畏或0.2%～0.5%敌百虫水溶液喷洒圈舍的地面、墙壁、牛羊体表等，以消灭越冬的幼蜱。

3）防止蜱与牛羊身体接触。每年4～10月，将牛羊定期离圈放牧；引入牛羊时，防止将蜱带入非疫区。

4）牛羊群中出现泰勒虫病例时，应及时隔离患病牛羊，向有关部门报告疫情，并对相关地区牛羊等家畜进行药物预防。

2. 治疗措施

对患病牛羊应做到早诊断，早治疗。同时加强护理，治疗时应辅以健胃、强心、补液等，以使病畜早日痊愈。治疗药物同巴贝氏虫病。

三、典型病例介绍

2009年7月，某县兽医院接诊一病牛。

【主诉】　2岁舍饲牛，前几天突然发热，找乡村兽医看过，也打过针，一直不好。现在吃草很少，不愿站立，喜欢趴卧。

【临床检查】　病牛精神沉郁，消瘦，眼结膜苍白、黄染、有出血点，颈浅淋巴结肿大，有触痛，体温41℃，呼吸42次/分钟，脉搏83次/分钟。

【处理措施】

1）贝尼尔（血虫净）0.85克，以蒸馏水配成7%水溶液12毫升，分点深部肌内注射。每天1次，连用3天。

2）10%维生素B_1注射液10毫升×4支，一次肌内注射，每天2次，连用3天。

3）5%葡萄糖注射液500毫升×2瓶，生理盐水500毫升×2瓶，维生素C 3克，一次静脉滴注，每天1次，连用3天。

4）20%安钠咖注射液10毫升×3支，一次肌内注射，每天1次，连用3天。

【医嘱】　加强护理，给予易消化的饲料，提供充足饮水；注意捕捉牛体表的蜱。

【转归】　2周后回访，痊愈。

第十一节　羊鼻蝇蛆病

羊鼻蝇蛆病又称狂蝇蛆病，是由羊鼻蝇的幼虫寄生于羊鼻腔、额窦或鼻旁窦内而引起的疾病。主要特征为流鼻涕和慢性鼻炎。

羊鼻蝇成蝇野居于自然界，不采食，也不叮咬羊只。出现于每年的5～9月，尤以7～9月较多，雌雄交配后，雄蝇即死亡，雌蝇在炎热、晴朗、无风的白天活动，遇到羊时突然冲向羊鼻孔，将幼虫产于羊鼻孔内或鼻孔周围。刚产下的第一期幼虫以口前钩固着于鼻黏膜上，爬入鼻腔，并逐渐向深部移行。幼虫在鼻腔及附近腔道经9～10个月发育2次蜕化为第3期幼虫，至次年春天第3期幼虫向鼻孔外爬行。当羊打喷嚏时，幼虫落于地面，钻入土内化蛹，最后羽化为成蝇。

一、临床诊断要点

1）流行病学特点。主要分布于北方养羊地区；夏季感染发病，次年春天幼虫向鼻孔外则移行，加重病情；主要危害绵羊，流行严重地区的绵羊感染率可达80%以上，对山羊危害较轻。

2）临床症状特点。成蝇侵袭羊鼻孔产幼虫时，对羊群有强烈的骚扰作用，使羊群互相拥挤、头藏于腹下或抵地不动。幼虫进入鼻腔固着或移行时可引起各腔窦黏膜的炎症，鼻腔流出清涕或脓性鼻涕，有时混有血液；当鼻孔周围的鼻涕干涸后形成硬痂，阻塞鼻孔造成呼吸困难。病羊表现为打喷嚏、摇头、摩擦鼻部，并出现眼睑水肿、流泪等急性症状。数月后症状减轻。至次年春天，虫体增大并向鼻孔外侧转移，症状加重。个别幼虫侵入颅腔损伤脑膜或因继发感染而累及脑膜时，可见病羊转圈、歪头、低头等神经症状。

3）药物诊断。用2%敌百虫药液喷入鼻腔，收集用药后的鼻腔喷出物，发现死亡幼虫，即可确诊。

4）剖检变化。剖检病死羊，可在鼻腔、鼻旁窦或额窦内发现各期幼虫。

5）鉴别诊断。临床上羊鼻蝇蛆病应与羊莫尼茨绦虫病、羊多头蚴病等加以鉴别诊断。

二、主要防治措施

1. 预防措施

本病流行地区，可采用以下方法预防。

1）鼻孔周围涂药。7～8月（即成蝇飞翔季节），用10%敌百虫或1%敌敌畏软膏涂在羊鼻孔周围，以驱避成蝇或杀死幼虫。

2）鼻腔内喷射药液。11月，用注射器分别向鼻腔内喷射0.1%～0.2%辛硫磷等药物，羊每侧鼻孔各10～15毫升，两侧喷药间隔时间

10～15 分钟，对杀灭鼻蝇蛆的早期幼虫有效。

2. 治疗措施

要选取适当时机进行治疗。在羊鼻蝇蛆处于第 1 期幼虫期间进行治疗效果较好，在第 3 期幼虫期间治疗效果多数不佳。治疗用药及方法如下。

1）敌百虫乙醇溶液。用精制敌百虫60 克，溶于31 毫升蒸馏水中，与31 毫升 95%乙醇混合而成。按每千克体重0.4 毫升，一次肌内注射；50 千克以上的羊2.5 毫升，对第1 期幼虫驱虫率达 100%；或按每千克体重 75 毫克，配成水溶液内服或以 5%溶液肌内注射，或以 2%溶液喷入鼻腔或在密室中用气雾法，均可。对第1 期幼虫治疗效果较理想。

2）敌敌畏。绵羊按每千克体重 5 毫克，溶于适量水中，一次灌服，每天1 次，连用2 天，效果良好。

3）阿维菌素。按每千克体重 0.2 毫克，配成 1%的溶液，一次皮下注射，药效可维持 20 天，且疗效高，是目前治疗羊鼻蝇蛆病最理想的药物。

4）烟雾法。此法常用于羊群防治，需在密闭的圈舍或帐幕内进行。按室内空间每立方米使用 80%敌敌畏水溶液 0.5～1 毫升，加热或高压喷雾，羊在其环境中呆 15～20 分钟即可杀死第1 期幼虫。

5）氯氰柳胺。按每千克体重 5 毫克内服，或 2.5 毫克皮下注射，可杀死各期幼虫。

注意

流行区 10～11 月，对羊只用敌百虫药液鼻腔喷射，对羊群用敌敌畏药液喷雾以杀灭幼虫，是一项防治本病的积极措施。

三、典型病例介绍

2012 年 2 月，某县兽医站接诊一病羊。

【主诉】 羊长期流鼻涕，打喷嚏，在墙角、木桩上摩擦鼻部，眼流泪，用过消炎药，效果不好。

【临床检查】 病羊消瘦，鼻腔流出脓性鼻涕，鼻孔周围有硬痂，造成部分鼻孔阻塞；频频打喷嚏、摇头，眼睑水肿，流泪，呼吸困难。

【处理措施】 1%阿维菌素注射液 0.5 毫升，一次皮下注射。

【转归】 2 周后回访，痊愈。

第十二节 疥螨病

疥螨病俗称疥癣，是由疥螨寄生于牛羊皮肤内而引起的一种接触传染性、慢性皮肤病，以引起病畜剧烈痒觉及各种皮肤炎症为特征，常可引起大面积发病，严重时可引起大批死亡，尤其对山羊危害更为严重。

一、临床诊断要点

1. 流行病学特点

1）季节性发生，发病季节为每年的冬季、秋末和初春。

2）主要通过直接接触感染，也可借助圈舍、用具等间接传播。

3）羊圈内阴暗、潮湿、拥挤，会促使疥螨病的发生和蔓延。

4）幼龄家畜多发，成畜有一定抵抗力。疥螨病多发于山羊，羊螨病多发于绵羊和牛。

2. 临床症状特点

剧痒为其特征，尤其是病畜进入温暖场所或运动后会加剧。家畜啃咬、摩擦使局部皮肤损伤、发炎，形成水泡或结节进而出现溃烂、化脓、结痂、痂皮脱落、液体渗出、结痂等；皮肤增厚和脱毛；疥螨病多发于皮肤薄、被毛短而稀少的部位，如眼圈、鼻梁、嘴巴周围、耳部等。山羊疥螨常先从嘴唇、口角、鼻孔四周、眼圈、耳根开始，逐渐延伸到腋下、乳房、四肢，严重的可扩展到全身。患部先见水疱和脓疱，病羊奇痒，不断地摩擦患部，擦破后流出液体，干涸后变为痂皮，皮肤潮红增厚。嘴唇，口角，耳根和四肢等处皮肤常发生龟裂。病羊精神不振，采食困难，跛行，日趋消瘦，常发生死亡。绵羊疥螨主要发生在头颈部，嘴巴周围、鼻梁、眼圈、耳根等病变部位形成白色坚硬像胶皮样的痂皮，农牧民称之为“石灰头病”。牛疥螨开始于面部、颈背部、尾根等被毛较短的部位，严重时可波及全身（彩图39）。

3. 实验室检查

从病变部位刮取皮屑，进行显微镜检查，检出病原就可确诊。具体操作步骤为：

1）采集病料。要在患部与健康部交界处，用手术刀片或锐匙（蘸少许50%的甘油效果更好）刮取痂皮，直至微见出血为止。

2）病料处理。将刮取的病料装入试管内，加入10%氢氧化钾（或氢氧化钠）溶液，煮沸至毛、痂皮等固体物大部分溶化后，静置20分钟。

第五章

3）涂片检查。由管底吸取沉渣滴在载玻片上，用低倍镜检查。也可将病料直接置玻片上滴煤油数滴，另加一片载玻片搓碎病料后，以低倍镜检查活虫；还可将病料倒在一张黑纸上，放在阳光下或稍加热，肉眼或用放大镜可以看到螨虫在黑纸上爬动。

二、主要防治措施

1. 预防措施

应采取综合性预防措施，包括以下方面。

1）加强饲养管理。舍饲期间要注意补料，尤其是含维生素较丰富的青干草或青贮饲料。饲养密度要合理，不要过大。每年定期对羊群进行药浴，可取得预防和治疗的双重效果。

2）搞好羊舍卫生。经常保持圈舍清洁、干燥、通风，并定期清扫和消毒。可用5%～10%的三氯杀螨醇或0.05%敌百虫等杀螨剂喷洒。

3）对新购入的羊应隔离检查，确定无疥螨寄生后再混群饲养。

4）发现病羊要立即隔离治疗，被病羊污染的圈舍及用具等可用10%～20%石灰水消毒，或用0.03%～0.05%高锰酸钾溶液、20%草木灰浸出液或5%过氧乙酸等进行浸泡消毒，以防病原散布。

2. 治疗措施

疥螨病具有高度传染性，遗漏一个小的患部，散布少许病料，就有可能导致继续蔓延。所以对于螨病的整个治疗过程，均要认真仔细。

（1）治疗原则

1）全面检查。治疗前应详细检查病羊所在群的所有羊只，做到一只不漏，并找出所有患病部位，便于全面治疗。

2）彻底治疗。为使药物和虫体充分接触，将患部及其周围半径3～4厘米处的被毛剪去，用温肥皂水彻底刷洗，除掉硬痂和污物，最好用5%来苏儿溶液刷洗1次，擦干后再涂药。

3）重复用药。治疗螨病的药物大多数对螨卵没有杀灭作用，因此即使患部不大，疗效显著，考虑到螨虫的发育周期，治疗时必须重复用药2～3次，一般在第1次治疗后的7～8天内再进行1次重复治疗，以便杀死新孵出的幼虫，达到彻底治愈的目的。

4）注意观察。用药后若发现中毒或皮肤炎症，应立即用温水冲洗涂药的部位，并更换用药种类或减少用药量和涂药面积。

5）环境消毒。处理病羊的同时，要注意对圈栏舍、用具等进行彻底清洗消毒。

（2）治疗药物及用法 治疗螨病的药物和方法很多，常用以下3种。

1）涂药疗法。此法适用于病羊少、患部面积小的情况，可在任何季节使用，但每次涂擦面积不超过体表的1/3。可用以下药物涂擦：

① 克辽宁擦剂，即用克辽宁1份、酒精8份，混合即成。

② 5% DDT溶液，即DDT 5毫升、煤油100毫升，混合溶解后涂擦患部。

③ 三氯杀螨醇与植物油按5%～10%的比例混匀后涂于患部，一次即愈，可以杀死虫卵、幼虫及成螨，对羊无毒性作用。

2）药浴疗法。此法适用于病羊数量多及气候温暖的季节，常用于对螨病的预防和治疗。常用药浴剂有：0.05%辛硫磷乳油水溶液、0.02%～0.03%氧硫磷溶液、0.015%～0.02%巴胺磷水乳液、0.025%螨净水乳液。

药浴时间应选择在山羊抓绒、绵羊剪毛后5～7天进行，药液温度保持在36～38℃，并随时补充新药液，药浴时间1分钟左右，注意浸泡羊头。药浴前让羊饮足水，以免误饮药物。工作人员应注意自身安全保护。大规模药浴疗法之前，应先对所选药物做小群安全试验。

3）注射疗法。此法适用于各种情况的螨病治疗，省时，省力，优于以上各种疗法。可用阿维菌素，按每千克体重0.2毫克，一次皮下注射。以市售商品1%阿维菌素注射液为例，对50千克体重羊，只需注射1毫升即可。一般病例注射2次可治愈，重症者隔7天再注射1次。对线虫、螨、蜱、蝇蛆等体内外寄生虫均有较强的驱杀作用。阿维菌素低毒，对人畜安全，用药途径为皮下注射，方便快捷，药物可达全身各部，不会造成患部溃疡。

注意

羊疥螨病发生率高，流行面广，对羊只危害大。每年抓绒、剪毛后5～7天对羊群进行药浴是防治本病的有效措施。

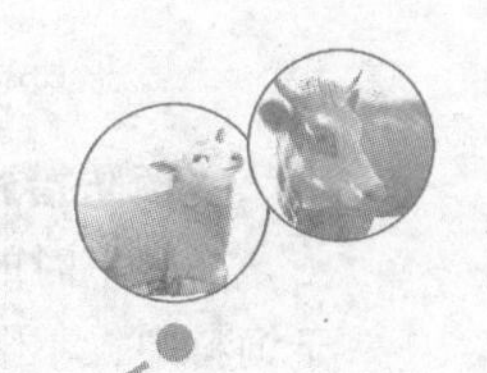

第六章 牛羊常发的内科病

第一节 口炎

口炎是口腔黏膜及深层组织炎症的总称，包括腭炎、齿龈炎、舌炎、唇炎等。临床上以流涎、采食、咀嚼障碍为特征，主要由于口腔黏膜受到机械性、化学性等刺激引起，也可继发于某些细菌性和病毒性疾病。常见的有卡他性口炎、水疱性口炎和溃疡性口炎。本病夏季多发生。

一、临床诊断要点

1. 病史调查

病畜有采食过热饲料、化学物质、有毒植物、霉败饲料、尖锐异物或戴过口衔、开口器的病史，或者患有维生素缺乏、传染性疾病（如传染性口炎、恶性卡他热、口蹄疫等）、过敏性疾病等。

2. 临床症状特点

1）咀嚼缓慢、痛苦；流涎、口角常附着白色泡沫；有时吐草。

2）口腔黏膜潮红、肿胀（卡他性口炎）；黏膜上有水疱（水疱性口炎）或溃疡（溃疡性口炎）。

3）病畜呼出气常有难闻臭味，口温增高，下颌淋巴结肿胀。

4）病畜喜采食柔软饲料，而拒食粗硬饲料。体温、呼吸、脉搏变化不大。

3. 鉴别诊断

原发性口炎应与咽炎、唾液腺炎、食管阻塞、有机磷农药中毒、亚硝酸盐中毒等疾病进行鉴别诊断，口炎有口温增高，而其他疾病无此表现。对继发性口炎要注意与口蹄疫、传染性口膜炎、传染性脓疱进行鉴别诊断，可结合流行病学调查、实验室诊断等对原发病进行确诊。

二、主要防治措施

1. 预防措施

搞好平时的饲养管理，合理调配饲料，防止尖锐异物、有毒植物混于饲料中；不喂发霉变质的饲草、饲料；服用带有刺激性或腐蚀性的药物时，一定按要求使用；正确使用口衔和开口器；定期检查口腔，牙齿磨灭不齐时，应及时修整。

2. 治疗措施

1）改善饲养管理，消除病因。给予优质青干草和富含有维生素的青绿饲料、块根饲料；摘除刺入口腔黏膜中的麦芒等尖锐物，剪断并锉平过长牙齿等。

2）净化口腔、消炎、收敛。

① 选用5%食盐水或苏打水、2%硼酸溶液或0.1%高锰酸钾溶液洗涤口腔；不断流涎时，则选用2%明矾溶液、1%鞣酸溶液、0.1%氯化苯甲烃铵溶液或0.1%黄色素溶液冲洗口腔。同时用人工盐或硫酸镁100克、大黄40克、龙胆末30克混合灌服，疗效甚好。

② 溃疡性口炎，口腔有恶臭，发生糜烂渗出及口腔黏膜有溃疡时，病变部可涂擦1∶5的碘甘油；或用1%硝酸银溶液涂擦后，用灭菌生理盐水充分洗涤，再涂擦碘甘油；或用三氯异氰脲酸钠水溶液或稀戊二醛消毒液或聚维酮碘消毒液冲洗、涂擦患部。

③ 重剧口炎，不能进食者，除口腔的局部处理外，可经胃导管给予流质食物；静脉注射葡萄糖生理盐水，并使用维生素C和B族维生素配合治疗。

④ 若继发细菌感染，病羊体温升高时，可用柴胡注射液、板蓝根注射液配合氨苄西林钠、氯唑西林钠（高效头孢）、头孢噻呋钠（迪新）、庆大霉素肌内注射，每天2次，连用3~5天。

3）中药治疗。

① 冰硼散。冰片3克，硼砂25克，元明粉25克，朱砂3克，共研细末，装瓶备用，每次用药少许，吹于或涂抹口腔患部，每天数次，效果良好。口炎并发肺炎时，除注射抗菌药物外，可同时使用清肺散、银翘散等灌服或拌入草料中喂服，效果尚可。

实践证明，口腔用药的同时，用食盐、芒硝各100克，大黄80克，研末灌服，可提高疗效。

② 青黛散（口噙）。青黛15克，薄荷5克，黄连、黄柏（黄檗）、桔梗、儿茶各10克，研为细末，装入用长33厘米、宽6厘米的白布缝成的布袋内，两端扎绳，在水中浸湿，噙于口内，绳两端在患畜颈后打结固定。给食时取下，吃完后再噙上，每天或隔天换药1次。

③ 在蜂蜜内加冰片、苏打（比例为250∶3∶30）和复方新诺明（SMZ + TMP）5克噙于口内，效果也佳。

三、典型病例介绍

2000年8月，某县兽医站接诊一病牛。

【主诉】 给牛喂青草、麦秸和干玉米秸。近几天牛只吃青草，不吃干玉米秸，且吃草很慢，有时还向外吐草，大量流唾液。

【临床检查】 口腔黏膜潮红、肿胀、疼痛，口温增高，流涎，口角附着白色泡沫；给予青草，采食和咀嚼缓慢、痛苦；病牛呼出气有特殊臭味，触摸下颌淋巴结肿大。

【初步诊断】 卡他性口炎。

【处理措施】 先用2%明矾溶液反复冲洗口腔；然后取冰硼散少许，吹于或涂抹口腔患部，每天3~4次。同时，用食盐、芒硝各100克，大黄80克，研末加适量水灌服，隔天1次，连用2次。

【医嘱】 供给柔软的青草，勤饮温盐水。

【转归】 1周后回访，痊愈。

第二节　咽炎

牛羊咽炎是指咽部黏膜、软腭、扁桃体、咽淋巴结滤泡及其深层组织炎症的总称，多在受寒感冒、过劳等畜体抵抗力下降的情况下发生，也可与口炎并发或继发。幼龄牛最易发生。

一、临床诊断要点

1. 病史调查

病畜有采食粗硬的、霉败的饲料和饲草，饲喂过冷或过热的食物和饮水，吸入氨、硫化氢等有害气体或受到烟熏，误食强刺激性化学物质，使用浓度过大、刺激性较强的药物等的病史，又存在受寒、感冒、过劳等因素，或患有口炎、鼻炎、唾液腺炎、食管炎或某些传染病等。

2. 临床症状特点

1）大量流涎，有涎液由口角流下，或病畜低头时，突然流出多量涎液；口臭，多数有口炎症状（彩图40）。

2）吞咽疼痛，摄取到口内的饲料形成食团后，即伸展头颈，摇头、不敢吞咽；严重的，吞咽的草料常从鼻腔反流；咳嗽，吐草。咽部潮红、肿胀、敏感性增高，并附有较多黏液或脓性分泌物，有的可见溃疡、坏死。

3）体温最初升高，达39℃左右，心跳稍快，中后期体温正常。

二、主要防治措施

1. 预防措施

搞好饲养管理，防止受寒、感冒、过劳；避免霉败或冰霜冻结的饲料；及时治疗原发病；应用诊断与治疗器械时，操作细心，避免损伤咽部黏膜。

2. 治疗措施

1）加强护理。给予柔软易消化饲料，避免给予有刺激性的饲料；对吞咽障碍的，应及时补糖输液，维持其营养。禁止使用胃管投药。

2）消肿、消炎。

① 病初，咽喉部先冷敷，后采用白酒温敷，每天3~4次，每次20~30分钟，并使用鱼石脂软膏、止痛消炎膏涂布。必要时可用2%~3%食盐水或碳酸氢钠溶液进行喷雾，效果良好。

② 10%磺胺嘧啶钠注射液100~200毫升、40%乌洛托品注射液20~60毫升、5%葡萄糖生理盐水500~1000毫升，混合静脉滴注，每天1次，连用2次；或用四环素2~3克（或庆大霉素100万~200万国际单位）、氢化可的松0.1克、10%葡萄糖注射液500毫升，混合静脉滴注。

③“水乌钙”疗法。10%水杨酸钠注射液50~200毫升、40%乌洛托品注射液20~60毫升、10%氯化钙注射液50~150毫升与5%葡萄糖盐水500毫升，混合静脉注射，每天1次，连用3次。

提示

“水乌钙”疗法：为水杨酸钠、乌洛托品、氯化钙3种药混合静脉注射，3种药的剂量各为5~15克，最高用量分别是30克、40克、35克。

使用方法：将3种药放于消毒盐水瓶中，加入5%~10%葡萄糖注射液或生理盐水至500毫升，混合；先输注余下的糖溶液或盐水，再输注“水乌钙”混合液。每天1次，连用3次。

治疗范围：呼吸道、消化道、泌尿生殖道、中枢神经系统、运动器官炎性疾病，如胸膜炎、各种肺炎、咽喉炎、食道炎、腹膜炎、肾炎、脑膜炎、肌炎、关节炎、创伤感染、四肢炎性疾病等。

3）非特异性疗法。用异种动物的血清，牛 20～30 毫升、羊 5～10 毫升，或用脱脂乳也可，皮下或肌内注射，有良好效果。

4）封闭疗法。牛重剧性咽炎，呼吸困难、发生窒息时，用 0.25% 盐酸普鲁卡因溶液 20～50 毫升、青霉素 160 万～240 万国际单位，分左右两点注入咽部周围，每天 1 次，连用 2 次。

5）严重病例治疗措施。盐酸普鲁卡因 0.5～1 克、青霉素钠盐 200 万～300 万国际单位、氢化可的松 0.3 克，溶入 5%～10% 葡萄糖注射液 1000 毫升内，静脉滴注。

三、典型病例介绍

1997 年 7 月，某县兽医站接诊一病牛。

【主诉】 近几天牛吃草少，反复咀嚼，不敢下咽，还多量流口水。

【临床检查】 流涎，用手打开口腔检查时，突然流出多量液体；呼出气有特殊臭味；试喂一点青草，吞咽时伸颈、摇头，样子很痛苦；体温 39.5℃左右，心跳稍快。

【初步诊断】 咽炎。

【处理措施】

1）咽喉部先用白酒温敷，每天 3 次，每次 30 分钟，后用鱼石脂软膏涂布。

2）“水乌钙”疗法。10% 水杨酸钠注射液 200 毫升、40% 乌洛托品注射液 50 毫升、10% 氯化钙注射液 100 毫升与 5% 葡萄糖盐水 500 毫升，混合静脉注射，每天 1 次，连用 3 次。

【医嘱】 对病牛给予柔软、易消化、无刺激性的饲料，勤饮淡盐水，避免咽部受刺激。

【转归】 2 周后回访，痊愈。

第三节　食道阻塞

食道阻塞是指食道的一段被食团或异物阻塞引起的，以急性吞咽障碍、流涎、苦闷不安为特征的一种急性病。根据阻塞物的部位可分为颈部食道阻塞和胸部食道阻塞；根据阻塞的程度可分为完全食道阻塞和不完全食道阻塞，临床上常见颈部食道的完全阻塞。

一、临床诊断要点

1. 病史调查

病牛有过饥，互相抢食，劳役后立即饲喂干料，块根、块茎类饲料未经加工体积过大等病因；或患有食管狭窄或食管憩室、食管麻痹、食管炎，以及矿物质代谢障碍等疾病；或经过全身麻醉，在食管神经机能尚未恢复期喂食等。

2. 临床症状特点

1）病畜在采食中突然发病，神情紧张，惊恐不安，头颈伸展，呈吞咽动作，张口伸舌；大量流涎，甚至从鼻孔逆出，咳嗽摇头，呼吸急促，体温正常。

2）当食道完全阻塞时，采食、饮水完全停止，表现为空嚼和吞咽动作，不断流涎，且不能嗳气、反刍，迅速发生瘤胃鼓胀、呼吸困难；食道不完全阻塞往往流涎少，尚能吃进流食和饮水，只在采食固体食物时，食物停滞于食道中或被逆呕出来，无瘤胃鼓胀现象。

3）若颈部食道阻塞，常能看到或摸到阻塞块，并有大量白色唾液泡沫附着唇边和鼻孔周围，吞咽的食糜和唾液有时由鼻孔逆出；若阻塞部位较深时发生料水反流，咽下的唾液先蓄积在上部食管内，颈左侧食管沟呈圆筒状鼓起，触压可引起哽噎运动，其后出现呕吐，呕吐物一般无特殊气味。

4）插入胃管受阻，也听不到胃蠕动音。

二、主要防治措施

1. 预防措施

加强饲养管理，定时定量饲喂，防止饥饿采食过急，饲喂时忌惊吓牛群。饲喂块根饲料，应先切碎再喂，并防止偷食。

2. 治疗措施

1）咽后食道起始部阻塞，可给牛装上开口器，徒手取出；颈部食道阻塞，可把阻塞物向前推到咽部，打开口腔，用手或器具把食物拿出；胸部食道阻塞可采用胃管推入法。

2）胃管推入法。用植物油（或液状石蜡）50～100 毫升、1% 普鲁卡因溶液 10 毫升，灌入食道内，也可皮下或肌内注射 30% 安乃近注射

液20～30毫升；或用5%水合氯醛酒精注射液、阿托品等药物，以润滑食道管腔，消除病畜敏感，缓解疼痛及痉挛，利于食物推下；然后经口将胃管缓缓插入食道，将阻塞物推入瘤胃内。

3）金属阻塞物，尤其是尖锐、有角的物品，以及采取上述方法不见效时，应施行手术疗法。颈部食管阻塞，可采用食管切开术；胸部食管阻塞可施行瘤胃切开术，通过贲门将阻塞物取出。

4）加强护理，病程较长的，应及时强心、补液。

三、典型病例介绍

1983年9月，某县兽医站接诊一急症病牛。

【主诉】 中午回家路上，遇到一地瓜田，牛吃了一块地瓜，卡在喉咙下面了。

【临床检查】 病牛神情紧张，惊恐不安，伸头缩颈，反复吞咽；大量液体从口中流出，不断咳嗽，频频摇头，呼吸急促。用手在颈部触摸，在距喉头约5厘米处，可摸到硬块。

【初步诊断】 颈部食道阻塞。

【处理措施】 病牛取站立保定于四柱栏内，助手牵牛鼻绳向前牵拉，兽医将手放置于阻塞物下端缓缓向前推，直到咽喉部；用开口器打开口腔，用手把阻塞物拿出。

【转归】 痊愈。

第四节 前胃弛缓

前胃弛缓又称单纯性消化不良，是由于各种原因导致的前胃兴奋性降低、收缩力减弱，瘤胃内容物不能正常消化和后移，在前胃内产生大量腐败和酵解的有毒物质，引起消化障碍，食欲、反刍减退，以及全身机能紊乱现象的一种综合征。本病是牛羊的一种常见多发病，有原发性与继发性之分，且后者多见；特别是舍饲育肥牛羊，一年四季均可发生，早春和晚秋更为多见。

一、临床诊断要点

1. 病史调查

有长期饲喂粗硬难消化的粗纤维饲料（秸秆、稻糠等），或长期饲喂含水分过多的饲料（酒糟、豆腐渣、淀粉渣等），或饲喂含泥沙多、发霉变质、冰冻的饲料及有毒植物，或长期饲喂过于细软的饲料（细碎的草木、麸皮等），或者牛存在遭受惊吓、天气骤变、长途运输、突然换料、妊娠、分娩、兴奋、劳役后立即饲喂或饲喂后立即劳役等因素导致前胃弛缓；或患有口炎、齿病、创伤性网胃腹膜炎、瓣胃阻塞、皱胃阻塞、酮病、乳腺炎、子宫内膜炎及部分传染病、寄生虫病及营养代谢性疾病而继发前胃弛缓。

2. 临床症状特点

1）急性型病例，采食、饮水突然减少或废绝，或有异嗜现象，反刍减少或完全停止；精神沉郁；粪干色深并附有黏液，病牛弓背磨牙；体温、呼吸、脉搏一般无变化。

2）瘤胃间歇性臌气；触诊瘤胃壁弹性差，内容物松软，中度充盈；听诊瘤胃蠕动次数减少、蠕动音减弱，持续时间短（一般短于10秒），甚至听不到蠕动音；瘤胃内容物检查，pH降低，纤毛虫数量较少，运动性差。

3）慢性型病例，病程较长，食欲不定，喜粗厌精，有的发生异嗜，反刍不规则，触诊瘤胃内容物呈粥状，瘤胃常有周期性臌气；便秘、腹泻交替出现，呼吸、心跳加快，鼻镜皲裂，眼球下陷，结膜发绀，病畜全身无力，贫血，消瘦，病情危重。

二、主要防治措施

1. 预防措施

注意饲料的选择、保管，防止霉败变质；奶牛、奶羊、肉牛、肉羊都应依据日粮标准饲喂，不可任意增加饲料用量或突然变更饲料；耕牛在农忙季节，不能劳役过度，而在农闲时期，应注意适当运动；圈舍须保持安静，避免奇异声音、光线和颜色等不利因素刺激和干扰；注意圈舍卫生、通风、保暖，做好预防接种工作。

2. 治疗措施

1）原发性前胃弛缓。病初禁食1～2天后，然后饲喂适量富有营养、容易消化的优质干草或放牧，同时给予充足的饮水，立即改善饲养管理。

2）苏打醋疗法，改善瘤胃内环境。苏打、醋各200～300克混合，加冷水500毫升，迅速投服，每天1次，连用2次；或先灌服苏打200克（加冷水2000毫升），15分钟后，再灌服醋500毫升；灌服新鲜健康牛的瘤胃液。

注意

用此法前要先测定瘤胃内容物的pH，根据瘤胃pH来确定用碱性药物或是酸性药物。正常瘤胃的pH为6~7，pH低于6时选用稀盐酸或用大量食醋（250~1000毫升），加蒜头5个；pH高于7时将苏打与食醋混合应用。

3）干酵母粉（片）200~500克，用凉水灌服，若配合皮下或后海穴注射甲基硫酸新斯的明注射液5~10毫克，有良效。

4）滑石粉300~800克，用凉水调灌，若加入丁香、肉蔻20~60克，效果更好。

5）促进前胃神经功能的恢复和瘤胃蠕动。

① 甲基硫酸新斯的明注射液，牛10~20毫克、羊2~4毫克或2%硝酸毛果芸香碱注射液，牛2毫升、羊0.2~0.5毫升，皮下注射或后海穴注射。病情重剧、心脏衰弱、老龄和妊娠母牛则禁止应用，以防虚脱和流产。

② 静脉注射促反刍液。

a. 促反刍液配方：10%氯化钠注射液300~500毫升、5%氯化钙注射液100~250毫升、20%苯甲酸钠咖啡因（安钠咖）注射液10~30毫升，混合静脉滴注。

b. 新促反刍液配方：10%氯化钠注射液250毫升、10%氯化钙注射液100毫升、5%或10%葡萄糖注射液150毫升、30%安乃近注射液30毫升，混合静脉滴注。

c. 两方功效：兴奋瘤胃，促进反刍；治疗前胃弛缓、瘤胃积食，疗效甚好。

提示

第2天复诊病例，在新促反刍液中加庆大霉素100万国际单位，静脉注射，有疗效。

6）防腐止酵，减轻臌气。牛可用稀盐酸15~30毫升、酒精100毫升、甲酚皂溶液10~20毫升、常水500毫升，或用鱼石脂10~20克、酒精50毫升、常水1000毫升，一次内服，每天1次。伴发瓣胃阻塞时，可先用液状石蜡1000毫升，内服，同时应用新斯的明或氨甲酰胆碱（卡巴胆碱）皮下注射，促进前胃蠕动，连用数天。

7）防止脱水和自体中毒。当病畜呈现轻度脱水和自体中毒时，应用25%葡萄糖注射液500～1000毫升，或葡萄糖生理盐水1000～2000毫升，或40%乌洛托品注射液20～40毫升，或20%安钠咖注射液10～20毫升，静脉注射；并用胰岛素100～200国际单位，皮下注射。此外还可用樟脑酒精注射液100～200毫升，静脉注射；并配合应用抗生素药物。

8）中药治疗。牛可用加味四君子汤（党参100克、白术75克、茯苓75克、炙甘草25克、陈皮40克、黄芪40克、当归50克、大枣200克），煎水去渣内服，每天1剂，连用2～3剂。此外，也可用红糖250克、生姜200克（捣碎），开水冲，内服，具有和脾暖胃、温中散寒的功效。

三、典型病例介绍

1988年3月，某县兽医站接诊一病牛。

【主诉】 一直给牛喂干玉米秸和麦秸，加少量精料。近几天吃草、喝水都减少，反刍也少（正常休息时就反刍，每次近1小时，现在反刍时间很短），粪便干硬，还喜欢吃不能吃的东西，如吃土坷垃、小砖头，啃墙角等。

【临床检查】 病牛精神不振，弓背磨牙，试给青干草，不吃，临床诊断1小时内未见反刍；瘤胃触诊，胃壁弹性差，内容物松软，中度充满；瘤胃听诊，蠕动次数1次/2分钟（正常为2～5次/2分钟）、蠕动波持续时间8秒（正常为15～30秒），蠕动音很弱，甚至听不到蠕动音；体温、呼吸、脉搏基本正常。

【初步诊断】 原发性前胃弛缓。

【处理措施】

1）食醋800毫升，加蒜头5个，捣碎，一次灌服。

2）5%葡萄糖注射液1000毫升、10%氯化钠注射液300毫升、5%氯化钙注射液100毫升、20%安钠咖注射液30毫升，混合静脉滴注。

【第二天复诊】 病情减轻，吃草增多，反刍增加。

【处理措施】 10%氯化钠注射液250毫升、10%氯化钙注射液100毫升、5%葡萄糖注射液150毫升、30%安乃近注射液30毫升，混合静脉滴注。

【转归】 1周后回访，痊愈。

第五节 瘤胃积食

瘤胃积食也叫瘤胃滞症，中兽医称为宿草不转，是因为前胃收缩力

减弱，采食大量难于消化的饲草或容易膨胀的饲料蓄积于瘤胃中所导致的一种疾病。临床表现瘤胃急性扩张，瘤胃容积增大，内容物停滞和阻塞，瘤胃运动和消化机能障碍，形成脱水和毒血症。

本病为牛羊的常见多发病之一，以冬春季多见，以老、弱、舍饲牛羊易发。从舍饲变放牧及从放牧变舍饲是发病高峰期；饲料中钙磷不足或不平衡，也可促进本病的发生。

一、临床诊断要点

1. 病史调查

病畜有一次采食大量青草、苜蓿等不易消化吸收的饲料，或玉米、大麦等易于膨胀的饲料的病史；或患有前胃弛缓、创伤性心包炎、瓣胃阻塞、真胃积食和真胃炎等疾病。

2. 临床症状特点

1）病情发展迅速，常在采食后数小时内发病。

2）腹围急剧膨大，左侧瘤胃上部饱满，中下部向外突出；食欲废绝，嗳气、反刍消失；重者流涎、磨牙、呻吟；呼吸紧张、浅快，黏膜发绀，心跳加快，体温正常。

3）病畜有腹痛表现，回头顾腹，后肢踢腹，拱背摇尾，不断起卧，并伴有呻吟。

4）触诊瘤胃，病畜不安，内容物充满、坚硬，拳压留有压痕；听诊瘤胃蠕动次数减少，蠕动音减弱或消失，肠音微弱，排软粪便或腹泻，粪便内常见未消化的饲料颗粒。

5）直肠检查，发现瘤胃扩张，容积增大，充满黏硬或粥状内容物。

6）晚期病例，病情急剧恶化，肚腹膨胀，瘤胃积液，呼吸促迫且困难。脉搏疾速，皮温不整，四肢、角根和耳冰凉，全身战栗，眼球下陷，黏膜发绀，全身衰弱，卧地不起，陷于昏迷状态。

二、主要防治措施

1. 预防措施

加强饲养管理，不可突然更换饲料，防止饥饿贪食、过食和偷食；合理配合饲料，按牛日粮标准饲喂，不宜单纯饲喂易于产气或不易消化的饲草、饲料，也不宜过多地加喂精料。

2. 治疗措施

1）排除胃肠道积聚物。可用以下 6 种方法。

① 禁食，并进行瘤胃按摩，每次 5 ~ 10 分钟，间隔 30 分钟 1 次。

② 用酵母粉500～1000克，每天分2次内服。

③ 用硫酸镁或硫酸钠300～500克、液状石蜡或植物油500～1000毫升、鱼石脂15～20克、75%酒精50～100毫升、常水6000～10000毫升，一次内服。

④ 滑石粉300～800克，用凉水调灌，若加入丁香、肉蔻20～60克，效果更好。

⑤ 液状石蜡1000～4000毫升，或清油500～1000毫升，或配合滑石粉，均可。

⑥ 用5%碳酸氢钠溶液洗胃。其操作方法参见第二章第四节。

2）促进胃肠蠕动。可用以下4种方法。

① 毛果芸香碱0.05～0.2克，皮下注射。

② 甲基硫酸新斯的明0.01～0.02克，皮下注射，但心脏功能不全与孕畜忌用。

③ 10%氯化钠溶液100～200毫升，静脉注射。

④ 静脉注射促反刍液（配方见本书167页）。

3）补水，维持水、盐代谢。用5%葡萄糖生理盐水2000～3000毫升、20%安钠咖注射液10毫升、维生素C 0.5～1克，混合静脉滴注，每天2次，连用3天。

4）纠正酸碱失衡，防止酸中毒。过食谷物，宜用5%碳酸氢钠溶液500～1500毫升，或11.2%乳酸钠溶液200～400毫升，静脉滴注；必要时，维生素B_1 2～3克，肌内注射。

5）病程较长、症状较重病例，在泻下前提下，可用10%葡萄糖注射液1000毫升、庆大霉素100万国际单位、氢化可的松100～300毫克、30%安乃近注射液30毫升、10%氯化钠注射液400毫升、5%氯化钙注射液100毫升，混合静脉滴注，效果良好。

6）中兽医称瘤胃积食为宿草不转，治以健脾开胃，消食行气，泻下为主。牛用加味大承气汤：大黄60～90克、枳实30～60克、厚朴30～60克、槟榔30～60克、芒硝150～300克、麦芽60克、藜芦10克，水煎。大黄、芒硝后下，短煎，煎好后候温灌服。每天1剂，连服3剂。

注意

上述剂量为中等大小牛用量，临床应根据牛羊体重酌情加减药量。

7）继发瘤胃鼓胀时，应及时穿刺放气，以缓和病情；药物治疗无

效时，尽快进行瘤胃切开术。

三、典型病例介绍

1983 年 3 月。某县兽医站接诊一病牛。

【主诉】　上午家中无人，中午回家发现牛缰绳自开，吃了半袋子玉米，牛也病了，肚子胀得挺大，嘴里发出吭吭的声音。

【临床检查】　腹围膨大，左侧瘤胃上部饱满，中下部向外突出；病畜回头顾腹，后肢踢腹，拱背摇尾，并伴有呻吟；触诊瘤胃，病畜不安，内容物充满、坚硬，拳压留有压痕；听诊瘤胃蠕动次数减少，蠕动音消失，肠音微弱，排出软粪，粪便内有大量没消化的玉米粒；嗳气、反刍全停止。

【初步诊断】　急性瘤胃积食。

【处理措施】

1）进行瘤胃按摩，每次 5～10 分钟，间隔 30 分钟 1 次。

2）用滑石粉 500 克，丁香、肉蔻各 50 克，液状石蜡 2000 毫升，一次灌服。

3）用 5% 碳酸氢钠溶液 1000 毫升、5% 葡萄糖生理盐水 3000 毫升、20% 安钠咖注射液 10 毫升、维生素 C 1 克，混合静脉滴注。

4）促反刍液，加入庆大霉素 100 万国际单位混合静脉注射。

【医嘱】　禁食 2 天，视泻下情况给予适量饮水。

【转归】　1 周后回访，痊愈。

第六节　瘤胃臌气

瘤胃臌气中兽医又称“气胀”，是由于牛羊采食了大量易发酵的饲草、饲料，在瘤胃内微生物的作用下迅速发酵，产生大量气体，或因其他原因造成瘤胃内气体排出困难，气体在瘤胃和网胃内迅速积聚，引起瘤胃、网胃急性鼓胀，膈与胸腔器官受到压迫，引起呼吸与血液循环障碍，甚至窒息死亡的一种疾病。

本病是牛羊的常见多发病，有原发性和继发性之分，原发性常发于青草茂盛的夏季和清明与夏至之间，多表现急性瘤胃臌气；继发性多见于食道阻塞、食道狭窄、前胃弛缓、创伤性网胃炎、真胃阻塞、炭疽、出败、破伤风等疾病。

一、临床诊断要点

1. 病史调查

患畜有采食大量易发酵、产气草料，如处于生长发育旺盛期或幼嫩、

含水量高的苜蓿、紫云英、三叶草、野豌豆的病史；或者饲养方式由舍饲转为放牧。

2. 临床症状特点

1）急性瘤胃臌气发病迅速，采食易发酵饲草后立即发病，甚至在采食中突然发病。

2）左肷部急剧鼓胀，严重时高出脊背（彩图41、彩图42）。腹壁紧张，触诊有弹性，叩诊呈鼓音；听诊瘤胃蠕动音最初增强，很快减弱，甚至消失。

3）疼痛不安，不断起卧，呻吟摇尾。病初频频嗳气，后来嗳气消失，反刍抑制。

4）呼吸浅快，往往头颈伸展，张口伸舌呼吸，呼吸次数增至60次/分钟。心跳加快，脉搏可达100～120次/分钟，心力衰竭，静脉怒张，可视黏膜发绀；体温正常；初期排粪、排尿频繁，但量少，后期停止排粪，全身出汗；最后站立不稳，突然倒地痉挛死亡。

5）泡沫性瘤胃臌气，多是过食豆类草料所引起，病情发展快、症状更严重，触诊瘤胃高度胀满，有坚实感，常有泡沫从病牛口腔喷出，一般数小时即可窒息而死。

6）继发性瘤胃臌气一般发展缓慢（继发于食道病变的除外），病情变化不定，左肷中度胀满，瘤胃蠕动减弱，消化机能失调，病情时好时坏，常于采食或饮水后反复发生。

二、主要防治措施

1. 预防措施

平时加强饲养管理，防止牛羊贪食过多幼嫩多汁的豆科牧草，尤其从舍饲转为放牧时，在放牧前，先喂给青干草、稻草，以免放牧时过食易发酵的青绿饲料。添加精料要限制，不宜突然饲喂豆科牧草、块根块茎、糟粕饲料，饲喂后不宜立即饮水。

2. 治疗措施

1）排除气体。对非泡沫性瘤胃臌气常用以下方法。

① 初期，抬举病畜头颈，用草把适度按摩腹部，促进瘤胃内气体排出。

② 轻症病例，病畜前高后低立于斜坡上，不断牵引其舌，或将涂有甲酚皂的木棒衔在口腔内，同时按摩瘤胃，促进气体排出。

③ 重症病例，应及时用胃导管放气或穿刺放气。瘤胃穿刺术的操作方法和注意事项参见第二章第三节。

2）止酵消沫。

① 松节油20～30毫升、鱼石脂10～15克、酒精20～50毫升，加适量温水一次内服，或8%氧化镁溶液600～1000毫升，一次灌服，具有消胀作用。

② 非泡沫性臌气，放气后，注入稀盐酸10～30毫升；或鱼石脂15～25克、酒精100毫升、常水1000毫升；或注入生石灰水1000～3000毫升；或注入0.25%普鲁卡因溶液50～100毫升、青霉素100万国际单位，效果更好。

③ 泡沫性臌气，放气效果差，要采用以下方法。

a. 应瘤胃内注入二甲硅油，牛2～2.5克、羊0.5～1克；或用消胀片（二甲硅油15毫克/片）牛30～60片，松节油30～60毫升，鱼石脂10～20克，酒精30～40毫升，配成合剂一次灌服，能迅速奏效；或使用豆油、花生油、香油等食用油300毫升，温水500毫升，制成油乳剂灌服；或松节油30～40毫升、液状石蜡500～1000毫升与常水适量，一次灌服，效果均可。

b. 当药物治疗效果不显著时，应立即施行瘤胃切开术，取出其内容物，接种健康牛的瘤胃液3～6升和青霉素或土霉素适量。

3）健胃消导。可用2%～3%碳酸氢钠溶液，洗涤瘤胃，调节瘤胃pH，防止内容物继续腐败发酵；用2%硝酸毛果芸香碱注射液2～3毫升，或甲基硫酸新斯的明注射液0.01～0.02克，皮下注射，促进瘤胃蠕动，有利于反刍和嗳气。

4）对症治疗。

① 纠正脱水，维持水、盐代谢。用5%葡萄糖生理盐水2000～3000毫升、20%安钠咖注射液10毫升、维生素C 0.5～1克，一次静脉注射，每天2次。

② 纠正酸碱平衡，防止酸中毒。宜用5%碳酸氢钠溶液300～500毫升，或11.2%乳酸钠溶液200～400毫升，一次静脉注射。

三、典型病例介绍

1989年6月，某县兽医站接诊一病牛。

【主诉】 上午放牧，牛跑到苜蓿地吃了一会儿，很快出现胀肚子。

【临床检查】 病牛左肷部急剧鼓胀，从口腔喷出大量泡沫，呻吟摇尾；触诊瘤胃高度胀满，有坚实感，叩诊呈鼓音；听诊瘤胃蠕动音消失；呼吸浅快，张口呼吸，心跳加快，静脉怒张，可视黏膜发绀；体温正常。

【初步诊断】 原发性瘤胃臌气（泡沫性）。

【处理措施】

1）消胀片 50 片、松节油 50 毫升、鱼石脂 20 克、酒精 30 毫升，配成合剂一次灌服。

2）2% 硝酸毛果芸香碱注射液 2 毫升，皮下注射。

【转归】 入院约 0.5 小时，全身出汗，高度呼吸困难，窒息而死。

第七节 创伤性网胃炎

铁钉、钢丝、针、牙签等尖锐异物随饲料进入网胃，使网胃发生创伤甚至穿孔，引起创伤性网胃腹膜炎、横膈膜炎、心包炎等（彩图 43 ~ 彩图 47）。临床特征是顽固性前胃弛缓、瘤胃反复鼓胀、消化不良、网胃区敏感性增高。本病多发于牛，羊很少发生，舍饲牛发病率占 90% 以上。

牛创伤性网胃心包炎

一、临床诊断要点

1）初期表现周期性瘤胃臌气和顽固性前胃弛缓，应用健胃、促消化药无效，反而病情加重；病牛精神萎靡，食欲减退，反刍缓慢，消化不良，不断嗳气，胃肠蠕动减弱，顽固性便秘；排便时拱背举尾，但不敢努责。

2）患畜姿势异常。常采用前高后低站立姿势，头颈伸展，肘关节外展，拱背。

3）运动异常。病牛喜持久站立，不愿行走，强迫行走时，不愿下坡、跨沟、急转弯，不愿走硬化地面，且行走缓慢，随着行走往往出现呻吟；不愿起卧，强行起卧时，极为谨慎，卧地时先臀部下沉，后肢着地，然后前肢弯曲慢慢下沉；起立时，呈马的卧地起立姿势，先前肢，再后肢。

4）网胃敏感检查。

① 叩诊网胃区，呈现不安、呻吟避让或抵抗。

② 鬐甲反射阳性。用力压迫胸椎棘突和剑状软骨，双手将鬐甲皮肤捏成皱襞，病牛不安、呻吟，并出现背部下凹现象。

③ 用一根木棍通过剑状软骨区的腹底部猛然抬举，给网胃施加重压，患畜表现敏感不安。

5）诱导反应。应用毛果芸香碱、新斯的明等药物皮下注射，病牛迅速出现疼痛不安，病情随之加剧。

6）呼吸、脉搏、体温一般无明显变化，网胃穿孔后多升高至40～41℃，其后降至常温，转为慢性过程。病情时好时坏，消化不良，逐渐消瘦。

三、主要防治措施

1. 预防措施

1）加强饲养管理，畜舍内禁止散放金属异物；不到金属厂矿附近放牧；饲草过筛或安装电磁装置，确保切碎的饲料中无金属异物。

2）也可定期向网胃内投放磁棒，吸附金属异物，防止穿出网胃。磁棒如小指粗、6 厘米长，投放时用菜叶卷住放于舌根部让其吞下，或经过胃管投入。磁棒可长久停留在网胃内，半年左右用吸铁器吸出 1 次，去除其上吸附的金属异物后，再放入网胃。

2. 治疗措施

1）保守疗法。应用抗生素使炎症消退，增生的结缔组织包埋异物，使异物固定，以避免刺入心包。方法：将牛保定于前高后低之处，最好两边用门板固定，10～14 天不活动，挤奶、饲喂都在该处进行；或在一个斜坡上，前肢高出地面约 25 厘米，用土夯实，保持不动，配合使用大剂量抗生素，如青霉素 300 万国际单位、链霉素 3 克，一次肌内注射，每天 2 次，连用 5 天。

2）手术疗法。施行瘤胃切开术或从剑状软骨部切开，从网胃壁上摘除金属异物，其操作方法为：

① 病牛行站立保定于四柱栏内，上好腹带，防止其卧地。

② 左肷部剃毛、常规消毒，用 0.5% 盐酸普鲁卡因 50～80 毫升做切口部皮下浸润麻醉。

③ 垂直一刀切开皮肤、肌肉、腹膜，切口长 15～20 厘米，暴露瘤胃，在腹膜切口下端与瘤胃间塞上纱布块。

④ 术者在垂直切开瘤胃的同时，令助手用双手将瘤胃创缘与腹膜、肌肉的创缘抓在一起，互相紧贴，防止瘤胃内容物进入腹腔。

⑤ 术者伸手于瘤胃，取出瘤胃 1/3～1/2 内容物；然后将手向前下方伸进瘤网孔，进入网胃内，将网胃内的金属物及其他异物一并取出，

若有尖锐异物刺入胃壁，取出时应格外小心。

⑥ 先用温开水冲洗切口，除去污物，后用温生理盐水冲洗胃壁创缘，注意防止冲洗液流入腹腔。

⑦ 用纱布擦净术部后，助手拉出瘤胃切口创缘，对齐切口，术者用7~10号丝线自切口上端向下以螺旋缝合法缝合胃壁全层，用温青霉素生理盐水冲洗胃壁及腹壁创面；术者和助手洗手消毒，更换手术器械进入无菌手术阶段，用上述丝线做第二道瘤胃壁内翻缝合；彻底冲洗胃壁切口，涂上油剂青霉素，还纳瘤胃于腹腔。

⑧ 用螺旋缝合法一并缝合腹膜和腹横肌；用结节缝合法分别缝合腹内斜肌、腹外斜肌及皮肌；最后用结节缝合法或锁扣缝合法缝合皮肤切口，装置结系绷带。

⑨ 为防术后感染，可采取以下方法。

a. 可肌内注射青霉素400万国际单位，每6小时1次。

b. 10%水杨酸钠注射液50~200毫升、40%乌洛托品注射液20~60毫升、10%氯化钙注射液50~150毫升与5%葡萄糖盐水500毫升，混合静脉注射，每天1次，连用2次。

c. 5%葡萄糖生理盐水3000毫升、维生素C 3克，混合静脉滴注，每天1次，连用2天。

三、典型病例介绍

1985年10月，某县兽医站接诊一病牛。

【主诉】 病牛间断性胃肠鼓气，吃草减少，反刍慢，常嗳气，用过健胃药，不仅没见好，反加重；不愿卧地，喜欢站立，不让拍背部。

【临床检查】 病牛精神沉郁，头颈伸展，肘关节外展，拱背；强迫行走时，不愿走硬化地面，不愿下坡，且小心翼翼，行走缓慢，还发出呻吟声；不愿起卧，强行卧地时，极为谨慎，先臀部下沉，后肢着地，然后前肢弯曲慢慢卧下。网胃敏感检查：叩诊网胃区，有不安、呻吟避让现象；鬐甲反射阳性：双手将鬐甲皮肤捏成皱襞，病牛不安、呻吟，并出现背部下凹现象。

【初步诊断】 创伤性网胃炎。

【处理措施】 采用保守疗法。

1）将牛保定于前高后低之处，前肢高出地面约25厘米，用土夯实，10~14天保持不动，挤奶、饲喂都在该处进行。

2）青霉素300万国际单位、链霉素3克，一次肌内注射，每天2次，连用5天。

3）5%葡萄糖生理盐水3000毫升、维生素C 3克，一次静脉滴注，每天1次，连用5天。

【医嘱】 停止使役、提供充足清洁饮水和少量勤添青草，适量易消化精料。

【转归】 1个月后回访，痊愈。

第八节 胃肠炎

胃肠炎是指胃肠道表层黏膜及肌层的重剧炎症过程。临床上表现为显著的胃肠机能紊乱、脱水、自体中毒和毒血症症状，胃肠壁出现充血、出血、化脓或坏死等病变，是兽医临床常见多发病之一。

一、临床诊断要点

1. 病史调查

病畜有饲养管理不当，如饲喂霉烂、变质、酸败或受到化学药品如酸、碱污染的饲料和饮水病史；存在营养不良、长途运输、淋雨、露宿、地面潮湿；天气突然受冷或过热、分娩、发情等应激因素；患有某些传染病、寄生虫病等。

2. 临床症状特点

1）全身症状重剧，精神高度沉郁，脱水体征明显，眼窝下陷，皮肤弹性降低，脉搏快弱，体温开始升高1~2℃，后期降至常温以下，四肢厥冷。

2）持续而重剧的腹泻，排泄物常夹有血液、黏液和黏膜组织，有时混有脓液，味恶臭，有时呈现里急后重或粪便失禁；肠音开始时增强，后期减弱以至消失，伴有腹痛（彩图48）。

犊牛胃肠炎

3）食欲减少或废绝，反刍停止，舌苔厚、黄、腻，饮欲增加或拒绝饮水，血液黏稠，尿量减少。

二、主要防治措施

1. 预防措施

着重改善饲养管理，不用霉败饲料喂家畜，不让其采食有毒物质和有刺激、腐蚀性的化学物质；防止各种应激因素的刺激；搞好畜禽的定期预防接种和驱虫工作；合理使役和适当运动，增强体质，保证健康。

2. 治疗措施

1）清理胃肠，保护胃肠黏膜。根据腹泻情况进行适时缓泻和止泻。

① 当病畜腹泻剧烈，粪便混有黏液、脓汁，粪便恶臭时应用缓泻药物。常用液状石蜡 500～1000 毫升或植物油 500 毫升，加少量鱼石脂（10～30 克），混合温水灌服；或硫酸钠 200～300 克或人工盐 200～400 克，加常水配成 6%～8% 溶液，另加酒精 50 毫升，鱼石脂 10～30 克，调匀灌服。

② 当粪便稀薄如水，臭味不浓时应及时止泻，可以投服吸附剂和收敛剂。药用炭 100～200 克，加适量常水灌服。

③ 一般情况下，可用硅碳银片 30～50 克、鞣酸蛋白 20 克、碳酸氢钠 40 克，加水适量，一次灌服。

2）抑菌消炎。在选用抗生素时，最好采取患畜粪便，做药物敏感试验，确定使用药物。可选用的药物有：

① 磺胺类。最常用的是磺胺脒，用量 25～30 克，一次灌服，每天 3 次。

② 喹诺酮类。常用诺氟沙星、环丙沙星、氧氟沙星等。

③ 黄连素（小檗碱）及其他抗生素，配伍应用抗菌增效剂（甲氧苄啶），对重剧胃肠炎可收到较好的效果。

3）强心补液，纠正水、盐、酸碱平衡紊乱，应尽早进行。

① 将生理盐水、低分子右旋糖酐和 5% 碳酸氢钠溶液按 2∶1∶1 的比例进行混合输液。根据需要，在 500 毫升的输液中可加入 10% 氯化钾溶液 10 毫升，也可加入 20% 安钠咖注射液 20 毫升或 10% 樟脑磺酸钠注射液 40 毫升。

② 用 10% 氯化钠注射液 300～500 毫升、10% 氯化钙注射液 100～200 毫升、20% 安钠咖注射液 10～20 毫升，静脉注射，以改善胃肠的运动机能。

4）对症治疗。腹痛剧烈时可应用镇痛剂，肠出血时可静脉注射葡萄糖酸钙注射液 250～500 毫升，或皮下注射维生素 C 等。

三、典型病例介绍

1989 年 8 月，某县兽医站接诊一病牛。

【主诉】 牛从昨天下午开始拉稀便，粪便内混有血液，不吃草、料，喜喝水，不反刍。

【临床检查】 精神高度沉郁，眼窝下陷，皮肤弹性降低，脉搏快

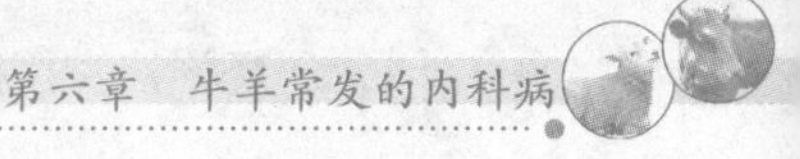

弱，体温40.2℃；持续腹泻，里急后重，粪便混有黏脓液体，有恶臭味；听诊肠音减弱，回头顾腹。

【初步诊断】 胃肠炎。

【处理措施】

1）人工盐200~400克，加常水配成6%~8%溶液，另加酒精50毫升，鱼石脂20克，调匀灌服。

2）磺胺脒30克，一次灌服，每天3次。

3）生理盐水1000毫升、低分子右旋糖酐500毫升、5%碳酸氢钠注射液500毫升、10%氯化钾注射液40毫升、20%安钠咖注射液20毫升，混合静脉滴注。

【复诊】 第2天复诊症状有所减轻。

【处理措施】

1）磺胺脒30克，一次灌服，每天3次，连用3天。

2）10%氯化钠注射液500毫升、10%氯化钙注射液200毫升、20%安钠咖注射液20毫升，静脉注射，每天1次，连用2次。

【转归】 1周后回访，痊愈。

第九节 感冒

感冒是由于受风寒外邪的侵袭，机体的防御机能降低而引起全身不适和上呼吸道感染的一种急性、热性、全身性疾病，以上呼吸道黏膜炎症为主要特征。

一、临床诊断要点

1）早春、晚秋气候多变时多发，病畜有居阴冷潮湿畜舍、受贼风侵袭的病史；无传染性。

2）精神沉郁，食欲减退或废绝，结膜充血，畏光流泪。

3）体温升高，达39~40℃，耳尖、鼻端发凉，皮温不均；鼻黏膜充血，鼻塞不通，初流水样鼻液（彩图49）。随后转为黏液或黏脓性液，咳嗽，呼吸、心跳加快；并发支气管炎时，则出现干、湿性啰音；鼻镜干燥，反刍减弱，常引起前胃弛缓。

二、主要防治措施

1. 预防措施

加强饲养管理，防止家畜突然受寒，如防止贼风侵袭，使役出汗后不要把牛拴在阴凉潮湿的地方等，早春、晚秋气候突然变化时更应注意防寒保暖。

2. 治疗措施

1）及时应用退烧药。

① 内服阿司匹林20~30克或安替比林10~30克。

② 肌内注射30%安乃近注射液20~40毫升，或安痛定（阿尼利定）注射液20~40毫升，或复方氨基比林注射液20~40毫升，或柴胡注射液20~40毫升。

③ 风寒感冒，可用50%葡萄糖注射液100毫升、30%安乃近注射液20毫升、5%氯化钙注射液100毫升，混合静脉注射，或安痛定注射液20~40毫升肌内注射；也可用水乌钙静脉注射（见咽炎）。

2）为防止继发感染，应配合应用抗生素或磺胺类药物。如青霉素G钾240万~400万国际单位，肌内注射，间隔6小时1次；或庆大霉素50万~100万国际单位、5%~10%葡萄糖注射液500毫升，混合静脉滴注。

3）病牛应充分休息，保证饮水，喂给易消化的饲料。

三、典型病例介绍

2005年3月，某县兽医站接诊一病牛。

【主诉】 牛昨天突然发热，流鼻涕，吃草少，反刍慢。

【临床检查】 病牛精神沉郁，眼结膜潮红，两眼流泪；体温40℃，触摸耳尖、鼻端发凉，鼻流水样鼻液，咳嗽，呼吸42次/分钟、脉搏86次/分钟，瘤胃蠕动2次/分钟，蠕动音减弱。

【初步诊断】 感冒。

【处理措施】

1）30%安乃近注射液30毫升，一次肌内注射，每天2次，连用3天。

2）注射用青霉素G钾300万国际单位，肌内注射，间隔6小时1次；连用3天。

【医嘱】 对病牛加强护理，停止使役，保证充足饮水，喂给易消化草料。

【转归】 1周后回访，痊愈。

第十节 支气管炎

支气管炎是支气管黏膜表层或深层的炎症，临床上以咳嗽、流鼻液

和不定热型为特征，多在早春和晚秋发生。

支气管炎有急性和慢性之分。急性支气管炎是支气管黏膜表层或深层的急性炎症，临床上以咳嗽、流鼻涕和胸部听诊有啰音为特征；慢性支气管炎为支气管黏膜长期的慢性炎症，临床上以持续咳嗽和肺部听诊啰音为特征。

一、临床诊断要点

1）多发于早春和晚秋，受气温剧烈变化影响而患病，且幼畜和老龄畜易发。

2）多因受寒感冒引起，也见于吸入刺激性物质而导致。

3）急性支气管炎。主症咳嗽，病初为干、短、伴有疼痛的咳嗽，经3~4天转为湿性长咳；触诊喉头或气管，其敏感性增高，常诱发持续且声音高朗的咳嗽；胸部听诊，病初肺泡呼吸音增强，2~3天后可听到啰音，初期为干性啰音，后为湿性啰音；初期体温升高0.5~1℃，一昼夜间升降不定。精神沉郁，食欲减少或废绝，反刍减少或停止，泌乳量降低；在病的过程中，初期流浆液性鼻液，后变为黏液性或黏脓性鼻液。

4）慢性支气管炎。持续性咳嗽为其特征，常拖延数月甚至数年，尤其是早晚进出畜舍、饮水采食、稍运动、紧张劳役，以及气候剧烈变化时，常引起剧烈的咳嗽。

二、主要防治措施

1. 预防措施

加强耐寒锻炼，避免突然受到寒冷、风雨、潮湿的袭击。注意饲养管理，投喂易消化饲料，畜舍要处理好保温和通风的关系，保持空气新鲜，舍温适宜。

2. 治疗措施

1）消除病因，保证畜舍内通风良好且温暖，供给充足的清洁饮水和优质的饲草料。

2）咳嗽频繁、支气管分泌物黏稠的病畜，可内服溶解性祛痰剂，如氯化铵10~20克。分泌物不多，但咳嗽频繁且疼痛的病畜，可选用镇痛止咳剂，如复方樟脑酊10~40毫升，或复方甘草合剂20~100毫升，或磷酸可待因0.2~2克等。

3）为了促进炎性渗出物的排除，可用克辽林、来苏儿、松节油、木馏油、薄荷脑、麝香草酚等蒸气反复吸入，也可用碳酸氢钠等无刺激性的药物进行雾化吸入。生理盐水气雾湿化吸入，或加溴己新、异丙托溴铵，可稀释气管中的分泌物，有利排除，效果良好。

4）抑菌消炎。可选用抗生素或磺胺类药物。

① 青霉素、链霉素各100万国际单位，溶于1%普鲁卡因溶液15～20毫升中，进行气管内注射（具体操作方法步骤参见第二章第二节），每天1次，有良好的效果。

② 10%磺胺嘧啶钠注射液100～150毫升，肌内注射或静脉注射。

③ 注射用青霉素G，每千克体重0.6万～1万国际单位，肌内注射，每天2次，连用3天。

④ 严重病例可用四环素，每千克体重5～10毫克，溶于5%葡萄糖注射液或生理盐水500～1000毫升中静脉滴注，每天2次。也可选用大环内酯类（红霉素等）、喹诺酮类（氧氟沙星、环丙沙星等）及头孢菌素类。

5）抗过敏。在使用祛痰止咳药的同时，每天内服溴樟脑3～5克或盐酸异丙嗪0.25～0.5克，疗效显著。

6）当病牛呼吸困难时，可用氨茶碱注射液，剂量1～2克，一次肌内注射；或用5%麻黄碱注射液4～10毫升，一次皮下注射。

三、典型病例介绍

1989年12月，某县兽医站接诊一病牛。

【主诉】 前几天牛感冒，打了几天针，也不发热了，也吃草了，但就是咳嗽、流鼻涕。

【临床检查】 精神不振，咳嗽，呈湿性长咳；触诊喉头，能诱发持续性咳嗽；胸部听诊，可听到明显的湿性啰音；鼻流黏液性或黏脓性鼻液。

【初步诊断】 急性支气管炎。

【处理措施】

1）氯化铵15克，加适量水灌服。

2）10%磺胺嘧啶钠注射液150毫升，静脉注射，每天1次，连用3天。

3）注射用青霉素G钾200万国际单位，肌内注射，每天2次，连用3天。

【转归】 2周后回访，痊愈。

第十一节 支气管肺炎

支气管肺炎是指肺组织的个别小叶或几个肺小叶群的炎症，又名小叶性肺炎。通常肺泡内充满由上皮细胞、血浆与白细胞组成的卡他性炎性渗出物，故又称卡他性肺炎。临床上以弛张热、呼吸次数增多、叩诊有散在的局灶性浊音区、听诊有捻发音为特征。

一、临床诊断要点

1. 常发季节

多见于早春和晚秋季节。

2. 易发病动物

各种动物均可发病，但以老龄、幼龄动物多发。

3. 病史调查

病畜存有饲养管理不当、卫生条件恶劣、受物理或化学刺激等影响因素；或患有感冒、流行性支气管炎等疾病，因医治不当而转为支气管肺炎。

4. 临床症状特点

1）全身症状。精神沉郁，食欲减退或废绝，反刍减少或停止；发热，表现弛张热型，39.5～41℃；脉搏增快，达60～100次/分钟；呼吸加快，达40～100次/分钟，呼吸困难，腹式呼吸明显。

犊牛肺炎

2）咳嗽。病初为干性痛咳，后为湿咳；流少量黏液性鼻液。

3）听诊。病初在病灶部肺泡呼吸音减弱，可听到捻发音，并可听到干、湿性啰音和支气管呼吸音，病灶周围和其他健康肺部肺泡呼吸音增强。

4）叩诊。若病灶较浅，可听到一个或数个小的浊音区，浊音区周围可听到过清音；若病灶较深，则浊音不明显；且叩诊病灶部常能诱发咳嗽。

二、主要防治措施

1. 预防措施

加强饲养管理，注意通风换气，给予营养丰富、易消化的饲料；免受寒冷、风、雨、潮湿等的袭击，减少应激因素的影响。

2. 治疗措施

1）首先应将病畜置于光线充足、空气清新、通风良好且温暖的畜舍内，供给营养丰富、易消化的饲草料和清洁饮水。

2）抗菌消炎，常用抗生素和磺胺类药物，用药途径及剂量视病情轻重及有无并发症而定。抗菌药物疗程一般为5～7天，或在退热后3天停药。

① 青霉素与链霉素联合使用，每千克体重注射用青霉素 G 钾1 万~2 万国际单位，硫酸链霉素 10 毫克，一次肌内注射，间隔 6 小时 1 次。

② 盐酸四环素，每千克体重 1~2 克，溶于葡萄糖生理盐水或 5% 葡萄糖注射液中，一次静脉滴注，每天 2 次。

③ 注射用青霉素 G 钾 280 万~480 万国际单位、硫酸链霉素 400 万~600 万国际单位、3% 盐酸普鲁卡因溶液 10~20 毫升，加蒸馏水配成 60 毫升，一次气管注入（具体操作方法参见第二章第二节），每天 1 次，一般 2~4 次可治愈。

④ 磺胺嘧啶钠或磺胺二甲嘧啶钠 8~20 克，用 500 毫升糖盐水或生理盐水稀释后静脉滴注，每天 1~2 次，连用 2~3 天；与乌洛托品同用可提高疗效。

注意

最好先取鼻分泌物做细菌的药敏试验，找出敏感药物来应用，以提高治疗效果。

3）祛痰止咳。

① 咳嗽频繁，分泌物黏稠时，可选用氯化铵 10~20 克灌服以化痰止咳。

② 剧烈频繁的咳嗽，无痰干咳时，可选用复方樟脑酊 10~40 毫升灌服以镇痛止咳。

4）制止渗出。可静脉注射 10% 氯化钙注射液；促进渗出物的吸收和排出，可用利尿剂，也可用 10% 安钠咖注射液 10~20 毫升、10% 水杨酸钠注射液 100~150 毫升和 40% 乌洛托品注射液 60~100 毫升，一次静脉注射。

5）对症疗法。

① 体温过高时，常用复方氨基比林或阿尼利定注射液以解热。

② 呼吸困难严重者，可输入氧气，或静脉注射过氧化氢和复方氯化钠（1∶3）的混合液 1000~1500 毫升。

③ 对体温过高、出汗过多引起脱水者，应适当补液，纠正水、电解质和酸碱平衡紊乱。注意，输液量不宜过多，速度不宜过快，以免发生心力衰竭和肺水肿。

④ 对病情危重的病畜，可静脉注射氢化可的松或地塞米松等糖皮质激素 3~5 天。

三、典型病例介绍

2004 年 2 月，某县兽医站接诊一病牛。

【主诉】 从昨天开始，牛精神不好，不想吃草，发热，咳嗽。

【临床检查】 精神沉郁，反刍减少，咳嗽。体温 40.5℃，脉搏 80 次/分钟，呼吸 70 次/分钟。胸部听诊，局部肺泡呼吸音减弱，并可听到捻发音，而其他健康肺部肺泡呼吸音增强；胸部叩诊，在肺泡呼吸音减弱处呈浊音，浊音区周围为清音，且叩诊时诱发剧烈咳嗽。

【初步诊断】 支气管肺炎。

【处理措施】

1）注射用青霉素 G 钾 600 万国际单位、硫酸链霉素 3 克、注射用水 30 毫升，一次肌内注射，间隔 6 小时 1 次，连用 5 天。

2）10% 安钠咖注射液 20 毫升、10% 水杨酸钠注射液 150 毫升、40% 乌洛托品注射液 100 毫升，一次静脉滴注。

3）复方樟脑酊 30 毫升，一次灌服。

【医嘱】 为病牛提供光线充足、空气清新、通风良好且温暖的畜舍，供给营养丰富、易消化的饲草料和清洁饮水。

【转归】 1 周后回访，痊愈。

第十二节　坏疽性肺炎

坏疽性肺炎是指误将异物（如食物、药物等）吸入肺脏，或腐败性细菌侵入肺脏，引起肺组织炎症、坏死和分解，临床上以呼吸极度困难，两鼻孔流出脓性、腐败性和极为恶臭的鼻液为特征，又称异物性肺炎。

一、临床诊断要点

1. 病史调查

病畜因患有咽炎、咽麻痹等疾病，或全身麻醉后吞咽功能尚未完全恢复即喂食，或经口给药操作不当，致使食物、药物等异物误入肺脏，引发本病。

2. 临床症状特点

1）全身症状。精神沉郁，低头呆立，食欲废绝，体温初期升高，呈弛张热，一般在 40℃或以上，心跳疾速，结膜充血、黄染，便秘；后期体温下降，心跳变慢，结膜苍白不洁，腹泻。

2）呼吸困难。病初极度困难，呈腹式呼吸，在病牛的附近或咳嗽时，

可闻到呼出气的带有氯仿味；后期呼吸深长，在远处也能闻见氯仿味。

3）特殊鼻液。两侧鼻孔流出呈褐灰带红或浅绿色，有奇臭味的污秽鼻液。在咳嗽或低头时，常常大量流出。把这些鼻液收集在无色玻璃容器内，可分为3层，上层为黏性、有泡沫的液体；中层是浆液性液体并含有絮状物；下层是脓液，含有很多大小不等的肺组织块。

4）叩诊。在肺前下方可发现半浊音或浊音区；形成空洞时，可呈现局限性鼓音；若其空洞与支气管相通，则呈现破壶音；在空洞周围被致密结缔组织所包围，并充满空气，可呈现金属音。

5）听诊。常于肺的前下方听到湿啰音、沸腾音；若肺空洞与支气管相通时，可听到空瓮性呼吸音（吹瓶音）。

二、主要防治措施

1. 预防措施

对咽炎等引起吞咽障碍的疾病应及时治疗；尽量不经口强制性投药，胃管投药时必须确认胃管在食道中方可投入药液；全身麻醉后应待吞咽功能恢复后再喂食。

2. 治疗措施

1）迅速排除异物。

① 站立时，确保患畜前低后高；横卧时，把后躯垫高，以便于异物的咳出。

② 病初及时皮下注射2%硝酸毛果芸香碱注射液5毫升（注射后使病畜低头，利于异物排出）。

③ 反复肌内注射呼吸兴奋药如尼可刹米2～4克，或盐酸山梗菜碱注射液30～100毫升，间隔4～6小时1次。

④ 也可进行气管低位切开。

2）静脉滴注新胂凡纳明（914）。将新胂凡纳明（914）3克，加入500毫升5%～10%葡萄糖或糖盐水或生理盐水中，配成5%以下的剂量即可，缓慢静脉滴注，间隔3～5天，重复使用1次，连用2次。

注意

静脉滴注新胂凡纳明（914）时，绝对不可漏于皮下；液体配好后15分钟内必须用完；注射过程中避免日光照射；用后易便秘，应同时使用盐类泻剂。

3）气管注射。用0.1%雷夫奴尔溶液50～400毫升，分次缓慢注入气管；或0.25%盐酸普鲁卡因溶液15毫升、青霉素120万国际单位，气管注射，10分钟后再气管注射鸡蛋清10～40毫升，每天1次，连用3次，结合肌内注射土霉素3克，有良好疗效。其具体操作方法步骤参见第二章第二节。

4）大剂量应用抗生素（如青霉素、链霉素或土霉素等）或磺胺类药物（如磺胺嘧啶钠、磺胺二甲嘧啶等），以制止肺组织的腐败与分解。

注意

抗生素要用到体温下降后2～3天后停药。

5）静脉注射10%氯化钙注射液100～200毫升、10%安钠咖注射液10～20毫升、10%水杨酸钠注射液100～150毫升、40%乌洛托品注射液60～100毫升，一次静脉注射。

6）胸腔注射。注射用青霉素G钾200万～500万国际单位，用30毫升蒸馏水稀释，再加入氢化可的松100～200毫克，一次胸腔注射，其具体操作方法步骤参见第二章第二节。

7）防止自体中毒。静脉注射樟脑糖溶液（含0.4%樟脑、6%葡萄糖、30%酒精、0.7%氯化钠的灭菌混合液）200～250毫升，每天1次。

三、典型病例介绍

2002年8月，某县兽医站接诊一病牛。

【主诉】　前天因牛胃肠不好，用瓶子灌药，灌呛了。今天出现发热，不吃草，低头站立不动，咳嗽，流臭鼻涕。

【临床检查】　精神沉郁，体温40.5℃，脉搏100次/分钟，结膜充血、黄染，便秘；呼吸极度困难，呈典型的腹式呼吸；病牛咳嗽时，呼出气带有特殊的氯仿味，并从两侧鼻孔流出大量灰褐带红色，有奇臭味的污秽鼻液；叩诊肺前下方可发现局灶性半浊音或浊音区；听诊肺前下方，可听到湿啰音或沸腾音。

【初步诊断】　坏疽性肺炎。

【处理措施】

1）皮下注射2%毛果芸香碱注射液5毫升，注射后，让病畜尽量低头，以利于异物排出。

2）尼可刹米注射液，剂量为3克，一次肌内注射，间隔4～6小时重复1次，反复进行。

3）用0.25%盐酸普鲁卡因溶液15毫升、青霉素120万国际单位，气管注射，10分钟后再气管注射鸡蛋清30毫升，每天1次，连用3天，结合肌内注射土霉素3克，有良好疗效。

4）10%氯化钙注射液200毫升、10%安钠咖注射液20毫升、10%水杨酸钠注射液150毫升、40%乌洛托品注射液100毫升，一次静脉注射。

【转归】 2周后回访，痊愈。

第十三节 中暑

中暑，又称热射病，是由于外界环境高温，导致家畜体温调节功能障碍而引起的全身性过热症。临床上以超高体温，循环衰竭为特征。

一、临床诊断要点

1. 发病季节

本病多发生在炎热季节，南方以4~9月常发，北方以7~8月常发。

2. 病史调查

病畜常有日光暴晒，长途驱赶或紧张劳役，或外界高温，厩舍闷热拥挤、通风不良等病史。

3. 临床症状特点

1）突然发病，神昏头低，站立不动或倒地，浑身肌肉颤抖，行走如醉酒状，全身出汗，或有兴奋症状。

2）体温高达41℃以上，皮温增高，用手背触摸感觉烫手。

3）呼吸高度困难，鼻孔开张，张口伸舌喘气，两鼻孔流出粉红色带小泡沫的鼻液；眼结膜发绀。

4）心跳加快，100次/分钟以上，心冲动强盛。

5）后期病畜呈昏迷状态，意识丧失，四肢划动，呼吸浅而疾速，心跳快弱，节律不齐，脉不感手，第一心音微弱，第二心音消失，体温下降，常因呼吸中枢麻痹而死亡。

二、主要防治措施

1. 预防措施

炎热夏季合理使役，防止日光直射头部；长途运输，不能过度拥挤，并注意避过高温时段；畜舍要通风良好，随时供给清凉饮水。

2. 治疗措施

1）迅速将病畜移至阴凉通风处，不断用冷水浇头部，或用冷水灌肠。

2）静脉放血1000~2000毫升，然后用生理盐水或复方氯化钠注射液1500~3500毫升，加入10%樟脑磺酸钠注射液10~20毫升，或0.025%毒毛旋花素K注射液5~10毫升，静脉滴注。

3）纠正酸中毒，可选择以下药物。

① 5%碳酸氢钠注射液500~800毫升，静脉滴注。

② 硫代硫酸钠5~15克，加入5%葡萄糖生理盐水500毫升中，静脉滴注。

③ 11.2%乳酸钠注射液300~500毫升，静脉滴注。

④ 用上述任一药物0.5小时后，静脉滴注10%氯化钠注射液300~500毫升。

4）兴奋不安时，可选择以下方法。

① 2%静松灵注射液2~3毫升，肌内注射。

② 2.5%盐酸氯丙嗪注射液6~7.5毫升，肌内注射。

③ 25%硫酸镁注射液50~100毫升，静脉注射。

5）对心功能不全者，可皮下注射20%安钠咖注射液20毫升。

6）降低颅内压，可用20%甘露醇注射液500~1000毫升，静脉滴注。

三、典型病例介绍

1999年8月，某县兽医站接诊一病牛。

【主诉】 牛上午去地里干活，中午回牛舍饲喂。下午发现精神很差，浑身大汗，张口喘气，体温很高，呆立不动。

【临床检查】 病牛神昏头低，站立不动，强迫行走如醉酒状，全身出汗，皮肤温度增高，用手背触摸感觉烫手，鼻孔开张，张口喘气；体温41.5℃，呼吸70次/分钟，脉搏108次/分钟。

【初步诊断】 中暑。

【处理措施】

1）迅速将病畜牵至阴凉通风处，不断用冷水浇头部和全身。

2）先静脉放血1000毫升，然后用生理盐水2000毫升，加入10%樟脑磺酸钠注射液10毫升，静脉滴注。

3）20%甘露醇注射液500毫升，静脉滴注。

4）先用5%碳酸氢钠注射液500毫升，静脉滴注；0.5小时后，静脉滴注10%氯化钠注射液300毫升。

5）20%安钠咖注射液20毫升，皮下注射。

【转归】 痊愈。

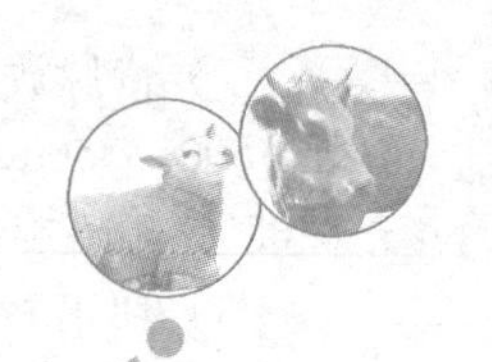

第七章 牛羊常发的外科病

第一节 创伤

创伤是因锐性外力或强烈的钝性外力作用于机体组织或器官，使受伤部位的皮肤或黏膜出现伤口及深在组织与外界相通的开放性损伤（彩图50）。

创伤有新鲜创和感染创之分。前者是手术创伤和8～12小时的污染创伤；后者是创内有大量微生物侵入、呈现化脓感染的创伤。

一、临床诊断要点

1. 新鲜创

表现出血、疼痛、创口裂开和机能障碍。

2. 感染创

1）化脓创。最初表现出明显的充血、渗出、肿胀、剧烈疼痛、局部温度增高；后期表现组织细胞坏死、分解液化、形成脓汁，甚至引起机体的全身性反应。

2）肉芽创。炎症反应和感染化脓逐渐消退，创内出现新生的肉芽组织。内芽组织质地坚实、粉红色、呈粟粒大颗粒状，表面黏附少量黏稠、灰白色的脓性分泌物。

二、主要防治措施

1. 预防措施

畜舍内避免出现突出的铁钉、钢丝等尖锐物；出现创伤后应做好创部护理工作，为组织再生和组织愈合提供条件，防止感染。

2. 治疗措施

1）止血。可用压迫、钳压、结扎止血或使用止血药等方法。

2）清洗创伤。

① 先清洁创围。用灭菌纱布覆盖创部后，除去创围被毛及血痂；然

后用75%酒精和5%碘酊对创围皮肤消毒；用消毒液洗刷创围之外的皮肤，洗净后用灭菌纱布擦干。

注意

清洗创伤时，一定勿使清洗液流入创内。

② 清洁创口。揭去覆盖创面的纱布，创口先用3%过氧化氢溶液或0.1%新洁尔灭（苯扎氯铵）溶液清洗后，再用生理盐水冲洗，然后用5%碘酊和75%酒精涂擦创口及其周围皮肤。

③ 清理创腔。先用生理盐水冲洗创面上的异物、血凝块和积液；再用手术器械切除创腔内的坏死组织；然后用0.1%苯扎氯铵溶液或3%过氧化氢溶液或0.1%雷夫努尔溶液清洗创腔，直至清洁为止。

3）创伤用药。

① 抗感染药物。新鲜创经过处理后，可撒布抗生素、氨苯磺胺粉、碘仿磺胺粉或呋喃西林白糖混合粉末（呋喃西林2.5克、白糖250克，混合均匀）等。

② 促进创伤净化药物。常用的有8%~10%氯化钠溶液、10%~20%硫酸镁或硫酸钠溶液、50%葡萄糖溶液。

③ 促进肉芽生长药物。常用的有10%磺胺鱼肝油、磺胺软膏、青霉素软膏、金霉素软膏等。

④ 促进上皮生长药物。常用的有氧化锌水杨酸软膏（水杨酸4克、15%氧化锌软膏96毫升、凡士林200克，混合而成）、水杨酸磺胺软膏、甲紫溶液、磺胺粉等，涂在创缘或创围。

4）创伤缝合。在清创后，新鲜创直接缝合创口；感染创面涂布酒精、碘酊后一次完全缝合创口；若创伤污染严重，清创后要撒布青霉素粉或磺胺粉，再部分缝合创口。

5）创伤引流。当创腔深、创道长、创内有坏死组织或创底潴留渗出物时，可使用纱布条引流，促使创内炎性渗出物流出创外，直至创腔逐渐由肉芽组织填充、愈合。

6）创伤包扎。一次完全缝合的创伤要包扎，部分缝合的创伤不做严密包扎。

7）全身疗法。

① 局部化脓症状严重时，用10%氯化钙注射液100~150毫升，5%

碳酸氢钠注射液300～500毫升，分别静脉滴注。

② 伴有全身症状者，除静脉注射5%碳酸氢钠注射液外，连续应用抗生素和磺胺类药物。

③ 据病情变化，确定是否采取强心、补液、利尿措施。

三、典型病例介绍

1983年4月，某兽医站接诊一病牛。

【主诉】 牛缰绳开了，去庄稼地里吃麦子，被人用铁锹铲伤臀部，当时抓一把土止的血。

【临床检查】 病牛左侧臀部有一道10厘米左右的伤口，血泥覆盖其上。

【初步诊断】 创伤。

【处理措施】

1）创伤清洗。

① 清洁创围。先剪去创围被毛，轻轻去除血泥痂；再用75%酒精和5%碘酊对创围皮肤消毒；用0.1%苯扎氯铵溶液洗刷创围之外的皮肤，洗净后用灭菌纱布擦干。

② 清洁创口。创口先用0.1%新洁尔灭溶液清洗，再用生理盐水冲洗，然后用5%碘酊和75%酒精涂擦创口及其周围皮肤。

③ 清理创腔。先用生理盐水冲洗创面；再用手术器械切除创腔内的坏死组织；然后用3%过氧化氢溶液清洗创腔，直至清洁（不起白沫）为止。

2）创伤缝合。清创后，结节缝合创缘，闭合创口；缝合处涂布5%碘酊或撒布青霉素粉或磺胺粉。

【转归】 1周后回访，痊愈。

第二节 挫伤

挫伤是机体在较强的钝性外力直接作用下，引起软组织的非开放性损伤。挫伤多是被棍棒打击、家畜踢蹴、车辆冲撞、牛角抵伤、鞍挽具过度摩擦或压挤、滑倒或跌倒在硬化地面等造成；临床特征是皮肤保持其完整性，而皮下组织发生损伤。

一、临床诊断要点

1）挫伤局部溢血。在皮肤色素少的部位可明显发现溢血斑，指压不褪色。

2）肿胀。局部呈扁平样肿胀，轻微挫伤时肿胀轻微，呈红色或紫

色，质地坚实；局部温度稍高，四肢挫伤的下方出现捏粉样水肿。有的重剧挫伤会继发血肿或淋巴外渗（彩图51、彩图52）。

3）疼痛。

4）机能障碍。四肢挫伤多引起跛行，胸部挫伤可能引起呼吸困难。

5）当挫伤感染时，局部症状加重，疼痛与肿胀更严重，有的病例会继发蜂窝组织炎，全身症状恶化。

二、主要防治措施

1. 预防措施

避免牛羊受到钝性外力的作用，驱赶牛羊时避免棍棒打击，保持畜舍的干燥，防止滑倒或跌倒。

2. 治疗措施

1）轻度的挫伤，局部剪毛，用消毒药液洗净患部。出血及渗出较少时，涂擦2%碘酊或甲紫溶液。创面渗出物较多时，可撒布消炎粉剂，保持干燥，加速痂皮形成，保护创面，促进痂皮下愈合。

2）重剧的挫伤，在局部治疗的同时，要注意全身状态的变化。必要时输液治疗。5%碳酸氢钠溶液300～500毫升、5%葡萄糖氯化钠注射液500～1000毫升，混合静脉注射；30%安乃近注射液5～30毫升，或复方氨基比林注射液5～50毫升，肌内注射。

3）挫伤后视病情需要，应及时应用抗生素、磺胺类药物治疗，以防感染。

4）冷疗和热疗。

① 有热痛时实施冷却疗法，使病畜安定，消除急性炎症，缓解疼痛。热痛肿胀特别重时给予冰袋冷敷。

② 挫伤2天后可改用温热疗法、中波超短波疗法或红外线疗法等，以恢复机能。

5）刺激疗法。炎症慢性化时可进行刺激疗法。涂氨擦剂（氨与蓖麻油的比例为1∶4），樟脑酒精或5%鱼石脂软膏、复方醋酸铅散等，引起一过性充血，促进炎性产物吸收，对促进肿胀的消退有良好的效果。

三、典型病例介绍

1987年9月，某县兽医站接诊一病牛。

【主诉】 牛前几天在地上摔了一跤，昨天发现右前腿瘸。

【临床检查】 右前肢膝盖部有一扁平样肿胀，质地坚实，局部温度稍高，膝盖下方有捏粉样水肿。用手触摸有疼痛反应，行走有明显跛行。

【初步诊断】 挫伤。

【处理措施】

1）挫伤局部剪毛，用0.1%新洁尔灭溶液洗净患部；用甲紫溶液涂擦。

2）热疗。用大盐炒热，装袋热敷，每天2次，连用3天。

3）30%安乃近注射液20毫升，肌内注射，每天2次，连用3天。

【转归】 1周后回访，痊愈。

第三节 脓肿

脓肿是指组织或器官内由于化脓性炎症所引起病变组织、坏死物、溶解物积聚在组织内，并形成外有脓肿膜包裹，内有脓汁滞留的局限性脓腔。大多数脓肿是由感染引起的，最常继发于急性化脓性感染的后期，也有的是由于血液或淋巴将致病菌由原发病灶转移至某一新的组织或器官内所形成的转移性脓肿，如牛结核杆菌、放线杆菌的感染。

一、临床诊断要点

呈急性炎症，触诊局部硬、肿、热、痛，数天后肿胀才局限化。与正常组织界限清楚；随后中央变软，触之有波动感。中央皮肤渐渐变薄，被毛脱落，向体表破溃，排出脓汁，排脓后脓腔缩小，逐渐收口，一般没有全身症状（彩图53～彩图55）。

二、主要防治措施

1. 预防措施

静脉注射刺激药物时要遵守无菌操作规范，防止漏液。发生外伤感染要及时正确处理。

2. 治疗措施

1）消炎、止痛。

① 局部涂擦樟脑软膏，或用冷疗法（如复方醋酸铅溶液冷敷，鱼石脂酒精、栀子酒精冷敷），以抑制炎症渗出并具有止痛的作用。

② 根据脓肿大小，用0.25%盐酸普鲁卡因注射液40～80毫升，稀释青霉素100万～200万国际单位，进行脓肿周围封闭。

③ 局部治疗的同时，可根据病情适当配合应用抗生素、磺胺类药

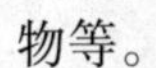

物等。

2）促进脓肿的成熟。当脓肿没有消散可能时，要采取以下方法促进其尽快成熟。

① 局部涂抹鱼石脂软膏、鱼石脂樟脑软膏。

② 局部用超短波治疗仪或短波透热治疗仪治疗。

③ 温热疗法，用25%热硫酸镁溶液局部温包。

3）当局部出现明显的波动时，应及早排脓。常用方法有2种，可任选其一。

① 脓汁抽出法。

a. 用注射器抽取脓汁后，由同一针头以生理盐水或消毒液反复冲洗，排净冲洗液后，注入少量混有青霉素的普鲁卡因溶液。

b. 用50%尿素溶液注入脓腔并抽出，重复多次，以使脓液排净，然后同上注入青霉素普鲁卡因溶液。

② 脓肿切开法。在脓肿波动最明显处切开排脓，然后按化脓创处理。

a. 用0.1%高锰酸钾溶液或3%过氧化氢溶液或3%苯酚溶液冲洗脓肿腔后，撒布呋喃西林粉或雷佛奴耳粉即可。

b. 用来苏儿原液擦化脓疮，并用棉球擦干，再用3%过氧化氢溶液洗，效果优良。

c. 用消毒液冲洗后，撒布呋喃西林白糖粉（呋喃西林2.5克、白糖250克，混合均匀即可），有良效。

4）脓肿切开后2天内，用消毒液每天冲洗1次，以后减少冲洗次数，促进肉芽组织生长。后期，脓液稀少时，可塞进呋喃西林鱼肝油（比例为2∶100）纱布条，以促进肉芽组织生长。

三、典型病例介绍

2003年5月，某县兽医站接诊一病牛。

【主诉】 牛前腿上部起了1个疙瘩，不知道什么时候开始的。

【临床检查】 病畜前肢臂部有1个3.5厘米×3厘米的肿胀，触之有波动感，热、痛不太明显。

【初步诊断】 脓肿。

【处理措施】 因脓肿已经成熟，应切开排脓。选在脓肿波动最明显处，用手术刀切开，用3%过氧化氢溶液冲洗脓肿腔，直到没有白色泡沫出现后，撒布呋喃西林粉。

【医嘱】

1）2天内，每天用3%过氧化氢溶液冲洗1次。

2）2天后，3~4天冲洗1次。

3）后期，脓液稀少时，在创腔内塞进呋喃西林鱼肝油（比例为2∶100）纱布条，每2天更换布条，塞进深度逐渐变浅，直到创口长平。

【转归】 2周后回访，痊愈。

第四节 蜂窝织炎

蜂窝织炎是疏松结缔组织发生的急性弥漫性化脓性炎症，常发生在皮下、筋膜下、肌间隙或深部疏松结缔组织。

引起蜂窝织炎的致病菌主要是溶血性链球菌，其次为金黄色葡萄球菌，或大肠杆菌及厌氧菌等。一般由皮肤或黏膜的微小创口感染引起，也可因邻近组织的化脓性感染扩散或通过血液循环和淋巴道的转移，偶见继发于某些传染病，或刺激性强的化学制剂误注或漏入皮下疏松结缔组织内而引起。

一、临床诊断要点

1. 症状特点

病变不易局限，扩散迅速，与正常组织无明显界限，并伴有明显的全身症状。

2. 局部症状

短时间内局部呈现大面积肿胀。浅在的病灶起初按压时有压痕，化脓后，肿胀部位有波动感，常发生多处皮肤破溃，排出脓汁后，症状减轻。深在的病灶呈坚实的肿胀，界限不清，局部增温，剧痛。化脓形成脓汁后，导致患部内压增高，使患部皮肤、筋膜及肌肉高度紧张。皮肤不易破溃。

3. 全身症状

患畜精神沉郁，食欲下降或废绝，体温升高到40℃以上，呼吸、脉搏增快。深部的蜂窝织炎病情更严重，可因继发败血症而致死。

二、主要防治措施

1. 预防措施

及时治疗皮肤创伤，防止感染；静脉注射氯化钙溶液、高渗盐水、水合氯醛等刺激性药物时，应避免漏出血管。

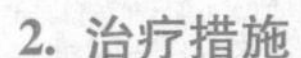

2. 治疗措施

1）局部保守疗法。

① 发病2天内，先用10%鱼石脂酒精，或95%酒精，或复方醋酸铅溶液冷敷，再用青霉素普鲁卡因溶液病灶周围封闭。

② 发病3～4天以后，用温热疗法，将上述药液加温外敷。

2）手术疗法。局部保守治疗无效时，尽早切开患部。切口要有足够的长度及深度，可为几个平行切口。用3%过氧化氢溶液，或0.1%新洁尔灭溶液，或0.1%高锰酸钾溶液冲洗创腔，用纱布吸净创腔药液。最后用10%氯化钠溶液，50%硫酸镁溶液纱布条引流，并按时更换纱布条。

3）全身疗法

① 尽早应用大剂量抗生素或磺胺类药物。

② 静脉滴注5%碳酸氢钠注射液，或40%乌格托品注射液，或5%～10%葡萄糖注射液，或樟酒糖注射液（含0.4%樟脑、6%葡萄糖、30%酒精、0.7%氯化钠的灭菌混合液），一次用250～300毫升。

三、典型病例介绍

2004年6月，某县兽医站接诊一病牛。

【主诉】 前天发现牛肩前出现有个肿块，扩散挺快，摸一下感觉发热，也有痛的表现，吃草少，精神也不好。

【临床检查】 病牛肩前有大面积肿胀，按压时有压痕，与正常组织界限不清，触诊局部温度增高，有剧烈痛感。精神沉郁，体温40.5℃，呼吸、心跳均增快。

【初步诊断】 蜂窝织炎。

【处理措施】

1）注射用青霉素G 600万国际单位、硫酸链霉素5克、注射用水30毫升，一次肌内注射，每天2次，连用3天。

2）5%碳酸氢钠注射液200毫升、40%乌格托品注射液40毫升、5%葡萄糖注射液500毫升，混合静脉滴注，每天1次，连用3次。

3）局部先用95%酒精温敷（每天3次），并用0.25%普鲁卡因注射液20毫升，溶解青霉素100万国际单位，病灶周围封闭注射，每天1次，连用3天。

【转归】 1周后回访，痊愈。

第五节 关节扭伤

关节扭伤是指关节在突然受到间接的机械外力作用下，关节发生瞬间的过度伸展、屈曲或扭转，超越其生理活动范围，引起关节周围韧带和关节囊的损伤。

牛关节扭伤

一、临床诊断要点

1）使役或运动中突发跛行。上部关节扭伤时为混合跛，下部关节扭伤时为支跛（患肢敢抬不敢踏）。

2）患部肿胀。上部关节扭伤时，肿胀不明显。

3）患部热痛。触诊被损伤的关节侧韧带有明显压痛点。

4）当转为慢性经过时，可继发骨化性骨膜炎，常在韧带、关节囊与骨的结合部受损伤时形成骨赘。

二、主要防治措施

1. 预防措施

保持畜舍和运动场的平整，避免剧烈驱赶牛羊，在使役或运动中避免失步、蹬空、滑走、急转、急跑、骤停、跳跃、跌倒等情况的发生。

2. 治疗措施

1）伤后1~2天内，进行冷疗和包扎压迫绷带。

① 冷疗可用冷水浴，将病畜系于小溪、小河及水沟里；或用冷水浇；或用10%~20%硫酸镁溶液，或2%醋酸铅溶液冷敷；并包扎压迫绷带。

② 必要时可静脉注射10%氯化钙溶液或肌内注射维生素K_3。

2）损伤2天后，及时使用温热疗法。

① 温热疗法。25~40℃温水连续浴2~3小时，间隔2小时再用浴。

② 干热疗法。用热水袋或热盐袋热敷。

③ 热敷。用10%~20%硫酸镁溶液或2%醋酸铅溶液热敷。

3）关节穿刺，排出积液和血液，同时向关节腔内注入1%~2%普鲁卡因（2~4毫升）青霉素（40万国际单位）溶液。配合温热疗法和压迫绷带。

4）镇痛消炎。

① 可向疼痛较重的患部注射盐酸普鲁卡因酒精溶液10~15毫升（处方：普鲁卡因2克、25%酒精80毫升、蒸馏水20毫升，高压灭菌）。

② 可向患关节内注射2%盐酸普鲁卡因溶液。

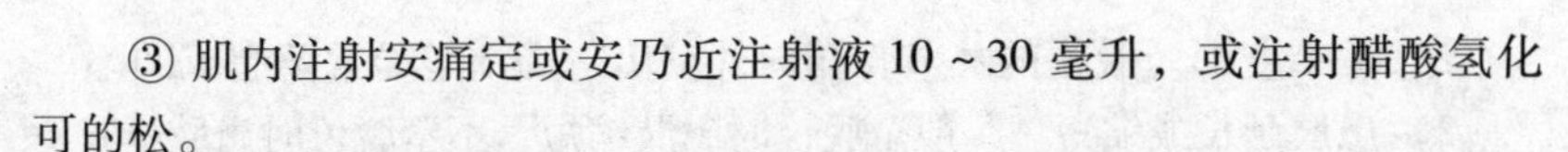

③ 肌内注射安痛定或安乃近注射液10～30毫升，或注射醋酸氢化可的松。

④ 涂擦弱刺激剂，如10%樟脑酒精、碘酊樟脑酒精合剂（处方：5%碘酊20克、10%樟脑酒精80毫升）。

5）局部涂擦刺激剂。对转为慢性经过的病例，患部可涂擦碘樟脑醚合剂（处方：碘20克、95%酒精100毫升、乙醚60毫升、精制樟脑20克、薄荷脑3克、蓖麻油25毫升），每天涂擦5～10分钟，涂药同时进行按摩，连用3～5天。

6）韧带、关节囊损伤严重或怀疑有软骨、骨损伤时，应根据情况包扎石膏绷带。

三、典型病例介绍

2005年6月，某县兽医站接诊一病牛。

【主诉】 上午牛拉石磙轧麦子，突然发生瘸腿，不敢行走。

【临床检查】 病牛左前肢腕关节明显肿胀，触诊有热痛，且腕关节侧韧带有明显压痛点；患肢敢抬不敢踏，呈支跛。

【初步诊断】 腕关节扭伤。

【处理措施】

1）用4℃左右的20%硫酸镁溶液冷敷患部，每天3次，每次40分钟，连续2天；冷敷后立即包扎压迫绷带。2天后改为热敷，方法同上。

2）关节腔内注入2%盐酸普鲁卡因溶液4毫升（内加入青霉素40万国际单位）。

【医嘱】 令病牛静卧休息。

【转归】 2周后回访，痊愈。

第六节　关节脱位

突然强烈的外力直接或间接作用于关节，破坏了关节韧带和关节囊，使关节头脱离关节窝，失去正常接触而出现移位，称之为关节脱位，又称脱臼。

一、临床诊断要点

1）关节异常固定。脱位时由于关节头离开关节窝而卡住，有关韧带和肌肉高度紧张，使其在异常位置而失去正常活动性。被动运动时受限制，并出现抵抗。

2）关节变形。脱位的关节骨端向外突出，局部呈异常隆起或凹陷。

3）患肢延长或缩短。一般全脱位时患肢缩短，不全脱位时患肢延长。

4）姿势改变。患肢可出现内收、外展、屈曲或伸展等姿势。

5）脱位关节常有肿胀、疼痛及局部增温表现。

6）机能障碍。脱位后立即出现重度跛行。

二、主要防治措施

1. 预防措施

保持畜舍和运动场的平整，避免剧烈驱赶牛羊，在使役或运动中避免失步、蹬空、滑走、急转、急跑、骤停、跳跃、跌倒情况的发生。

2. 治疗措施

1）关节整复。先肌内注射二甲苯胺噻唑或用2%利多卡因溶液或3%普鲁卡因溶液做传导麻醉，以减少肌肉和韧带紧张、疼痛引起的抵抗，再灵活运用按、揣、揉、拉、抬等整复方法，使脱出的骨端复原，恢复关节的正常活动。整复后应安静1~2周，限制活动。

提示

牛腰旁神经干传导麻醉操作要点：

进针部位是："1、2、3，前、后、前"，即3个进针点，分别在第1、2、3腰椎的前后部位。进针方法和深度：先垂直进针至骨面，再调整方向刺入0.5~0.7厘米、0.7~1厘米、0.7~1厘米。使用药液是：3%普鲁卡因溶液。用药剂量是：每个点插针入深度注入10毫升，针头退至皮下注入10毫升。

2）为防止复发，下肢关节用固定绷带包扎3~4周，上肢关节可涂擦强刺激剂，也可在关节周围分点注射5%氯化钠溶液5~10毫升或酒精5毫升或自家血液20毫升，引起关节周围急性炎症肿胀，达到固定关节的目的。

三、典型病例介绍

1985年5月，某县兽医站接诊一病牛。

【主诉】 牛拉车时突然滑倒，可能是右后腿落胯，不能走路。

【临床检查】 病牛躺卧，强迫站立时，右后肢外展，不能负重，触摸髋关节处温度增高、有疼痛感觉，呈异常凹陷。

【初步诊断】 髋关节脱位。

【处理措施】 关节复位：病牛横卧保定，先用或3%普鲁卡因溶液

做腰旁神经干传导麻醉，再灵活运用按、揣、揉、拉、抬等整复方法，使脱出的股骨头进入关节窝，恢复关节的正常活动。整复后，为防止复发，在髋关节周围分点注射5%氯化钠溶液10毫升，引发关节周围急性炎症，以固定关节。

【医嘱】 让病牛安静休息，限制活动1～2周。

【转归】 1个月后回访，痊愈。

第七节　风湿症

风湿症是肌肉、关节、肌腱等组织感觉神经末梢疼痛性的病症。实质是一种感染性变态反应引起的急性或慢性非化脓性炎症。气候寒冷、畜舍阴冷潮湿、出汗后受冷、雨淋及畜舍贼风都是引起本病的诱因。其临床特征是病灶的多发性、对称性、游走性和复发性。

一、临床诊断要点

1）病畜一般都有受风寒、潮湿侵袭病史或局部病灶感染史；在寒湿地区的冬、春季节发病率较高。本病常对称性地发生于肌肉、关节、蹄及心脏。

2）急性型病例。多突然发病，疼痛有游走性；气候寒冷时症状加重，温暖时减轻；急性发作时常伴体温升高。

3）肌肉风湿。病初肌肉发硬，触摸敏感；病程长时，转为慢性风湿，常反复发作；病畜易疲劳，肌肉萎缩，逐渐干枯。

4）关节风湿。发病关节肿胀疼痛，行走十分困难，跛行明显，可随运动而减轻；后期关节硬化，伸曲不灵。

5）运动机能障碍。腰和四肢风湿时运动不灵活，步态拘谨、跛行；颈部风湿，转弯时颈部发硬不灵便，低头难。

二、主要防治措施

1. 预防措施

加强饲养管理，防止畜体过劳、受冷、雨淋等；改善畜舍环境，防止贼风侵袭，消除诱发因素。

2. 治疗措施

1）全身疗法。

① 2%普鲁卡因注射液40～50毫升、0.5%氢化可的松注射液40～100毫升、10%葡萄糖注射液500毫升，混合缓慢静脉滴注；也可单用

氢化可的松注射液。

② 10%水杨酸钠注射液100~300毫升、5%葡萄糖酸钙注射液300毫升，静脉注射，每天1次，连用5天。

③ 10%水杨酸钠注射液100~300毫升，静脉滴注，每天1次，连用4天。

④ 30%安乃近注射液30毫升、0.5%氢化可的松注射液40~100毫升、10%水杨酸钠注射液100~300毫升，混合静脉滴注，每天2次，连用2天，效果良好。

⑤ 自家血疗法。用自家血分点皮下或肌内注射，第1天60毫升、第3天80毫升、第5天100毫升、第7天120毫升，4次为1个疗程。对急性风湿的疗效显著，使慢性风湿病例好转。

注意

用氢化可的松等皮质激素类药物，能明显地改善风湿性关节炎的症状，但容易复发。

2）局部治疗。

① 可用醋炒麸皮对发病部位进行热敷20~30分钟，每天1~2次，连用7天，尤其是对关节风湿效果较好。

② 可用红外线治疗仪对患部进行照射。

3）抗菌消炎。如肌内注射青霉素，每天2~3次，一般应用10~14天，可控制链球菌感染引起的急性风湿病。

三、典型病例介绍

1998年12月，某县兽医站接诊一病牛。

【主诉】 前些天牛突然左前腿瘸，不敢走路，后来自己好了。昨天右腿又瘸，好像跟天气有关，刮北风天冷的时候严重，天暖和的时候轻。

【临床检查】 触摸右后肢肌肉发硬、敏感；跗关节肿胀、疼痛；强迫行走，运动不灵活，步态拘谨，行走困难，跛行明显；牵行约0.5小时，跛行有所减轻。

【初步诊断】 风湿症。

【处理措施】

1）醋炒麸皮对发病部位进行热敷，每次30分钟，每天1~2次，连用7天。

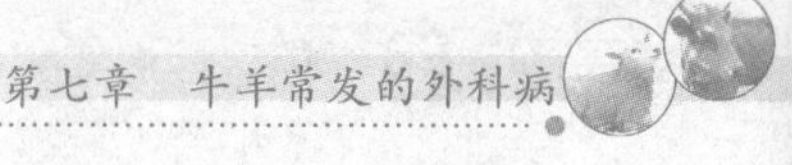

2）30%安乃近注射液30毫升、0.5%氢化可的松注射液80毫升、10%水杨酸钠注射液200毫升，混合静脉注射，每天2次，连用2天。

【转归】 4周后回访，痊愈。

第八节　腐蹄病

腐蹄病是指蹄底和蹄叉沟角质破坏，露出真皮，发出腐败恶臭气味，并剧烈疼痛的疾病。主要由于畜舍内潮湿不洁，粪尿长期浸泡蹄部；在牛蹄部遭受到外伤时往往引发本病。削蹄不及时、不合理，缺少放牧，先天性蹄质软弱也易诱发本病。本病一般冬季多发，呈散发式，牛后肢发病较多。

一、临床诊断要点

1）发病季节。本病多发生于6~8月，以8月为发病高峰，阴雨连绵年份及潮湿地区多发。舍饲牛羊四季均可发生。

健康牛的运动

2）病初呈现一肢或两肢出现跛行，常三肢跳跃前进。蹄踵、蹄冠部发生肿胀、热、痛，用手挤压蹄冠部，流出具有恶臭的黏稠脓液；坏死性炎症蔓延至肌腱、韧带、关节和骨时，常出现蹄甲脱落。

3）急性型病例。卧地不起，体温升高，食欲减退。

4）当病程从急性转为慢性时，角质分解脱落，蹄深部组织感染形成化脓灶、形成窦道。真皮乳头露出，出现红色颗粒性肉芽，触之易出血，疼痛异常；蹄冠产生不正常蹄轮，使蹄匣变形（彩图56、彩图57）。

牛腐蹄病

二、主要防治措施

1. 预防措施

保持畜舍干燥和清洁，及时清理畜舍及运动场的异物、粪便、剩草、剩料，防止蹄部的机械性损伤，避免牛在泥泞地方久留；要注意消灭畜舍及运动场的蚊蝇等昆虫。

2. 治疗措施

1）清洗患部，用2%~3%福尔马林，或0.1%呋喃西林溶液，或2%来苏儿溶液，或3%硫酸铜溶液，或0.1%高锰酸钾溶液，或碘氧合剂（5%碘酒2毫升与3%过氧化氢溶液98毫升的混合液）。

腐蹄病病牛的治疗

2）除去坏死组织，撒布高锰酸钾粉或1∶5的碘仿磺胺粉；或用20%硫酸铜溶液冲洗创腔，再将高锰酸钾与硫酸铜的混合粉（1∶1），直接撒敷在创口上，并用纱布、绷带严密包扎，外涂黄蜡以防进水或受伤，1周后解开观察，如未愈可再重复1次。

3）先用3%来苏儿溶液或0.1%高锰酸钾溶液清洗，除去坏死组织后，用碘酒涂患部，然后用樟脑10克与鱼石脂100毫升混匀，涂于患部，包扎。隔天换药，一般1~3次即愈。或用木炭85%，高锰酸钾、消炎粉、呋喃西林各5%，共研为末，撒布患部，包扎，一次即愈。

4）羊群发病，可用10%~20%硫酸铜溶液浴蹄，每次10~20分钟，患部再涂布抗生素软膏，或青霉素鱼肝油软膏（青霉素20万国际单位，溶于5毫升蒸馏水中，再加入50毫升鱼肝油，搅拌均匀即成），或3%碘甘油（碘片3克、碘化钾4.5克，常水5毫升溶解碘化钾后，加碘片，溶解后加甘油100毫升即可），5天1次，连用5~7次。

5）2%普鲁卡因溶液5毫升、青霉素40万国际单位，患肢系部皮下注射，效果良好。

6）病重时，可配合肌内注射土霉素，牛300万国际单位、羊100万国际单位，每天1次，连用5天，或应用其他抗生素、磺胺药。

7）内服锌制剂，如硫酸锌，每千克体重每天4.5毫克，连用5~7天，效果良好。也可用2.4%氧化锌舔盐，让牛羊自行舔舐。

三、典型病例介绍

2000年8月，某县兽医站接诊一病羊。

【主诉】 近些天连阴雨，羊圈漏雨。今天发现羊卧地不起，右后腿不敢着地，跳着走路，吃草减少，发热。

【临床检查】 羊趴卧在地，右后肢蹄踵、蹄冠部肿胀，触摸热、敏感；用手挤压蹄冠部，流出恶臭的黏稠脓液；体温39.8℃。

【初步诊断】 羊腐蹄病。

【处理措施】

1）局部处理，先用0.1%高锰酸钾溶液清洗，除去蹄冠、蹄踵部的坏死组织；后用碘酒涂患部；最后用木炭85%，高锰酸钾、消炎粉、呋喃西林各5%，共研为末，撒布患部，包扎。

2）内服硫酸锌，每天18毫克，连用6天。

【转归】 2周后回访，痊愈。

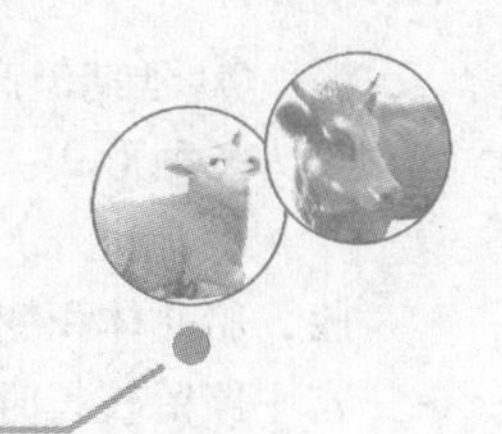

第八章 牛羊常发的产科病

第一节 流产

流产是指胚胎或胎儿在母体内停止发育，而导致母畜妊娠过程中断。其表现形式是产出死胎（称小产），或不足月胎儿（称早产），或胎儿在子宫内腐败分解，或胎儿干尸化。流产分为传染性流产和非传染性流产两种。传染性流产是由于病原微生物感染所引起，多见于布氏杆菌病、弯杆菌病、毛滴虫病等传染病或寄生虫病。非传染性流产原因很多，如妊娠母畜子宫发育不全、子宫畸形、胎儿及胎膜异常，母畜饲养管理不当，或患有某些疾病等。

一、临床诊断要点

1）母畜配种后已确认怀孕，但过一段时间再次发情。

2）妊娠期未满，孕畜有腹痛、拱腰、努责，从阴门流出分泌物或血液，进而排出死胎或不足月的胎儿。

3）妊娠后期腹围不再增大而逐渐变小，有时从阴门排出污秽恶臭液体，并含有胎儿组织碎片。

4）临床常见的流产有4种类型。

① 隐性流产。发生在妊娠初期，胚胎在子宫内死亡后组织液化，被母体吸收，称为隐性流产。此种流产，不显示临床症状。只是配种后，经检查已怀孕，但过一段时间后又再次发情，从阴门中流出较多的分泌物。

② 早产。有和正常分娩类似的征兆和过程，排出不足月的胎儿，称为早产（彩图58、彩图59）。流产发生前2～3天，有乳房、阴唇肿胀，乳房可挤出清亮液体，腹痛、拱腰、努责，从阴门流出分泌物或血液等临床表现。

③ 小产。排出死亡胎儿，是最常见的一种流产。

④ 延期流产。也称死胎停滞，胎儿死亡后长期停滞于子宫内。可表现为2种形式：

a. 胎儿干尸化。指胎儿死亡后，胎儿组织中的水分和胎水被母体吸收，胎儿体积变小、成为棕黑色的干尸（彩图60）。干尸化的胎儿在子宫中停留较长时间。母牛一般在妊娠期满后一段时间，黄体作用消失后，才将干尸化胎儿排出；也有在妊娠期满前排出的，或长久停留于子宫内部不排出的现象。无全身症状。

b. 胎儿浸溶。指胎儿死亡后，软组织被分解、液化，形成暗黑色黏稠的液体流出，而骨骼则滞留于子宫内。此种现象较胎儿干尸化要少。

二、主要防治措施

1. 加强孕畜饲养管理

对妊娠后的母畜，要给予品质优良的饲草、饲料，并适当添加多种维生素；合理运动；防止意外伤害。

2. 治疗措施

发现有流产预兆时，应首先确定属于何种流产及妊娠能否继续，再确定治疗措施。

1）常用保胎、安胎措施。母畜有流产先兆，先检查子宫颈，若尚未开张，则胎儿还活着。可肌内注射黄体酮，牛50~100毫克/次、羊15~30毫克/次，隔天1次，连用4次；牛可用0.5%硫酸阿托品注射液2~6毫升，皮下注射；或先用阿托品静脉注射，再用黄体酮肌内注射，效果较好。

2）促使胎儿排出。母畜有流产先兆，检查子宫颈，若已开张，则胎儿已死亡。胎囊或胎儿已进入产道，流产已经不可避免，应尽快促使胎儿排出。可用己烯雌酚20毫克/次，肌内注射，促进子宫颈口进一步开张，同时应用催产素（牛50~100国际单位、羊10~50国际单位）促进胎儿排出。

3）延期流产。应用己烯雌酚0.02~0.03克/次或前列腺素25毫克/次开张子宫颈口，排出胎儿或骨骼碎片；若排出障碍，可用产科器械取出骨块，用10%氯化钠溶液冲洗子宫后，投入注射用土霉素3~4克（加入高渗盐水或凉开水中应用）消炎药，必要时进行强心、补液、消炎等全身疗法。

4）加强饲养管理。对流产母畜要加强饲养管理，提供优质的饲草、饲料和清洁、适温的饮水，进行合理的护理，以促其尽快康复。

三、典型病例介绍

1996年5月15日，某县兽医站接诊一病牛。

【主诉】 3月给牛配种、怀孕。从昨天下午牛不安静，起卧不断，屁股后面流出一些液体。

【临床检查】 病牛腹痛、拱腰、频频努责，从阴门流出分泌物。

【初步诊断】 流产。

【处理措施】

1）先检查子宫颈，发现子宫颈口已开张，且胎囊已进入产道。

2）己烯雌酚注射液20毫克，一次肌内注射。

3）催产素100国际单位，一次皮下注射。

【转归】 1周后回访，痊愈。

第二节　难产

难产是由于母体或胎儿异常所引起的胎儿不能顺利通过产道娩出的分娩性疾病。难产不仅能造成胎儿死亡，而且会影响母畜的生命。据其发生原因不同，分为产畜异常性难产和胎儿异常性难产2种。

一、临床诊断要点

1. 产畜异常性难产

1）孕畜已到分娩期，且出现分娩预兆：间歇性腹痛、努责，阴门肿胀，并从阴门流出红黄色浆液，有时露出部分胎衣，有时可见胎蹄或胎头，但阵缩无力，努责次数减少，力量不足，使胎儿长时间不能产下。

2）产道检查。子宫颈已开，但开张不全，胎儿及胎囊已经进入子宫颈及骨盆腔。

3）分娩母畜已经排出一个或几个胎儿，有时可以看到阴门中露出胎儿一部分，却不再继续努责，甚至静卧四顾，并没有什么痛苦表现等。

4）母畜阵缩和努责正常，但长时间不见胎膜或胎儿排出。产道检查，子宫颈稍开张，松软不够；或盆腔狭小变形，胎儿不能娩出。

2. 胎儿异常性难产

胎儿过大，胎儿姿势不正，胎位不正（彩图61）。

二、主要防治措施

1. 预防措施

1）适时配种。不要在母畜体成熟前进行配种，否则易发生骨盆狭窄，造成难产。

2）加强妊娠母畜的饲养管理，合理搭配妊娠母畜的饲料和营养，避免体型过瘦或过于肥胖。

3）妊娠母畜要适当运动，以增强体质。

4）适宜的分娩环境。妊娠母畜接近预产期，产前1周或2周进入产房，以适应环境。

2. 治疗措施

在查清母畜的全身状况和胎儿的异常情况，区分出难产种类的基础上，确定处理方案；根据胎位是否正常、胎儿各部位的姿势是否异常、胎膜是否破裂、羊水是否流出，以及胎儿的死活等来决定要采取的措施，并及时进行人工助产，必要时施行剖宫产。

1）如果胎位正常，胎膜尚未破裂，可不必忙于干预，只需轻轻按摩腹壁，并将腹部下垂部分向后上方推压，以刺激子宫平滑肌的收缩，常可收到较好的效果。

2）若胎位正常，羊水已经流出，但子宫收缩无力，原则上可以使用增强子宫收缩的药物，以增强子宫的收缩力，帮助娩出。通常应用的有催产素及垂体后叶素等，尤其是催产素注射液，是兽医上常用的催产药物，可使子宫产生生理性收缩，加快正常分娩过程。但是，催产药物对羊不适用，因它使子宫更紧的包裹胎儿，使助产更加困难。故此时要进行人工助产。消毒手臂和母羊会阴部，将手伸入产道，用手缓缓从产道内拉出胎儿（彩图62）。

牛难产助产

3）若胎位正常，产道狭窄，首先向阴门黏膜上涂布或向阴道内灌注温肥皂水，然后用线绳牵拉胎头或前肢，助产者尽量用手扩张阴门或阴道。若试拉无效时，应切开狭窄部，拉出胎儿，立即缝合切口。

注意

催产药物对羊不适用，因它使子宫更紧的包裹胎儿，使助产更加困难。所以羊的子宫收缩无力，需要进行人工助产。

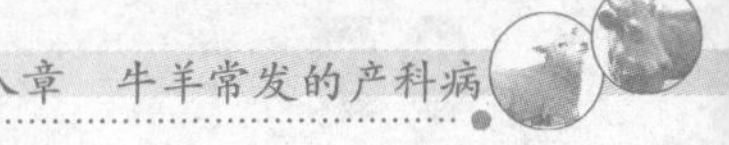

4）若胎位不正，先矫正胎位，然后再进行助产。

5）若子宫颈扩张不全、闭锁或骨骼变形，致使骨盆狭窄，胎儿的产出受机械性障碍时，或胎位异常又不易矫正时，应尽早施行剖宫产手术（剖宫产手术方法步骤参见第七章第十节），取出胎儿。

6）以上无论以何种方式取出胎儿，均应立即皮下注射催产素，牛50~100国际单位、羊10~50国际单位；或肌内注射垂体后叶素，牛30~100国际单位、羊10~50国际单位，对于止血、促进胎衣排出及防止子宫内翻均有良好效果。

三、典型病例介绍

1995年6月20日，某县兽医站接诊一病羊。

【主诉】 母羊从昨天晚上开始生产，产出2头，还露出一只羊蹄，不再生了。

【临床检查】 分娩母羊阴门中露出胎儿的一部分，不再继续努责，静卧四顾，并没有什么痛苦表现。

【初步诊断】 难产。

【处理措施】

1）倒卧保定母羊，常规消毒手臂和母羊会阴部，手戴上乳胶手套，伸入产道，用手缓缓从产道内拉出胎儿。

2）催产素40国际单位，一次皮下注射。

3）注射用青霉素G 160万国际单位、链霉素100万国际单位，肌内注射，每天2次，连用3天。

【转归】 1周后回访，痊愈。

第三节 阴道脱

阴道脱是阴道壁一部分形成皱襞，突出于阴门外，或者整个阴道翻转脱垂于阴门之外。本病多发生于妊娠的中、后期，年老体弱的母畜发病率较高，有时也发生于产后虚弱的母畜。

一、临床诊断要点

1）一般无全身症状，多见病畜不安、拱背、顾腹和做排尿姿势。

2）部分脱出。卧下时，从阴门突出鹅卵大至拳头大，表面光滑的红色或暗红色半球状物，站立时又缓慢缩回。若反复脱出，站立后也难以自行回缩，且逐渐增大，黏膜红肿，干燥。

3）完全脱出。多由部分脱出发展而成。可见到形似排球到篮球大的红色球状物突出于阴门外，表面光滑，病畜站立也不能缩回；脱出部分的末端可见于子宫颈外口，尿道外口常被挤压在脱出阴道部分的底部，故排尿不流畅；脱出的阴道初呈粉红色，后因刺激和摩擦而瘀血水肿，渐转为紫红色肉冻样；进而表面干裂、糜烂、渗出血水、结痂等。黏膜表面常附有泥土、粪尿、草末等污物（彩图63）。

三、主要防治措施

1. 预防措施

1）加强妊娠母畜的饲养管理，合理搭配日粮，给予优质、适口的饲草饲料，补饲适量的矿物质及维生素。

2）适当运动，以提高结缔组织的紧张性。

3）及时预防和治疗便秘、腹泻等疾病，以防止本病的发生。

2. 治疗措施

1）对脱出部分较小，站立后能自行缩回的患畜，要适当运动，防止卧地过久，保持体躯处于前低后高的位置，以减轻腹内压。同时内服加味补中益气散（羊的剂量）：炙黄芪10克、党参8克、炒白术8克、当归8克、陈皮6克、升麻8克、柴胡7克、苍术6克、枳壳6克、砂仁6克、甘草8克，共研为细末，开水冲调，候温灌服，每天1次，连用3~4次。

2）脱出严重不能自行缩回者，必须加以整复和固定。

① 整复。对患畜取站立保定，保持前低后高；清洗和消毒脱出部，先用温热2%明矾溶液，或0.1%高锰酸钾溶液，或0.1%新洁尔灭溶液等，彻底清洗脱出部，除去坏死组织，并涂以碘甘油，或抗生素软膏，或过氧化氢溶液；若水肿严重，可用大宽针浅刺肿处，边刺边冲洗，放出血水，便于送回；用消毒纱布托起脱出部，趁母畜不努责时，手握成拳，将阴道顶回原位；并轻轻揉压，使其充分复位。若病畜频频努责，送回困难，于后海穴注入0.5%盐酸普鲁卡因溶液50~100毫升，或肌内注射2%静松灵注射液2~5毫升，待病畜安静后送入较容易（彩图64）。

② 固定。整复后为防止再次脱出，采用阴门缝合固定。用10号双股丝线至阴门上端下针进行双内翻或纽扣缝合法缝合1~3针（阴门下1/3不缝合，以免妨碍排尿），1周左右拆线；在露出外面的线段上，套上纽扣或胶质瓶塞，以免撕裂阴门组织；缝合局部定期消毒，以防感染。

拆线不宜过早；病畜不再努责时，才可拆除缝合线；若母畜出现分娩预兆时，应立即拆线。

三、典型病例介绍

1996 年 9 月 11 日，某县兽医站接诊一病牛。

【主诉】　前几天发现牛趴下时后边有红色物体露出来，站起来就没有了。昨天发现牛一直像排尿样，后边露出的红色球状物也回不去了。

【临床检查】　病畜不安、拱背、顾腹和作排尿姿势；球状的红色物体突出于阴门外，表面光滑，脱出部分的末端可见到子宫颈外口，尿道外口被挤压在脱出阴道部分的底部，故排尿不畅；脱出的阴道，呈粉红色，黏膜表面附有泥土、粪尿、草末等污物。

【初步诊断】　阴道完全脱出。

【处理措施】

1）对脱出的阴道进行整复和固定。

2）注射用青霉素 G 300 万国际单位、硫酸链霉素 200 万国际单位，一次肌内注射，每天 2 次，连用 3 天。

【医嘱】

1）缝合部位要每天用碘酒消毒，以防感染。

2）拆线不要过早，病牛不再努责时，才可拆除缝合线。

【转归】　2 周后回访，痊愈。

第四节　子宫内翻或脱出

子宫角前端翻入子宫腔或阴道内，称为子宫内翻；子宫全部翻出于阴门之外，称为子宫脱出。两者为同一病理过程，只是程度不同而已。这是牛羊常见的一种产科疾病。多因孕畜年老经产，营养不良，运动不足，或因胎水过多、胎儿过大，使子宫肌肉过度伸展，子宫弛缓而发生；或因助产不当、产后过强努责等引起。

一、临床诊断要点

1）子宫内翻。牛多发生在子宫角，程度轻，可自行恢复，若子宫角尖端通过子宫颈进入阴道内，则母牛有轻度不安，经常努责，尾根举起，频频排尿，排粪；阴道检查可发现柔软圆形瘤样物；病牛卧下，阴道内可见内翻的子宫角。

2）子宫脱出。脱出的子宫上，可见有许多暗红色的母体胎盘，牛为圆形或长圆形，状如海绵；羊为浅杯状，绵羊为圆盘状。脱出的子宫角末端向内凹陷，有时子宫颈也暴露于阴门之外，影响排尿。子宫黏膜呈粉红色或红色，以后因瘀血变为暗红色、紫红色或深灰色，发生水肿而呈肉冻状，且多被粪土污染和摩擦而出血，进而结痂、干裂、糜烂等（彩图65、彩图66）。

3）子宫脱出之初，一般无全身症状，仅有拱腰、努责、不安等表现；脱出时间长，子宫瘀血、糜烂，甚至坏死，引发败血症，出现严重的全身症状。

二、主要处理措施

子宫脱出的治疗要尽早进行，主要是整复，配以药物治疗。无法送回时可施行子宫截除术。

1. 手术整复

1）手术前的准备。

① 站立保定或仰卧保定，使病畜取前低后高的位置，以减少努责，并使胃肠前移，便于整复。

② 用常水灌肠，使直肠内空虚，以免整复中排粪，影响手术进行。

③ 子宫脱出部分的清洗和消毒，先用温热淡盐水或0.1%高锰酸钾溶液清洗子宫表面的污物，除去腐败的胎膜等坏死组织，再用3%温明矾水或60度的白酒浸泡子宫，出血时结扎血管，有伤口时应进行缝合；然后涂布呋喃西林液状石蜡（比例1∶100），最好加5%普鲁卡因溶液30毫升，或涂布碘酒甘油（比例1∶9），或涂过氧化氢溶液。

④ 肌内注射或后海穴注射2%静松灵注射液2～5毫升，注射后20分钟病畜努责停止，肌肉松弛，利于手术进行。

2）子宫复位。检查脱出子宫无扭转后，可进行复位。2个助手用布将子宫兜起抬高（与阴门同高或稍高），术者可从靠阴门的部分开始，在母畜无努责时，将手指并拢或用拳头向阴门内压迫子宫壁；也可从下部开始，将拳头伸入子宫角的凹陷内，顶住子宫角的尖端推入阴门，先推进一部分，然后令助手压住子宫，术者抽出手来，再向阴门压迫其余部分；全部送入后，术者将手臂尽量伸入其中，把子宫深深推入腹腔内，并于宫腔内送入呋喃西林2克，或四环素或土霉素3克，使子宫恢复正常位置。

3）防止复发。为了使复位后的子宫不再脱出，可采取以下方法。

① 病畜取前低后高体位站立。

② 子宫内灌注大量冷的灭菌生理盐水或硼酸水，或用新霉素5～10克、呋喃西林0.5克与1000毫升灭菌生理盐水混合后灌注。

③ 25%硫酸镁溶液150毫升、5%葡萄糖注射液1000毫升，混合静脉滴注。

④ 缝合阴门2～3针，以免再度脱出。

4）术后处理。根据全身情况，进行常规强心、补液、抗感染、防休克等措施。也可服用中药，除用加味补中益气散外，也可用益母补气散（羊剂量）：益母草、炙黄芪各20克，升麻、党参、白术、当归各12克，柴胡4克，陈皮6克，炙甘草9克，共研为细末，一次用米粥调灌6克，每天2次，连服6～8天。

5）术后护理。

① 病畜应保持前低后高的体位。

② 整复后半天内，不让病畜趴下或躺卧。

③ 术后当日禁食，次日给以少量营养丰富、易消化的饲料，以减轻腹内压。

2. 子宫切除术

如果子宫脱出已久，已有穿孔和大面积损伤或坏死，送入后易并发败血症而造成死亡，此时即可施行切除术。子宫切除后，可进行育肥。

三、典型病例介绍

1997年9月7日，某县兽医站接诊一病牛。

【主诉】　母牛生产1头小牛后，仍有拱腰、努责表现，后面耷拉出一个排球状的东西。

【临床检查】　从阴道内脱出一个排球状的子宫角，末端向内凹陷，上面有许多圆形暗红色的母体胎盘，如海绵状；子宫黏膜呈暗红色，因发生水肿而呈肉冻状，上面附着粪污等。

【初步诊断】　子宫脱出。

【处理措施】

1）确切保定。取站立保定或仰卧保定，使病畜取前低后高的位置。

2）常水灌肠，使直肠内空虚。

3）清洗和消毒。脱出子宫先用0.1%高锰酸钾溶液清洗表面污物，除去坏死组织；再用3%温明矾水浸泡，注意结扎出血血管和缝合伤口；然后涂布碘甘油，加5%普鲁卡因溶液30毫升。

4）后海穴注射2%静松灵注射液5毫升，注射后20分钟病畜努责停止，肌肉松弛。

5）子宫整复。在牛不努责时，右手戴乳胶手套握拳，将拳头伸入子宫角的凹陷内，顶住子宫角的尖端推入阴门，先推进一部分，然后令助手压住子宫，术者抽出手来，再向阴门压迫其余部分；全部送入后，术者将手臂尽量伸入其中，把子宫深深推入腹腔内，并于宫腔内送入呋喃西林2克，使子宫恢复正常位置。

6）用10号双股丝线缝合阴门3针，以免再度脱出。

7）5%葡萄糖注射液1000毫升、复方生理盐水2000毫升、10%安钠咖注射液20毫升、5%碳酸氢钠注射液300毫升、维生素C 3克，一次静脉滴注。

8）注射用青霉素G 300万国际单位、硫酸链霉素3克、灭菌注射用水20毫升，一次肌内注射，每天2次，连用3天。

【医嘱】

1）整复后半天内，令病牛取前低后高体位站立，不许趴卧。

2）整复当日禁食，次日提供少量有营养、易消化的草料。

【转归】 2周后回访，痊愈。

第五节 胎衣不下

母畜分娩后，胎衣在正常时间内未能排出，称为胎衣不下。一般情况下，牛排出胎衣的时间是产后12小时，羊为4小时。牛羊胎盘属于子叶型胎盘，胎儿胎盘与母体胎盘结合紧密，最易发生胎衣不下。

一、临床诊断要点

1）产仔后，胎衣未在正常排出时间排出。

2）部分胎衣露于阴门外（彩图67、彩图68）。

3）病畜拱腰、频频努责，从阴门流出污浊恶臭的胎衣碎片和分泌物（恶露）。

4）严重者，出现体温升高，精神委顿，食欲显著下降或废绝等全身症状。

二、主要防治措施

1. 预防措施

1）加强妊娠母畜的饲养管理，注意日粮中钙、磷、维生素A及维

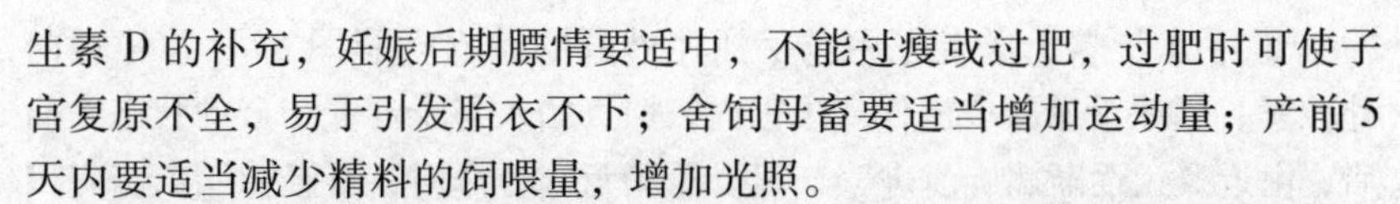

生素 D 的补充，妊娠后期膘情要适中，不能过瘦或过肥，过肥时可使子宫复原不全，易于引发胎衣不下；舍饲母畜要适当增加运动量；产前 5 天内要适当减少精料的饲喂量，增加光照。

2）积极做好布鲁氏菌病的防治工作，避免母畜感染布鲁氏菌病。

3）注意保持圈舍和产房的清洁卫生，临产前后，对阴门及周围进行消毒；分娩时保持环境清洁和安静，分娩后让母畜舔干新生仔畜身上的液体，尽早让仔畜吮乳或人工挤奶，以刺激和增强子宫平滑肌的收缩，防止和减少胎衣不下的发生。

2. 治疗措施

对胎衣不下的治疗，可采取药物治疗和手术剥离 2 种方法。

1）药物治疗。母畜产后未及时排出胎衣，可使用以下药物。

① 促进子宫收缩药。

a. 垂体后叶素注射液，牛 50 ~ 80 国际单位、羊 10 ~ 20 国际单位，肌内或皮下注射，2 小时后再重复注射 1 次。

b. 马来酸麦角新碱注射液，牛 5 ~ 15 毫克、羊 0.5 ~ 1 毫克，一次肌内注射。

c. 10% 氯化钠注射液 200 ~ 300 毫升，静脉注射。

d. 对牛用羊水 300 毫升，一次灌服，灌服后 4 ~ 6 小时可排出胎衣；若未排，可重复 1 次。

e. 为促使胎儿胎盘与母体胎盘分离，可向子宫黏膜与胎膜之间内注入 10% 氯化钠溶液 3000 毫升（牛）。

f. 对羊用益母草膏 200 ~ 500 克，温水适量灌服。服药后 6 ~ 10 小时可排出胎衣；数小时仍未排下的可再灌服 1 次。

② 防止胎衣腐败及子宫感染，等待胎衣自行排出。先用 0.1% 高锰酸钾溶液或 0.1% 雷佛奴耳溶液冲洗子宫，并向子宫黏膜与胎膜之间放入金霉素胶囊 3 ~ 4 粒，每天冲洗 1 ~ 2 次，直到胎盘碎片完全排出。

2）手术剥离。仅适用于牛和个体较大的病羊。

① 术前准备。病畜取前高后低站立保定；尾巴缠上绷带拉向一侧；用 0.1% 新洁尔灭溶液冲洗外阴部及露在外面的胎膜；向子宫内灌入 10% 氯化钠溶液 2000 ~ 3000 毫升；若母畜努责剧烈，可行腰荐间隙硬膜外腔麻醉（牛）或在后海穴注射 2% 盐酸普鲁卡因注射液 2 ~ 5 毫升（羊）；术者先将指甲剪短、磨平，穿长靴及围裙、戴长臂手套并涂灭菌润滑剂。

② 手术步骤。术者先用左手抓住外露的胎衣（彩图69）并轻轻向外拉紧，右手沿胎膜表面伸入子宫内，探查胎衣与子宫壁结合的状态，而后，由近及远逐渐螺旋前进，分离母子胎盘。分离时，可轻拉胎衣，先用中指和食指夹住绒毛子叶蒂，用拇指挤压子叶顶部，将胎儿胎盘与母体胎盘分离开来；注意，剥离时，切勿用力牵拉子叶，以免造成子宫出血。

③ 手术剥离完毕后。若胎衣发生腐败，可用0.1%高锰酸钾溶液或0.1%雷佛奴耳溶液冲洗子宫，待冲洗液完全排出后，再向子宫内注入抗菌药物，以防子宫内感染；为了避免感染，即使胎衣未发生腐败，也可向子宫内放入金霉素或土霉素胶囊2～3粒，或土霉素粉5克，蒸馏水200毫升灌注到子宫内，每天1次，连用3～5天。

④ 术后处理。根据病情需要，常规补液、强心、抗菌、防感染等。

三、典型病例介绍

1996年9月13日上午，某县兽医站接诊一病牛。

【主诉】 昨天清晨，母牛产下1头小牛，到现在胎衣还没下来。

【临床检查】 病牛拱腰、频频努责，从阴门流出污浊、有恶臭气味的恶露；部分胎衣垂于阴门外面；精神较差，食欲降低，体温39.5℃。

【初步诊断】 胎衣不下。

【处理措施】

1）先用0.1%高锰酸钾溶液冲洗子宫，再向子宫黏膜与胎膜之间放入金霉素胶囊4粒，向子宫内注入10%氯化钠溶液3000毫升；每天冲洗2次，直到胎盘碎片完全排出。

2）垂体后叶素注射液80国际单位，肌内注射，2小时后再重复注射1次。

3）5%葡萄糖注射液1000毫升、复方生理盐水2000毫升、10%安钠咖注射液20毫升、维生素C 4克、5%碳酸氢钠注射液300毫升，静脉滴注，每天1次，连用3天。

4）注射用青霉素钾300万国际单位、硫酸链霉素4克，注射用水30毫升，一次肌内注射，每天2次，连用3天。

【转归】 1周后回访，痊愈。

第六节 子宫内膜炎

子宫内膜炎是子宫黏膜的黏液性或化脓性炎症，常因分娩、助产、子宫脱出、阴道脱出、胎衣不下、腹膜炎、胎儿死于腹中等，继发细菌感染而引起。大多发生于母畜分娩过程或产后，是家畜产科疾病中的一种常见病。本病有急性和慢性之分。

一、临床诊断要点

1）母畜性周期不正常，屡配不孕。

2）从阴门流出混浊带有絮状的黏液性或黏脓性分泌物，有时夹有血液，卧下或发情时排出量较多，有腥臭味。

3）常见体温升高，精神不振，食欲减退，反刍减少或停止，常见拱背、努责、做排尿姿势等。

4）阴道检查。见子宫颈外口黏膜充血、肿胀，有渗出物或黏性、脓性分泌物流出或积聚（子宫积脓）；阴道底部常积聚混浊带有絮状物的黏液，或含有小块状絮状物的透明黏液。

5）直肠检查。子宫角增大，子宫呈面团样感觉，或子宫壁松弛，厚薄不均，收缩迟缓。子宫积脓时，子宫体和子宫角明显增大，子宫壁紧张而有波动。

二、主要防治措施

1. 预防措施

1）注意保持圈舍和产房的清洁卫生；助产时，注意严格消毒母畜外阴部、术者手臂及使用器械，操作规范，尽量减少对母畜产道的损伤，以免消毒不严或操作不慎而致本病发生。

2）产后1周内，要注意母畜阴道排出物的检查，注意有无恶臭气味或排出时间延长现象，一经发现，及时治疗。

3）定期检查种公畜，是否存在传染性疾病，以防交配传播或感染；人工配种时，严格消毒工作人员的手臂和使用的器械。

4）及时治疗阴道脱、子宫脱、胎衣不下等产科疾病。

2. 治疗措施

1）冲洗净化子宫。不同类型的病例所用冲洗液不同。

① 急性、黏液性子宫内膜炎。用温热1%氯化钠溶液1000～5000毫升，灌入子宫腔内，用子宫冲洗器反复冲洗，或用虹吸法排出灌入子宫内的消毒液，直到排出的液体透明为止。然后经直肠按摩子宫，排除冲洗液，放入抗生素，每天1次，连做3～4天。

② 化脓性子宫内膜炎。用0.1%雷夫奴尔溶液，或0.1%高锰酸钾

溶液，或1%新洁尔灭溶液，或1%～2%碳酸氢钠溶液与等量1%明矾溶液混合液，牛1000～5000毫升，羊300毫升，冲洗子宫后注入抗生素。

2）为促进子宫收缩，应减少或阻止渗出物吸收。用5%～10%氯化钠溶液（羊200～300毫升），每天或隔天冲洗子宫1次，随渗出物减少和子宫收缩力的提高，冲洗液中氯化钠含量逐渐降为1%，用量也相应减少。同时皮下或肌内注射己烯雌酚、垂体后叶素或催产素等。

3）在子宫冲洗完毕后，向子宫内注入注射用青霉素G、硫酸链霉素各80万～120万国际单位，或土霉素0.5克溶于100毫升鱼肝油中，再加入垂体后叶素5国际单位，注入子宫内，每天1次，4～6天后隔天1次；慢性子宫内膜炎时，如渗出物不多，可选用1:(2～4）碘酊液状石蜡或碘甘油或等量液状石蜡复方碘溶液10～20毫升注入子宫内。

4）必要时，用注射用青霉素G（牛300万国际单位、羊80万国际单位)、硫酸链霉素（牛200万国际单位、羊50万国际单位)，肌内注射，每天早晚各1次，连用3～5天。

5）缓解自体中毒。病羊用10%葡萄糖注射液100毫升、复方生理盐水（林格氏液）100毫升、5%碳酸氢钠注射液20～50毫升、维生素C 200毫克，一次静脉滴注。

6）中药治疗。

① 急性型病羊，用连翘10克、赤芍4克、黄芩5克、丹皮4克、桃仁4克、香附5克、延胡索5克、薏苡仁5克、蒲公英5克，水煎候温，一次灌服。

② 慢性型病羊，用益母草5克、当归8克、蒲黄5克、川芎3克、茯苓5克、桃仁3克、五灵脂4克、香附4克，水煎候温加黄酒20毫升，一次灌服，每天1次，2～3天为1个疗程。

三、典型病例介绍

2003年4月13日，某县兽医站接诊一病牛。

【主诉】 母牛发情周期时长时短，多次配种不怀胎，从阴门流出有腥臭味的分泌物。

【临床检查】 病牛阴门流出污秽、黏脓性、有腥臭味的分泌物，卧下时排出量较多；精神、体温基本正常。阴道检查，见子宫颈外口黏膜充血、肿胀，有脓性分泌物流出；阴道底部积聚有多量黏脓性分泌物。

【初步诊断】 子宫内膜炎。

【处理措施】

1）将牛常规站立保定，用0.1%高锰酸钾溶液3000毫升反复冲洗子宫（具体操作方法步骤参见第二章第三节），直到冲洗液澄清透明为止，而后子宫内注入青霉素、链霉素各120万国际单位，每天1次，连续3天。

2）用10%葡萄糖注射液1000毫升、复方生理盐水（林格液）2000毫升、5%碳酸氢钠注射液500毫升、维生素C 2克，一次静脉滴注。

3）注射用青霉素G 300万国际单位、硫酸链霉素200万国际单位，一次肌内注射，每天早晚各1次，连用3~5天。

4）垂体后叶素注射液80国际单位，一次肌内注射。

【转归】 2周后回访，痊愈。

第七节　乳腺炎

乳腺炎多发生于泌乳期，是由于乳房受到机械性、物理性、化学性和生物性的致病因素作用而引起的乳头或乳房炎症。本病是乳牛、乳羊的多发病，它严重影响母畜的泌乳机能，引起泌乳量减少，乳品质量下降。

一、临床诊断要点

1）泌乳量减少或泌乳停止。

2）乳房有明显的红、肿、热、痛表现（彩图70~彩图73）。

3）乳汁性状异常：乳汁稀薄、清淡，混有絮状或粒状物，或混有血液和脓汁；或呈浅黄色水样，或带有红色水样黏性液，乳汁中含有大量乳腺上皮细胞。

牛乳腺炎

4）急性乳腺炎有一定的全身症状：食欲减退或废绝，瘤胃蠕动和反刍停止；体温升高达41~42℃；呼吸和心跳加快，眼结膜潮红，眼球下陷，精神委顿等。

5）乳汁检验，乳汁中含有病原菌及白细胞，可确诊隐性乳腺炎。

二、主要防治措施

1. 预防措施

1）改善卫生条件，及时清除圈舍粪便、污物，定期消毒圈舍和运动场，保持圈舍的清洁和干燥。

2）乳牛、羊要定时挤奶，一般每天3次为宜；每次挤奶前要先用温水将乳房及乳头洗净并认真按摩，后用干毛巾擦干；挤乳时用力均匀并尽量挤净乳汁；挤完乳后，可用0.05%苯扎氯铵溶液擦拭消毒乳头。

3）乳牛、羊停乳时，将抗生素注入每个乳头管内，要逐渐停乳；停乳后注意乳房的充盈度和收缩情况，发现异常及时检查处理。

4）分娩前，如乳房过度肿胀，应减少精料及多汁饲料；分娩后，若乳房过度肿胀，应控制饮水，适当增加运动和挤乳次数。

2. 治疗措施

根据病情，施与局部疗法和全身疗法。

1）局部疗法。

① 乳房内注入药液。先将病患乳房内的乳汁及分泌物挤净，用消毒液清洗乳头，再将经消毒的乳导管通过乳头孔轻轻插入乳房内，然后注入0.1%新洁尔灭溶液或0.1%呋喃西林溶液100～300毫升，经15～30分钟后，挤出冲洗液；慢慢注入青霉素40万～80万国际单位，灭菌蒸馏水100毫升或0.5%普鲁卡因溶液5～20毫升（将青霉素溶解于蒸馏水或普鲁卡因溶液中注入），而后轻揉乳房腺体部，使药液分布于乳腺中，每天1～3次。注入乳房内的抗生素，在乳房内停留2～3小时后挤出。

② 封闭疗法。

a. 会阴神经封闭法。部位在阴唇下联合，即坐骨弓上方正中的凹陷处；局部消毒后，左手拇指按压在凹陷处，右手持封闭针头向患侧刺入约1.5～2厘米，注入0.25%普鲁卡因青霉素溶液60毫升（加入青霉素80万国际单位）。

b. 乳房基部封闭法。急性乳腺炎初期，在乳房前叶与后叶基部之上，紧贴腹壁刺入8～10厘米，做乳房基部环形封闭，每个乳叶注入0.25%～0.5%普鲁卡因青霉素溶液100～200毫升（内含青霉素320万国际单位、链霉素200万国际单位或庆大霉素80万国际单位）。

③ 冷敷、热敷及涂擦刺激剂。为了减轻炎症、促进炎性渗出物的吸收和消散，在炎症初期需要冷敷，2～3天后可施热敷。用10%硫酸镁溶液1000毫升，加热至45℃，每天热敷1～2次，连用4次。也可用红外线照射等，以促进吸收。涂擦樟脑软膏或鱼石脂软膏等药物，以促进吸收，消散炎症。

④ 化脓性乳腺炎，开口于乳房深部的脓肿，宜向乳房脓腔内注入0.02%呋喃西林溶液，或0.1%～0.25%雷夫奴尔溶液，或3%过氧化氢溶液，或0.1%高锰酸钾溶液，以冲洗脓腔，引流排脓。

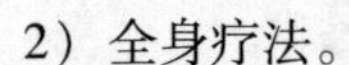

2）全身疗法。

① 减食疗法。减少精料喂给量，少喂多汁饲料，限制饮水。等乳腺炎病情好转后再给予正常的饲喂。在体温升高时，应用磺胺类药物内服，或新霉素、四环素等药物静脉注射，或青霉素、链霉素肌内注射等。

② 中草药疗法。急性病羊可用当归15克，蒲公英30克，金银花、龙胆草各12克，连翘、赤芍、川芎、瓜蒌、生地、山枝各6克，甘草10克，共研为细末，开水调制，每天1剂，连用5天，也可将上述中草药煎水灌服，同时积极治疗继发病。

三、典型病例介绍

2004年6月，某县兽医站接诊一病牛。

【主诉】 乳牛刚产犊1周。今天发现精神不好，发热，吃草少，不让小牛吃奶。

【临床检查】 一侧乳房红、肿、热感明显，不让触摸（痛）；精神委顿，瘤胃蠕动和反刍停止；体温41.5℃；呼吸和心跳均加快，眼结膜潮红；挤出少量稀薄、清淡，混有粒状物和血液的乳汁；乳汁检验，内含大量乳腺上皮细胞、白细胞、杆菌和球菌。

【初步诊断】 急性乳腺炎。

【处理措施】

1）外敷。先用2～4℃冷水浸湿毛巾，患病乳房冷敷，每次30分钟，每天4次；3天后将10%硫酸镁溶液1000毫升加热至45℃，给病患乳房热敷，每天2次，连用4次。

2）乳房内注射。挤净病患乳房内的乳汁，消毒乳头，再将经消毒的乳导管通过乳头孔轻轻插入乳房内，然后慢慢注入0.25%普鲁卡因溶液100毫升（将青霉素80万国际单位溶解于100毫升普鲁卡因溶液中），轻揉乳房腺体部，使药液分布于乳腺中，3小时后挤出。每天2次，连用3天。

3）乳房基部封闭疗法。在乳房前叶与后叶基部之上，紧贴腹壁刺入10厘米，做乳房基部环形封闭，每个乳叶注入0.25%普鲁卡因青霉素溶液100毫升（内含青霉素320万国际单位、链霉素200万国际单位）。

【医嘱】 病牛停喂精料和多汁饲料，限制饮水，每天多次挤乳。

【转归】 1周后回访，痊愈。

第八节 生产瘫痪

生产瘫痪又称乳热病、产后瘫痪、产后麻痹，是产后母畜突然发生的严重钙代谢障碍性疾病。以舌、咽、消化道麻痹、知觉丧失、四肢瘫痪和低血钙为特征。本病多发生于营养良好的高产乳牛（3~6胎），也见于泌乳量较高的乳山羊（2~4胎），多发生于产后3天（12~72小时）内，几乎每次分娩后都重复发病。

一、临床诊断要点

1）高产乳牛3~6胎，或高产乳山羊2~4胎，产后12~72小时内发生。

2）神经机能障碍，精神沉郁，昏睡，意识抑制，知觉消失，四肢瘫痪，昏迷，体温下降（35~36℃）。

3）特殊卧地姿势，如伏卧，四肢屈于躯干以下，头颈向一侧弯曲或呈“S”弯曲（彩图74）。

4）血液样品分析，出现低血钙和低血糖的结果。

5）应用钙制剂及乳房送风治疗有效。

二、主要防治措施

1. 预防措施

1）母畜妊娠期间喂给富含矿物质的饲料，注意适当的钙、磷比例，适时补充维生素D，促进钙的吸收；产前适当减少日粮中钙的摄入量，增加谷物饲料，减少豆科饲料，钙磷比例保持在（1~1.5）∶1；临产及分娩后增加钙的饲喂量。

2）产后不要立即挤奶，产后3天内不要将初乳挤得太净。

3）对于习惯性发病的母羊，分娩之后及早应用下列药物进行预防：5%氯化钙注射液40~60毫升，25%葡萄糖注射液80~100毫升、10%安钠咖注射液5毫升，混合，一次静脉注射。

2. 治疗措施

1）补钙法。

① 20%~25%硼酸葡萄糖酸钙注射液（葡萄糖酸钙溶液中加入4%的硼酸，以提高葡萄糖酸钙溶液的溶解度和稳定性），牛500毫升、羊50~100毫升，静脉注射，注射后6~12小时无效时，再重复注射1次，

最多不超过3次；第2次注射时，同时注入40%葡萄糖注射液200毫升、15%磷酸二氢钠注射液200毫升、25%硫酸镁注射液50～100毫升。

② 牛可用10%氯化钙注射液300～500毫升、5%葡萄糖生理盐水1500～2000毫升，一次静脉注射。

③ 10%葡萄糖酸钙注射液，牛800～1400毫升、羊50～100毫升，一次静脉注射。

注意

静脉滴注钙制剂时，一是滴注速度要缓慢，二是绝对不要漏于皮下。

2）乳房送风疗法。用连续注射器，通过插入的乳头导管将空气打入每个乳房，输入量以乳房皮肤紧张、乳腺基部边缘清楚并且变厚，轻敲乳房时产生鼓音为准。输入后可用手指轻轻捻转乳头肌，并用纱布条扎住乳头，以防气体溢出，经过1～2小时后解除布条。大多病例，打入空气约0.5小时后痊愈。

三、典型病例介绍

2005年5月9日，某县兽医站接诊一病牛。

【主诉】　前天下午母牛正常产犊，今天早晨发现牛趴卧地上起不来。

【临床检查】　病牛呈昏睡状态，伏卧在地，四肢屈于躯干以下，头颈向右后方弯曲，体温36.8℃。

【初步诊断】　产后瘫痪。

【处理措施】

1）10%氯化钙注射液500毫升、5%葡萄糖生理盐水2000毫升，一次静脉滴注。

2）乳房送风。首先对乳房局部、器械进行常规消毒，经乳头孔插入乳头导管，用连续注射器，将空气打入乳房，输入量以乳房皮肤紧张、乳腺基部边缘清楚并且变厚，轻敲乳房时产生鼓音为度。输入后，用手指轻轻捻转乳头肌，并用纱布条扎住乳头，2小时后解除布条。

【医嘱】　对病牛喂给富含矿物质且钙、磷比例适当的饲料，注意补充维生素D，以促进钙的吸收；挤奶程度要适当，不要挤得太净。

【转归】 1周后回访，痊愈。

第九节 剖宫产

牛羊难产，经一般助产或截胎术无法解决，或矫正胎儿和行截胎术的后果不如剖宫产好时，可采用剖宫产术，切开腹壁及子宫，取出胎儿。

一、适应证

无法纠正的子宫扭转，骨盆狭窄、畸形，子宫颈狭窄与闭锁，胎儿过大无法拉出，胎儿畸形，无法矫正的胎势、胎位、胎向异常等，均可行剖宫产术。但难产后期，胎儿已腐败，子宫有严重炎症，或因难产而衰竭的病牛，确定剖宫产时宜慎重。

二、手术准备

1）手术部位。视具体情况而定，一般选择切口的原则是，胎儿在哪里摸得最清楚，就靠近哪里做切口。通常在右侧，自髋结节至腹中线的垂线与右侧乳静脉外侧10～15厘米处的平行线的交点，向前做一长约25厘米（牛）或10厘米（羊）的切口，或在髋结节上角与脐部之间的假想线上，切口越往下越便于施术，但切口下端与乳静脉应隔有一定距离。

2）保定。病牛左侧卧保定，助手确实保定头部，将前后肢分别绑缚，颈部用草袋垫高，口鼻端向下倾斜，以利于口鼻分泌液的流出。野外施行手术时，可在地上挖一浅坑，使腹部下陷，以降低腹压。

3）术部处理。术部周围大面积清洗，将附着在术部及周围的泥土、污物彻底清洗干净；术部剪毛、剃毛，用2%来苏儿溶液冲洗，再用碘酊、酒精常规消毒，手术器械以高压灭菌或煮沸消毒，术者手与手臂常规消毒。

4）麻醉。肌内注射每100千克体重静松灵3～5毫升或保定宁0.4～0.8毫升，局部用0.5%普鲁卡因溶液200～300毫升浸润麻醉，若伴有强烈努责可行硬膜外腔麻醉。

三、手术操作

1）打开腹腔。先一刀切开腹壁（注意止血），再用手术刀在腹膜上先切一小口，然后在食指和中指的引导下，用手术剪将切口扩大，切开腹膜。用灭菌温生理盐水浸湿的大块纱布堵住切口，以防肠管及大网膜脱出。

2）拉出子宫。一手伸入腹腔，向前推移盖在子宫大弯上的网膜，

两手伸到子宫下方，隔子宫壁抓住胎儿肢体某部，小心地将子宫大弯拉出腹壁切口。此后将一块中心做有切口（长于子宫切口）的塑料薄膜缝在子宫壁预定切线的周围，其下垫以纱布，防止切开子宫后内容物流入腹腔。

3）切开子宫壁。在拉出的子宫角大弯、血管较少的部位，避开子宫阜纵切子宫壁，要一次全层切透，但不切开胎膜，切口长度以拉出胎儿为度。在子宫切口的前后分别用4把舌钳固定子宫壁。

4）拉出胎儿。先撕破胎膜，然后握住两肢（后肢或前肢），慢慢拉出胎儿。边拉胎儿边向外牵拉子宫，可防止胎水流入腹腔。助手抓好舌钳，以防子宫壁缩回腹腔；将脐带中的血液挤向胎儿处，然后断脐（彩图75）。

5）剥离胎衣。术者尽可能把胎衣完全剥离。不能剥离时，则将已脱落的部分剪除，其余的待其自行脱落后排出。但切口两侧边缘附近的胎衣必须完全剥离，否则有碍缝合。

6）子宫内放药。用大量温生理盐水反复冲洗子宫腔，然后在子宫腔内撒入400万国际单位青霉素和200万国际单位链霉素，或放入呋喃西林片30片或注射用土霉素3克，或四环素片20~30片，以预防感染。

7）缝合子宫。除去隔离用的塑料薄膜及纱布，用灭菌纱布彻底清拭子宫壁后，缝合子宫。先用7号丝线或肠线对子宫壁切口进行全层连续缝合，然后进行浆膜肌层连续内翻缝合。

8）缝合后处理。用灭菌生理盐水冲洗子宫壁，将子宫还纳腹腔于原位，避免子宫变位、扭转。用纱布擦去腹腔内的凝血块，吸去血水后，向腹腔内倒入油剂青霉素300万国际单位、链霉素400万国际单位、5%盐酸普鲁卡因溶液20毫升。

9）闭合腹腔。先用10号丝线连续缝合腹膜，撒布呋喃西林粉，结节缝合肌层与皮肤，并在皮肤创口周围涂2%碘酊，外打结系绷带。

10）手术中根据情况采取强心、升压、止血措施。常在输液中加入酒石酸去甲肾上腺素、氯化铵、安钠咖等。

四、术后处理

1. 注意饲养管理

注意保暖，停食2天，可用胃管灌麸皮粥进行人工营养；以后给予流食或含粗纤维少、易消化的柔软饲料，饲喂量不要过多；7天后拆线。

2. 常规治疗处理

1）术后升温升压措施。25%葡萄糖注射液500～1000毫升、低分子和中分子右旋糖苷500毫升、10%氯化钙注射液100毫升、654-2注射液（盐酸消旋山莨菪碱注射液）100～150毫升，静脉滴注，同时皮下注射阿托品10毫克。

2）注射用青霉素G 300万国际单位、硫酸链霉素400万国际单位，混合肌内注射，8小时1次，连用3天。

3）每天静脉注射水乌钙（见咽炎的治疗措施），连用3天；或青霉素钠盐与5%葡萄糖注射液和氢化可的松混合静脉注射，以预防术后败血症。

4）复方氯化钠注射液1000毫升、5%葡萄糖注射液1000毫升、维生素C 2～4克，混合静脉滴注，每天2次；也可补加低分子右旋糖酐500～1000毫升。

5）宫缩素50～100国际单位，或马来酸麦角新碱10～20毫克，肌内注射，以促进子宫复原和胎衣排出。

第九章 牛羊常发的营养代谢病

第一节 酮病

酮病又称醋酮血病，是由于饲料中碳水化合物含量不足，或蛋白质、脂肪和糖代谢紊乱，在血、乳、尿及组织内酮类化合物（乙酰乙酸、β-羟丁酸和丙酮）蓄积而引起的一种以酮血、酮尿、酮乳为特征的代谢性疾病。多见于营养良好和产乳量高的高产母牛、母羊。

一、临床诊断要点

1. 发病家畜

本病常发生于营养良好的高产乳牛和奶羊，多在产后2月内发病。

2. 临症特点

1）神经症状。病初兴奋不安，运动失调，行走摇摆，盲目行走或冲撞障碍物，啃咬饲槽；后期精神沉郁，反应迟钝，意识紊乱，眼球震颤，后肢轻瘫，视力丧失，呆立或做转圈运动，或突然倒地，头颈向侧后弯曲，呈昏睡状态（彩图76）。

2）消化障碍。食欲减退，消化不良，不愿吃精料而喜吃粗料，排粪迟滞。

3）特异性气味。皮肤、呼出气、血液、尿液、乳汁等分泌物、排泄物均具有特殊的酮味（烂苹果气味）。

3. 实验室检验

尿、乳酮体检验阳性。

4. 治疗诊断

静脉注射葡萄糖，疗效显著。

5. 鉴别诊断

注意与产后瘫相区别。产后瘫多发于产后1~3天，皮肤、呼出气，尿、尿乳酮体检查呈阴性。

二、主要防治措施

1. 预防措施

1）加强妊娠母牛、母羊冬季的饲养管理，合理搭配日粮，适量提供富含维生素和矿物质且营养全面的饲料，满足其营养需要，使之既不过肥，也不太瘦；母畜分娩前要适当放牧和运动；并注意保温防寒。

2）产乳高峰期应补充乳酸钠，每天100克，连用6周。

2. 治疗措施

1）补糖。静脉注射25%葡萄糖注射液，牛500～1000毫升、羊100～200毫升，每天2次，连用3～5天，以提高血糖浓度；同时胰岛素，牛100～200国际单位、羊50～80国际单位，肌内注射；也可每天内服白糖250～500克（牛），或枸橼酸钠或醋酸钠15克（羊），连用5天，以有效调节体内氧化还原过程。

2）补充生糖物质。内服丙酸钠，牛100～200克、羊20～60克，每天2次，连用5～7天，也可用乳酸钠内服；或饲喂甘油和乳酸铵，每天1～2次，连续3～5天，有较好疗效。

3）促进糖原生成。盐酸肾上激素注射液，牛200～400国际单位，皮下注射；或醋酸可的松注射液，牛5～10毫升，肌内注射。

4）护理。日粮中减少蛋白质精料，增喂碳水化合物及含维生素多的饲料，如甜菜、胡萝卜等；适当运动，增强胃肠机能。

三、典型病例介绍

2003年2月，某县兽医站接诊一病牛。

【主诉】 该乳牛产犊1个多月，产乳量每天40千克左右。前几天突然出现精神不正常，过度兴奋，运动失调，食欲减退，不愿吃精料，愿意吃青干草。

【临床检查】 病牛精神沉郁，反应迟钝，盲目行走，冲撞障碍物，眼球震颤，视力丧失，呆立，磨牙；听诊前胃蠕动音减弱，蠕动次数减少；皮肤、呼出气、尿液、乳汁具有特殊的烂苹果气味；实验室检验，尿、乳酮体检验呈阳性。

【初步诊断】 牛酮病。

【处理措施】

1）25%葡萄糖注射液1000毫升，静脉注射，每天2次，连用5天，胰岛素200国际单位，肌内注射；同时饲喂甘油和乳酸铵，每天2次，

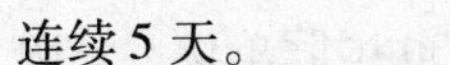

连续5天。

2）盐酸肾上激素注射液300国际单位，皮下注射。

【医嘱】　减少蛋白质精料喂量，增喂碳水化合物及含维生素多的甜菜、胡萝卜等；适当运动，增强胃肠机能。

【转归】　2周后回访，痊愈。

第二节　佝偻病

佝偻病又名软骨症，俗称弯腿症，是犊牛、羔羊等幼龄家畜迅速生长期由于光照不足、维生素D缺乏，或饲料中钙、磷缺乏或比例失调所引起的一种慢性营养代谢性疾病。其特征是钙、磷代谢紊乱，骨的生成障碍；持久性软骨肥大及骨骺增大等暂时性钙化作用不全；消化紊乱、异食癖、跛行和骨骼变形。

一、临床诊断要点

1）佝偻病可发生于哺乳期间，但常发生于断乳后的一个阶段。

2）病情缓慢发展，生长迟缓。

3）早期症状为精神不振，食欲减退，消化不良；后期有异嗜癖，喜卧，起卧缓慢，不愿活动，下痢或便秘，生长缓慢，步态僵硬，跛行；腕关节着地或爬行，体温一般正常。

4）典型症状为犊牛低头，弓背，站立时前肢腕关节屈曲，向前方外侧凸出，呈内弧形，后肢跗关节内收，呈“X”字形叉开站立，或呈“O”形站立；羔羊下颌骨肿胀，前后肢常呈“O”形腿；腕关节、跗关节肿大，尤其是掌骨和跖骨远端骨骺变大，肋骨近胸骨端呈念珠状肿大，触诊有明显的痛感。

二、主要防治措施

1）预防措施。

① 加强妊娠母羊和泌乳母羊的饲养管理，供给蛋白质、维生素D和钙、磷含量丰富且比例适当［钙磷比例应控制在（1.2～2)∶1］的饲料（如骨粉、鱼粉和甘油磷酸钙等），提供充足的青绿多汁饲料和青干草，增加运动和日照时间。

② 断乳犊牛、羔羊，应注意适量喂给苜蓿干草、胡萝卜、青贮饲料等青绿、多汁的饲料，并按需要量添加食盐、骨粉、各种微量元素等，多晒太阳，增加光照。

③ 骨化醇（维生素 D_3 油剂），每千克体重 20～30 国际单位，一次内服，每天 1 次。

2）治疗措施。

① 合理补足维生素 D 和光照。可在日粮中按需要量提供维生素 D，犊牛为 1～2 克、羔羊为 0.5～1 克，内服或肌内注射；也可用浓缩维生素 D 油剂 1～5 毫升/天（1 万国际单位/毫升），肌内注射；或骨化醇，每千克体重 400～600 国际单位，内服；保证一定的阳光照射；提供经日光晒干的青干草。

② 补钙。维生素 D 胶性钙 500～2000 国际单位，肌内或皮下注射，每周 1 次，连用 3 次；精制鱼肝油 3～4 毫升灌服，或肌内注射，每周 2 次；用维生素 A、D 注射剂，犊牛 5～15 毫升、羔羊 1～3 毫升，肌内注射；或用 10% 葡萄糖酸钙注射液 10 毫升，静脉注射，隔天 1 次，用 2 次；同时内服骨粉 3～10 克，每天 1 次。

注意

本病为幼畜常见多发病，重在预防。只要饲料中钙、磷充足且比例适当，幼畜勤晒太阳，一般可防止本病发生。

③ 中草药治疗。可服用三仙蛋壳粉即焦山楂、神曲、麦芽各 60 克，蛋壳粉（经烘干后为末）120 克，混合后每头羔羊每天灌服 12 克，连用 1 周。

三、典型病例介绍

2010 年 3 月，某县兽医站接诊一患病犊牛。

【主诉】 小牛断乳 1 个多月，精神差，吃得少，有时拉稀，有时拉干，不愿活动，喜卧，喜吃一些不能吃的东西，如土坷垃、小砖头等。

【临床检查】 病犊卧地不起，强行站立时，两腿呈“X”字形叉开站立；腕、跗关节肿大，肋骨与肋软骨结合部肿大，呈念珠状，触诊有明显的痛感；有异食癖；体温正常，呼吸、脉搏变化不大。

【初步诊断】 佝偻病。

【处理措施】

1）浓缩维生素 D 油剂 3 毫升（1 万国际单位/毫升），肌内注射，每天 1 次，连用 2 周。

2）10% 葡萄糖酸钙注射液 80 毫升，静脉注射；同时内服优质骨粉

60克，每天1次，连用1周。

【医嘱】 适量喂给苜蓿干草、胡萝卜、青贮饲料等，并按营养需要量添加食盐、骨粉、各种微量元素等，多晒太阳。

【转归】 1个月后回访，痊愈。

第三节　骨软症

骨软症是成年家畜（主要发生于牛和绵羊）钙、磷代谢障碍所引起的一种慢性骨营养不良性疾病。其特征是钙、磷代谢紊乱，骨质呈进行性脱钙，骨质疏松；消化不良、运动障碍和骨变形。

一、临床诊断要点

1. 发病趋向

成年牛羊多发；泌乳和妊娠后期母牛、母羊多发；高产乳牛多发。

2. 病史调查

土壤缺磷地区多发；日粮配合不合理或存在其他继发因素。

3. 临症特点

1）顽固性消化不良。食欲不定，异食，粪便时稀时干，易出汗，消瘦。

2）运动障碍。不明原因的跛行，四肢交替发生，多卧少立，严重者卧地不起。

3）骨变形。长骨变形，关节粗大，肋骨末端肿胀，呈串珠状；头骨粗大，额骨突出，上颌骨肿胀，口腔闭合困难。

4. 实验室饲料化验

钙磷不足或比例失调。

二、主要防治措施

1. 预防措施

加强饲养管理，注意日粮配合，既要提供充足钙、磷，又要注意比例适当；妊娠母牛、母羊要适当增加运动及光照，补充矿物质和维生素。注意及时治疗胃肠疾病，以利于钙磷吸收。

2. 治疗措施

1）早期病例。异食癖病牛，每天饲喂骨粉，牛250克，5～7天为1个疗程，常可自愈；跛行病例，如上补充骨粉，跛行症状消失后，要再坚持1～2周。

2）严重病例。用20%磷酸二氢钠注射液，牛300~500毫升、羊100~150毫升，静脉滴注，每天1次，连用5天；或30%次磷酸钙注射液，牛80~100毫升、羊20~30毫升，静脉注射。

3）对症治疗。

① 10%葡萄糖酸钙注射液150~300毫升，静脉注射，隔天1次，用2次；对四肢疼痛有良效。

② 氯化钴5~40毫克，加苏打或人工盐适量，放饮水中饮用，对本病引起的异食癖有良效。

注意

本病为常见多发病，重在平时的预防。牛羊饲料中只要补充适量的骨粉，一般即可避免本病的发生。

三、典型病例介绍

1998年4月，某县兽医站接诊一病牛。

【主诉】 一直给牛喂干玉米秸，加少量玉米面、麸皮。这一个多月来，牛吃草时好时坏，有时拉稀，过几天又拉干，还吃土坷垃、小砖头，啃墙角，易出汗，瘸腿，愿意趴着，不愿走路。

【临床检查】 病牛消瘦，几欲卧地；四肢关节粗大，跛行严重；触摸肋骨末端肿胀，呈串珠状，疼痛明显。

【初步诊断】 骨软症。

【处理措施】

1）每天饲喂骨粉250克，7天为1个疗程，视病情变化确定停止时间。

2）20%磷酸二氢钠注射液400毫升，静脉滴注，每天1次，连用5天为1个疗程。

3）10%葡萄糖酸钙注射液250毫升，静脉注射，隔天1次，用2次。

4）人工盐300克、健胃散250克，加水适量，灌服，每天1次，连用3天。

【医嘱】 供给优质青干草或花生秧，补充维生素和微量元素。

【转归】 1个月后回访，基本痊愈。

第四节 维生素A缺乏症

维生素A缺乏症是由维生素A或其前体维生素A源（如胡萝卜素、

玉米黄素）的缺乏或不足，或胃肠吸收功能障碍所引起的营养代谢性疾病。临床特征为生长发育不良、上皮角化、夜盲症、皮肤黏膜损伤。本病常发生于幼龄牛羊。

一、临床诊断要点

1. 饲草饲料情况

长期饲喂缺乏维生素 A 源的饲草和饲料，如经过暴晒的秸秆、马铃薯、甜菜等；饲料中维生素 E、维生素 C 缺乏等。

2. 临床症状特点

1）夜盲症。常发现在早晨、傍晚或月夜光线朦胧时，病羊视物不清，盲目行进，碰撞障碍物，或行动迟缓，小心谨慎。

2）眼干燥症。眼炎流泪，角膜角化成云雾状，严重者角膜溃疡、穿孔、失明。

3）毛焦无光，皮肤粗糙，皮屑增多。

4）神经症状。兴奋不安，盲目行走，发出尖叫声。

二、主要防治措施

1. 预防措施

1）加强饲草、饲料的管理，防止饲料发热、发霉和氧化，以防胡萝卜素被破坏；饲料不宜贮存过久，以防胡萝卜素被破坏。

2）夏季应进行放牧，以获得充足的维生素 A；在冬季应保证户外运动。

3）饲粮中要有青贮饲料或胡萝卜，长期饲喂枯黄干草应适当添加鱼肝油等，保证每天每千克体重维生素 A 30 国际单位或维生素 A 源 75 国际单位的供给量，以满足家畜的生理需要。

2. 治疗措施

1）补充维生素 A。

① 维生素 A 注射液，以每千克体重 440 国际单位剂量，肌内注射，每天 1 次，连用 1 周。

② 鱼肝油内服，每次犊牛 30 ~ 60 毫升、成羊 20 ~ 30 毫升、羔羊 0.5 ~ 2 毫升，隔天 1 次，连服 2 周。

③ 维生素 AD 注射液 5 ~ 10 毫升，肌内注射，每天 1 次，连用 1 周。

④ 维生素 AD 滴剂，每次成羊 2 ~ 4 毫升、羔羊 0.5 ~ 1 毫升，内服，每天 1 次，连用 1 周。

⑤ 浓缩维生素A油剂，成羊5万~10万国际单位、羔羊2万~3万国际单位，内服或肌内注射，每天1次，连用1周。

2）对症治疗。

① 调整胃肠功能，促进消化吸收，幼畜用麦芽粉、人工盐、陈皮酊适量。

② 眼病变，可先用3%硼酸溶液冲洗，后滴加抗生素眼药水。

3）改善饲养。用药的同时，在日粮中加入青绿饲料、胡萝卜或黄玉米，也可在饲料中以每千克体重500~1200国际单位的剂量添加维生素A，可迅速治愈。

注意

粗放饲养牛羊时，本病发病率较高，要注意预防；早期病例，只要及时补足维生素A，一般预后良好。

三、典型病例介绍

2000年2月，某县兽医站接诊一病羊。

【主诉】 小羊出生有3个多月，同大羊一起吃干玉米秸和花生秧等，近几天发现小羊吃草慢，反刍少，生长也慢。一到傍晚就走路小心，碰碰撞撞，可能是看不见。

【临床检查】 病羊消瘦，兴奋不安，盲目行走，发出尖叫声；给予青草吃得很慢，听诊瘤胃蠕动音微弱，蠕动次数2次/3分钟，体温、脉搏变化不大。

【初步诊断】 维生素A缺乏症。

【处理措施】

1）鱼肝油内服，每次5毫升，隔天1次，连服2周。

2）加强营养，饲喂青绿饲料、胡萝卜或黄玉米。

【转归】 2周后回访，痊愈。

第五节 妊娠毒血症

妊娠毒血症是母牛（干乳期）、母羊（妊娠末期）发生的亚急性代谢性疾病。牛的妊娠毒血症也称母牛肥胖综合征、脂肪肝等，临床以食欲废绝，胃肠蠕动停止，间有黄疸，进行性衰弱为主要特征；羊的妊娠毒血症临床以酮血，酮尿，低血糖，衰竭和严重内中毒为主要特征。

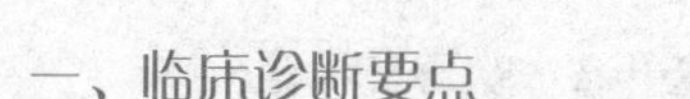

一、临床诊断要点

1. 发病时机

母牛干乳期、多胎妊娠母羊在妊娠的最后一个月内或临产前发病。

2. 病史调查

母牛营养过剩（肥胖）；圈养，缺乏运动；日粮搭配不合理（能量过高）等；母羊妊娠期饲料中糖类和蛋白质缺乏等。

3. 临症特点

1）病牛消瘦，精神沉郁，呆滞凝视，食欲废绝，胃肠蠕动停止、粪便时干时稀；尿少色黄如油状；全身发抖，耳震颤，咬牙，运动失调，盲目运动，站立不稳，卧地不起，最后昏迷而死亡。病程快的5天内死亡。

2）病羊精神沉郁，不愿运动，或运动失调，食欲不振，肌肉震颤，视力减退或失明（绵羊），头后仰，呆立一处不变姿势，体温正常或稍低，呼吸浅表，脉搏弱快，黏膜黄白。

4. 剖检病变

病死牛羊经剖检可见肝脏肿大2~3倍，变性、质脆易碎；肾脏肿大、出血并有脂肪变性；心脏变性、质脆，心内外膜有出血点；脾脏充血和出血；胃肠黏膜下出血及坏死炎症，腹水增多。

5. 实验室检查

血酮含量，患畜血中酮体增高10~30毫克/升；血中非蛋白氮也有不同程度增加；血糖减少。

二、主要防治措施

1. 预防措施

加强饲养管理，合理配合日粮，尽量防止日粮成分的突然变化。妊娠早期（前2~3个月内）营养较差，以后逐渐增加日粮中的营养物质，直到生产以前，保持良好的饲养条件。孕畜每天运动不少于2小时，至少应强迫行走250~300米。

2. 治疗措施

1）病牛。

① 葡萄糖、红糖等糖类500~1000克，亚硒酸钠114~228毫克，一次加水灌服。

② 氯化钴、硫酸钴或烟酸12~15克，加水灌服。

③ 5%碳酸氢钠注射液300~800毫升，一次静脉滴注。

2）病羊。

① 胰岛素5~8国际单位，一次皮下注射。

② 枸橼酸钠15~20克，一次灌服，每天1次，连用4天为1个疗程。

③ 纠正酸中毒，选用5%碳酸氢钠注射液100毫升，静脉滴注，每天1次，连用4天。

④ 维生素A注射液5毫升、维生素B_1 0.05克，分别肌内注射，每天1次，连用1周。

⑤ 心力衰竭时注射安钠咖等强心药，食欲不佳时给予健胃药物。

3）加强营养。给病畜加饲优质青草、苜蓿、三叶草、甜菜叶、胡萝卜，适当添加矿物质饲料等。

三、典型病例介绍

2008年11月，某县兽医站接诊一患病母羊。

【主诉】 母羊再过20多天产羔。这几天发现羊精神不好，不愿活动，吃草慢，行动小心。

【临床检查】 病羊精神沉郁、呆立不动，肌肉震颤；强行牵行，左右摇摆，运动失调；可视黏膜呈黄白色，且视力很差；体温基本正常；呼吸浅表，脉搏弱快。

【初步诊断】 羊妊娠毒血症。

【处理措施】

1）5%碳酸氢钠注射液100毫升，静脉滴注，每天1次，连用4天。

2）胰岛素8国际单位，一次皮下注射。

3）维生素A注射液5毫升、维生素B_1 0.05克，分别肌内注射，每天1次，连用1周。

4）枸橼酸钠20克，一次灌服，每天1次，连用4天。

【医嘱】 给病羊提供优质青干草或胡萝卜，适当添加玉米面、豆粕，以及骨粉、磷酸氢钙等矿物质饲料。

【转归】 2周后回访，痊愈。

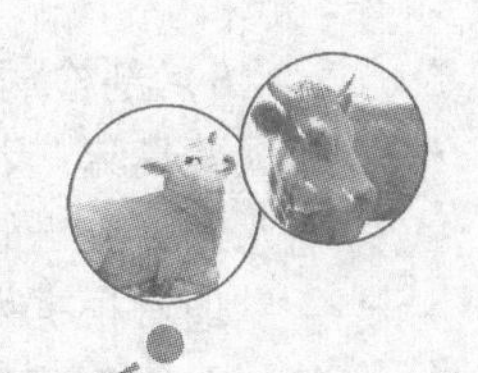

第十章 牛羊常发的中毒病

第一节 有机磷农药中毒

有机磷农药是农业上常用的杀虫剂，也是畜牧生产中常用的杀虫药和驱虫剂，主要有甲拌磷（3911）、对硫磷（1605，已禁止生产、销售和使用）、内吸磷（1059）、敌敌畏、乐果、敌百虫等。这些杀虫剂多具有较高的脂溶性，可经皮肤渗入机体内，也可通过消化道和呼吸道吸收。有机磷农药中毒是由于牛羊接触、吸入或食入某种有机磷制剂污染的饲草、饲料、饮水，或用有机磷杀虫剂防治体外寄生虫时，剂量过大或使用方法不当而引起的中毒性疾病。其特征是流涎、口吐白沫、瞳孔缩小、腹泻和肌肉强直性痉挛，发病快，病死率高。

一、临床诊断要点

1）有直接或间接接触有机磷制剂的病史。

2）潜伏期短，发病迅速。毒物经呼吸道吸入，几分钟内出现症状；经口食入，0.5 小时至数小时，最长不超过 24 小时出现症状；经皮肤渗入，症状出现时间从几分钟至 3 个月不等。

3）表现毒蕈碱样症状。病畜食欲不振或废绝，大量流涎，口吐白沫，呕吐、肠音亢进，后期减弱，排多量稀粪，大小便失禁，粪便带血，腹痛；瞳孔缩小甚至呈线状，对光反射减弱或消失，大汗淋漓；可视黏膜苍白，呼吸困难，肺部湿性啰音，重者出现肺水肿。

4）表现烟碱样症状。为运动神经过度兴奋性症状。肌纤维震颤，先从眼睑及颜面开始，至全身肌肉痉挛，后期麻痹；血压上升，脉搏频数。

5）表现中枢性神经症状。先表现兴奋不安，体温升高，无目的地前冲奔跑，转圈，呈恐惧状，后精神不振，意识不清，昏倒在地，四肢呈游泳姿势。

6）剖检病死羊。主见胃肠黏膜及内脏器官充血、出血，胃内容物有大蒜臭味。若病程稍久，所有黏膜呈暗紫色。肝脏、脾脏肿大，肺充血水肿，支气管含有大量泡沫。

通常根据发病急，恶化快，流涎、出汗、拉稀、腹痛、不安、瞳孔缩小及肌肉痉挛等临床特点，结合有机磷农药接触病史就可以对有机磷中毒做出诊断。

二、主要防治措施

1. 预防措施

1）农药的正确保管和使用。要妥善保管用农药处理过的种子和配好的溶液；喷洒过有机磷农药的植物茎叶等，必须在停药后10天左右并用清水冲洗后再用作饲料；喷洒过农药的地块要做上醒目标记，在1个月内禁止放牧或割草饲喂家畜。

2）用敌百虫等药物对牛羊进行驱虫时，要正确掌握剂量、浓度和使用方法，注意切勿与碱性药物同时使用，否则会加重毒性。

2. 治疗措施

有机磷农药中毒，一般发病后24小时内为危险期，24小时好转者多数能治愈，严重者危险期延长到48小时至数天，若不及时抢救，可在0.5小时至数小时内死亡。故发现病畜，要及时治疗。治疗原则是排毒、解毒和缓解症状。

1）排毒。可用2%碳酸氢钠溶液反复洗胃以分解毒物；或内服碳酸氢钠（牛100~300克、羊20~30克）及木炭末（牛100~300克、羊20~30克），以延缓毒物吸收；或用硫酸镁或硫酸钠（牛400~800克、羊40~100克），加水适量一次内服，促进毒物排出。

注意

由于磷易溶于脂肪，故排毒要使用硫酸镁或硫酸钠等盐类泻剂，禁用油类泻剂，以免加重病情。

2）使用特效解毒剂。临床常用的主要有3类。

① 胆碱酯酶复活剂。能迅速解除毒蕈碱样症状，用于急性中毒，对慢性中毒无效，未发病前有预防作用。使用时要注意轻者可单独使用，中等程度中毒可配合阿托品，重度中毒者必须配合阿托品。常用的药物有：

a. 解磷定（PAM），按每千克体重20~30毫克，用5%葡萄糖注射

液稀释成2.5%的溶液缓慢静脉滴注，每2~3小时重复注射1次，直到症状消除。

该药能用于急性甲拌磷、乙拌磷、对硫磷、内吸磷等剧毒类有机磷农药的中毒，而对敌百虫、敌敌畏、乐果及马拉硫磷效果不好，必须配用阿托品，忌与碱性药物配伍应用。

b. 氯解磷定（PAM-Cl），按每千克体重15~30毫克，溶于5%葡萄糖注射液内，一次缓慢静脉滴注或肌内注射，每2~3小时重复注射1次，但剂量减半。

解毒效果同解磷定，但对谷硫磷及二嗪农中毒不但无效，反而有不良作用；在碱性环境中易分解，忌与碱性药物配伍应用。

② 乙酰胆碱对抗剂。主要能减轻或消除菸碱样症状，对中枢性症状有一定作用。常用药物有：

a. 注射剂。1%硫酸阿托品注射液，按每千克体重0.5~1毫克，皮下或肌内注射。若症状不减轻，1小时后可重复应用，直至唾液分泌减少，肠音减弱，瞳孔散大为止。

b. 内服药。颠茄酊、曼陀罗、洋金花、大剂量甘草等。

③ 能消除所有症状药。既能消除毒蕈碱样症状，又能消除菸碱样症状。常用药物双解磷，每千克体重2.5~5毫克，皮下、肌内或静脉滴注均可，每2小时重复用药1次，直至症状减轻或消失，对各种有机磷中毒及所有中毒症状都有一定效果。轻、中度中毒可单用，重度中毒须配用足量阿托品。

3）对症治疗。根据病情进行对症用药，兴奋呼吸可用尼克刹米注射液，一次量0.25~1克，静脉注射或肌内注射；强心补液，可用洋地黄制剂等；镇静解痉可用氯丙嗪注射液，每千克体重1~2毫克，肌内注射等；预防肠炎及肺炎，可用抗生素或磺胺药。

4）中药治疗。

① 金银花、甘草各120克，明矾60克，水煎灌服病牛。

② 防风60克、绿豆250~500克，水煎灌服病牛。

③ 甘草120克、绿豆250~500克，水煎灌服病牛。

三、典型病例介绍

2002年9月，某县兽医院接诊一病牛。

【主诉】　中午播种，牛抢吃了几口用1059拌的麦种。下午出现口

流白沫，呕吐。

【临床检查】 病牛兴奋不安，呈恐惧状；无目的地前冲奔跑，转圈；大量流涎，口吐白沫，呕吐，排多量稀粪，大小便失禁，粪便带血，腹痛；瞳孔缩小，对光反射减弱或消失，大汗淋漓；可视黏膜苍白，呼吸困难，肺部呈湿性啰音；肌纤维震颤。脉搏 100 次/分钟，呼吸 82 次/分钟。

【初步诊断】 有机磷农药中毒。

【处理措施】

1）先内服碳酸氢钠 200 克及木炭末 300 克，以延缓毒物吸收；后用硫酸钠 700 克，加水适量一次内服，促进毒物排出。

2）解磷定 10 克，用 5% 葡萄糖溶液 400 毫升，稀释成 2.5% 的溶液缓慢静脉滴注，每 2 小时重复注射 1 次，直到症状消除。

3）1% 阿托品注射液 30 毫升，皮下注射。注射 1 小时后症状不减再注射 1 次，直至唾液分泌减少，肠音减弱，瞳孔散大为止。

4）对症治疗。用 2.5% 盐酸氯丙嗪注射液 12 毫升，肌内注射以镇静解痉。

【转归】 1 周后回访，痊愈。

第二节 氟乙酰胺中毒

氟乙酰胺是一种药效高、药残期长、使用方便的剧毒农药（已禁止生产、销售和使用）。牛、绵羊对氟乙酰胺均较易感，内服致死量：每千克体重牛 0.15 ~0.62 毫克、绵羊 0.25 ~0.5 毫克。牛羊氟乙酰胺中毒是由于误食了被氟乙酰胺污染的饲草、饲料、饮水而引起的。

一、临床诊断要点

1）有可能误食被氟乙酰胺污染的饲草、饲料、饮水的病史。

2）牛羊中毒在临床症状上，主要表现 2 种类型。

① 突然发病型。病畜误食后 9 ~18 小时，在无任何前驱症状的情况下，突然跌倒，剧烈抽搐，惊厥或角弓反张，迅速死亡；有的可暂时恢复，但脉搏快，节律不齐，卧地战栗而亡。

② 潜伏发病型。中毒 5 ~7 天后，仅表现食欲降低，不反刍，倚墙独处或静卧，有的逐渐康复，有的静卧中死去；有的 3 ~5 天内因外界刺激或突然发作惊恐、尖叫、全身颤抖、呼吸迫促，持续数分钟，有所缓

解，后又反复发作，终于在抽搐中死亡。

二、主要防治措施

1. 预防措施

禁用被氟乙酰胺污染的饲草、饲料饲喂家畜；喷洒过氟乙酰胺的植物茎叶、瓜果，要经2个月才可用作饲料。

2. 治疗措施

1）更换可疑饲草、饲料、饮水。

2）排毒。经口中毒者，立即用0.1%的高锰酸钾溶液洗胃，然后灌服蛋清以保护胃黏膜；经皮肤中毒者，立即用清水洗涤。

3）特异性解毒药。乙酰胺注射液（解氟灵），每千克体重0.1克，静脉或肌内注射，每天1次，连用3～4次，一般抽搐症状即可消失。

4）对症治疗。可用氯丙嗪、水合氯醛镇静；尼可刹米（可拉明）解除呼吸抑制；静脉滴注葡萄糖酸钙或柠檬酸钙解除肌肉痉挛；静脉滴注20%甘露醇溶液控制脑水肿。

注意

氟乙酰胺中毒的病畜心脏常遭受损害，故静脉滴注药液时，一定要十分缓慢。

三、典型病例介绍

1998年8月，某县兽医站接诊一病羊。

【主诉】　一直是在田里拔草喂养。昨天突然无故害怕、尖叫，发作一会儿恢复正常，过一会再发作。

【临床检查】　食欲降低，不反刍，静卧。给予刺激后，突然出现惊恐、尖叫、全身颤抖、呼吸迫促，持续数分钟后，有所缓解，后又反复发作。

【初步诊断】　氟乙酰胺中毒。

【处理措施】

1）更换可疑饲草。

2）立即用0.1%的高锰酸钾溶液洗胃，然后灌服蛋清以保护胃黏膜。

3）乙酰胺注射液，3克剂量，肌内注射，每天1次，连用3次，消除抽搐症状。

4）对症治疗。

【镇静】 盐酸氯丙嗪注液2毫升，肌内注射。

【解除肌肉痉挛】 10%葡萄糖酸钙注射液10毫升，静脉注射，1小时后重复1次。

【控制脑水肿】 20%甘露醇注射液100毫升，静脉滴注。

【转归】 2周后回访，痊愈。

第三节 磷化锌中毒

磷化锌是灭鼠药和熏蒸杀虫剂（已禁止生产、销售和使用），对家畜的内服致死量一般是每千克体重20~40毫克。牛羊磷化锌中毒多因误食灭鼠毒饵或被磷化锌污染的饲草、饲料所引起。

一、临床诊断要点

1）有误食磷化锌毒饵或污染饲草饲料病史。

2）急性中毒。口干舌燥，口腔黏膜糜烂，不久发生呕吐、腹痛、腹泻，其呕吐物和粪便有蒜味，在暗处可见磷光。心跳明显加快，心律不齐；可视黏膜黄染，尿量减少，尿中有蛋白和红细胞；全身痉挛，最后昏迷、麻痹而死，病程一般2~3天，重者数小时内死亡。若能耐过，恢复期约1周。

3）慢性中毒。病畜全身衰弱，寒战、呼吸困难及晕眩。

4）死后口鼻流出血色带泡沫状液体，肌肉如煮；肝脏肿大呈土黄色，肾包膜易剥离，并有散在出血点。剖开胃肠道，其内容物发出浓烈的酸臭味，移至暗处，可见磷光；胃肠黏膜广泛呈现充血、出血，肠黏膜脱落。

5）实验室检查。怀疑为本病时，取胃肠内容物10克置烧瓶中，加适量蒸馏水搅匀；取普通滤纸2条，一条用2%硝酸银溶液浸湿，一条用2%醋酸铅溶液浸湿；将2纸条折挂于烧瓶中，加木塞，置酒精灯上加热煮沸，观察以判定结果。若经10分钟左右，被硝酸银溶液浸湿的纸条先变为浅黄色再变为棕黄色，数小时后又变为黑色，而被醋酸铅溶液浸湿纸条始终不变色，即判为磷化锌中毒。

二、主要防治措施

1. 预防措施

避免牛羊与磷化锌接触。

2. 治疗措施

1）本病无特异性解毒药可用。早期发现，迅速抢救。可用0.1%高锰酸钾溶液反复洗胃；然后用滑石粉（牛400~600克、羊50~80克）、硫酸镁（牛400~600克、羊30~50克），加水灌服，以促进毒物排出；同时静脉滴注高渗葡萄糖溶液和静脉滴注氯化钙溶液；强心可用安钠咖。

2）紧急时，也可先放血（牛1000~3000毫升、羊100~200毫升），再用5%葡萄糖生理盐水补液。

注意

由于磷易溶于脂肪，故促进毒物排出时要使用硫酸镁等盐类泻剂，禁用油类泻剂，以免加重病情。

三、典型病例介绍

1998年10月，某县兽医站接诊一病牛。

【主诉】 昨天晚上，牛脱缰在院子里，怀疑吃了灭鼠的毒饵。早晨看到其呕吐和腹泻物。

【临床检查】 病牛不时呕吐、腹泻，其呕吐物和粪便有蒜味；口腔干燥，黏膜糜烂，起卧不安（腹痛）；心跳明显加快，达100次/分钟，心律不齐；将粪便置于暗处可见磷光。

【初步诊断】 磷化锌中毒。

【处理措施】

1）用0.1%高锰酸钾溶液反复洗胃。

2）滑石粉500克，硫酸镁500克，加水灌服，以促进毒物排出。

3）50%葡萄糖注射液1000毫升、10%氯化钙注射液250毫升、10%安钠咖注射液40毫升，一次混合静脉滴注。

【转归】 1周后回访，痊愈。

第四节　氢氰酸中毒

氢氰酸中毒是由于牛羊采食含氰甙的植物，如木薯、桃仁、李仁、苦杏仁、高粱、玉米、马铃薯幼苗、亚麻叶、亚麻籽饼、枇杷叶、桃叶等，尤其是二茬苗，或误食了氰化物（氰化钠、氰化钾、氰化钙），在胃内经酶水解和胃酸的作用，产生游离的氢氰酸而引起的急性中毒病。本病的特征是呼吸困难、震颤、咳嗽黏膜鲜红色、惊厥及组织中毒性缺氧症。

一、临床诊断要点

1）病畜有食入含有氰苷的植物或被氰化物污染饲料或饮水的病史。

2）临症特点。发病急速，一般采食后0.5小时出现不安，严重呼吸困难，可视黏膜鲜红色（由于体内的氧不能被组织利用而蓄积于静脉血中，使静脉血呈鲜红色，这与亚硝酸盐中毒，血液呈暗褐色有明显的区别），呼出气有苦杏仁味，口流泡沫样涎液，全身或局部出汗，胃肠臌气；很快转入沉郁状态，表现极度衰弱，倒地不起，体温下降，呼吸麻痹，瞳孔散大，迅速死亡。

3）剖检特征。尸僵不全，血液鲜红，凝固不良，肺水肿，胃肠内容物有苦杏仁味。

二、主要防治措施

1. 预防措施

1）禁止在含有氰甙作物的地方放牧，尤其是不要放牧二茬苗。

2）用含有氰甙的高粱苗、玉米苗、胡麻苗等作为饲料时，应经过水浸24小时再喂饲，并要限量少喂。

3）对氰化物农药应严加保存，以防污染饲料和饮水。

2. 治疗措施

发病后，迅速采用有效药物进行抢救。

1）先用5%亚硝酸钠溶液50毫升、10%葡萄糖注射液1000毫升，混合缓慢静脉滴注；3~5分钟后，再用5%硫代硫酸钠溶液100~250毫升、5%~10%葡萄糖注射液500~1000毫升，混合静脉滴注。

2）1%~2%亚甲蓝溶液，剂量为每千克体重1毫升（大剂量），肌内注射或用等渗糖溶液稀释后静脉滴注。同时，先用0.1%高锰酸钾溶液洗胃，后用硫酸亚铁5~10克内服。

3）5%~10%葡萄糖注射液500毫升，加入高锰酸钾0.5克，溶解后，以每千克体重5毫升的剂量静脉滴注，滴注速度以10~20分钟注完500毫升为宜。

4）1%过氧化氢溶液60~100毫升内服；也可用绿豆200~300克、双花25~50克，煎汤灌服，每天1次，连用3~5天。

5）对症治疗。强心用10%安钠咖注射液，牛10~20毫升、羊3~5毫升，肌内或静脉注射。兴奋呼吸用回苏灵（二甲弗林），牛40~80毫升、羊8~16毫升，配入适量5%葡萄糖生理盐水中，静脉滴注。

三、典型病例介绍

1998 年 7 月，编者出诊一危重病牛。

【主诉】 上午玉米间苗，中午给牛吃了一些玉米苗，吃后大约 0.5 小时发病。

【临床检查】 病牛不安，张口呼吸，口流泡沫样涎液，眼结膜鲜红色，呼出气有浓烈的苦杏仁味，全身出汗，胃肠臌气，两侧肷窝消失；病牛很快转为沉郁，表现极度衰弱，倒地不起。

【初步诊断】 氢氰酸中毒。

【急救处理】

1）先用 5% 亚硝酸钠溶液 50 毫升、10% 葡萄糖注射液 1000 毫升，混合缓慢静脉滴注；5 分钟后，再用 5% 硫代硫酸钠溶液 250 毫升、5% 葡萄糖注射液 500 毫升，混合静脉滴注。

2）用 10% 安钠咖注射液 20 毫升，肌内注射以强心；用二甲弗林 60 毫升，配入适量 5% 葡萄糖生理盐水中，静脉滴注以兴奋呼吸。

【转归】 抢救过程中，病牛体温下降至 34℃，呼吸麻痹，迅速死亡。

第五节　霉玉米中毒

玉米收获季节雨水较多，加之储存和处理不当，极易造成玉米和玉米秸秆的霉变。霉玉米主要产生黄曲霉毒素、玉米赤霉烯酮、赭曲霉毒素、新月毒素群、伏马菌素及呕吐毒素等，这些毒素分别对动物机体的组织器官造成不同的损害。霉玉米中毒就是由于长期给牛羊饲喂发霉玉米和发霉玉米秸秆所引起的真菌毒素中毒性疾病。

一、临床诊断要点

1）有较长时间饲喂发霉玉米和发霉玉米秸秆的病史。

2）具有地方性、区域性和相对的季节性，北方地区多发生于 9～11 月。

3）牛多呈慢性中毒，表现精神沉郁及委顿，前胃迟缓，厌食，消瘦、可视黏膜苍白；便秘、腹泻间歇发生；便秘时，粪便如算盘珠状；任何年龄的牛都可出现腹水；还可见一侧或两侧角膜混浊，尤其是犊牛；乳牛产乳量减少或停止，间或发生流产；严重跛行，死亡时头颈角弓反张。病死率 20%～50%。剖检肝脏苍白、坚硬，表面有灰白色区，胆囊扩张，有大量腹水，肠炎。

4）羊表现精神沉郁，呆立不动，食欲废绝，反刍停止，喜卧，瘤胃臌气，临死时视力减退。剖检脑室积水，大、小脑点状出血，肾脏近土黄色，胆囊充盈。

二、主要防治措施

1. 预防措施

1）玉米防霉措施。

① 控制玉米的含水量。将玉米中的水分含量降至14%以下。

② 日粮中添加防霉剂。当玉米中水分含量超过14%时，在其中添加饲料防霉剂，如克霉灵（美帕曲星）、除霉净、霉可吸、霉敌101等。其主要成分均为丙酸及其盐类；另有山梨酸和山梨酸盐、苯甲酸和苯甲酸钠、富马酸和富马酸二甲酯、甲酸钙、抗氧喹等防霉剂。

2）霉玉米去毒的方法。

① 物理脱毒法。

a. 水洗法。将霉变的玉米和水按一定比例混合，搅拌浸泡后，通风晒干即可。还可将霉变的玉米粉碎加入3～4倍的水中，进行搅拌，静置浸泡，每天一搅，换水2次，直至浸泡水由茶色变为无色为止。

b. 脱胚去毒法。将玉米粉碎，磨成直径为1.5～4.5毫米小颗粒，加5～6倍的清水进行搅拌，玉米的胚部因轻而浮在水面上，将其捞出或随水倒掉，如此反复数次即可达到脱胚去毒的目的。

c. 热处理法。高热高压可破坏毒素，用260℃处理污染的玉米可使黄曲霉毒素含量下降85%，也可将霉变玉米放在锅中，加水烧开蒸煮1小时，然后去掉水分，即可饲喂。

d. 辐射法。紫外线和等离子体照射可以杀死霉菌，也可破坏霉菌产生的毒素。将黄曲霉毒素污染的玉米铺成薄层，用高压汞灯大剂量照射，去毒率可达97%～99%。

e. 吸附法。一些矿物质如硅酸铝盐、沸石、膨润土、活性炭、硅藻土等可吸附并捕获霉菌毒素分子。如在有少量霉变的玉米饲料中加入0.5%的沸石，即能促进畜禽的生长发育又能去除玉米中霉菌毒素。

② 化学脱毒法。

a. 石灰水浸泡法。把霉玉米粉碎成直径为1.5～5毫米的粉末，石灰粉过120目筛（孔径0.125毫米），按0.8%～1.2%的比例掺入玉米粉末中；将掺入石灰粉的玉米粉末与水按1∶2的比例倒入容器中搅拌2～3

分钟，静置2~5小时，将水倒出；再用清水冲洗2~3次，晾干即可。去毒率可达91%以上。或直接用0.9%的石灰水浸泡霉变玉米8小时，去毒效果可达97.3%~99%。

b. 氨水去毒法。将霉玉米含水量升高到18%，在超过25℃条件下，用氨蒸汽处理14小时后，将玉米干燥，使其水分含量降至10%以下，以除去玉米表皮中的氨，该方法能有效降低黄曲霉毒素水平。

c. 碱处理法。每100千克霉玉米加入300千克清水，再加入500克苏打粉或1千克生石灰共煮，待煮到霉玉米裂开时，让其冷却，然后再用清水冲洗到没有碱味时即可使用。

③ 生物学方法。利用乳酸杆菌进行发酵，在酶的催化作用下，使黄曲霉素 B_1 转变为毒性较小的黄曲霉素 B_2，从而达到去毒、减毒的目的。

注意

经处理过的霉玉米粉末，要与好料混合应用。在饲料中的使用比例最高不要超过10%。

2. 治疗措施

1）立即停喂霉变玉米，改喂新鲜饲草饲料，并加强饲养管理。

2）在饲料中添加复合维生素B、维生素C、高糖类药物，以加强肝脏解毒机能，缓解中毒症状。

3）灌服健胃缓泻剂，以清理胃肠、促进毒素排出，如病牛可用人工盐150克、滑石粉200~300克、苏打100克，加水一次灌服，有较好疗效；也可用液状石蜡750毫升、人工盐100克混合灌服。

4）保肝护肝，控制继发感染。25%葡萄糖注射液牛1000~2000毫升、羊100~200毫升，5%维生素C注射液牛30~50毫升、羊10~20毫升，注射用青霉素钾牛400万~800万国际单位、羊30万~50万国际单位，注射用硫酸链霉素牛2~4克、羊0.2~0.4克，一次混合静脉注射；同时维生素 K_3 牛100~300毫克、羊30~50毫克，肌内注射。

5）支持疗法。病牛10%葡萄糖注射液1000毫升、40%乌洛托品注射液70毫升、10%生理盐水300毫升，混合静脉滴注，每天1次，连用3天；或0.5%氢化可的松溶液40~150毫升、5%硫代硫酸钠溶液50~150毫升、10%葡萄糖注射液1000毫升，混合静脉滴注，每天1次，连用3天。或5%碳酸氢钠注射液500毫升，静脉滴注。

三、典型病例介绍

2004年11月，某县兽医站接诊一病牛。

【主诉】 今秋天多雨，玉米和玉米秸都有点发霉。一直用发霉较轻的玉米秸和玉米喂牛。牛近期吃草少，精神差，不愿活动，喜趴卧，便秘、腹泻间歇发生。

【临床检查】 表现精神沉郁及委顿，不爱活动，强迫行走时步态蹒跚，有时伏卧地上；厌食，消瘦，可视黏膜苍白，角膜混浊；粪便干燥如算盘珠状；听诊瘤胃，蠕动音微弱，蠕动次数1次/分钟，肠蠕动音微弱，腹部穿刺有大量腹水；严重跛行，体温、脉搏基本正常。

【初步诊断】 慢性霉玉米中毒。

【处理措施】

1）更换饲草饲料，加强饲养管理。

2）人工盐150克、滑石粉300克、苏打100克，加水一次灌服。

3）25%葡萄糖注射液1500毫升、5%维生素C注射液40毫升、注射用青霉素钾600万国际单位、注射用硫酸链霉素3克，一次混合静脉滴注；同时维生素K_3 200毫克，肌内注射。

4）10%葡萄糖注射液1000毫升、0.5%氢化可的松注射液100毫升、5%硫代硫酸钠注射液100毫升，混合静脉滴注，每天1次，连用3天。

【转归】 2周后回访，痊愈。

第六节 棉籽饼中毒

棉籽饼是粮油加工的副产品，含有36%~42%的粗蛋白质，其必需氨基酸含量丰富，在植物中仅次于大豆饼（粕），是畜禽重要的蛋白饲料。但是，棉籽饼中也含有有毒的棉酚（含量为0.04%~2.5%，是一种细胞毒和神经毒素，对胃肠黏膜有很大的刺激性），非反刍动物和犊牛对棉酚非常敏感，长期过量饲喂棉籽饼可引起中毒。

棉籽饼中毒是指长期饲喂大量的棉籽饼，有毒的棉酚在体内，特别是在肝脏蓄积所引起的一种慢性中毒性疾病。其临床特征是消化紊乱、肝炎、胃肠炎和酸中毒。

一、临床诊断要点

1）成年牛急性中毒时，呈现典型的瘤胃迟缓和瘤胃积食症状，食欲废绝，反刍停止，心跳增速至100次/分钟，心音微弱。初便秘，后腹泻，有的表现兴奋不安，运动失去平衡，全身肌肉颤抖，脱水。2～3天死亡，病死率高达30%。

犊牛中毒多呈现慢性经过，表现食欲下降直至废绝，消瘦，呼吸困难，间歇性腹痛，粪便上附有黏液，或混有血液。尿呈红色，尿中含血红蛋白，有典型的红细胞溶解，夜盲症。

2）剖检病变。牛胆囊肿大并有出血点，胃肠黏膜出血，肝脏肿大、充血，肺出血、水肿，心内外膜出血，膀胱炎症；水牛常见膀胱破裂。

三、主要防治措施

1. 预防措施

1）给牛羊供给平衡日粮。日粮中添加棉籽饼时，饲料要多样化，防止单一，要有丰富的蛋白质、维生素和矿物质，尤其是要注意维生素A和钙的供应，补充硫酸亚铁。

2）限量饲喂。牛的棉籽饼喂量每天不超过1.5千克，且实行间歇喂给，喂半月停半月；妊娠母牛和犊牛最好不饲喂。

3）棉籽饼要经过去毒处理。去毒方法有多种，常用的是加温去毒法、碱浸去毒法和加铁处理法。

① 加温去毒法。将棉籽饼加热或放于热水中浸泡2～4小时即可。

② 碱浸去毒法。将棉籽饼用2%～5%石灰水，或1%氢氧化钠溶液，或2.5%碳酸氢钠溶液浸泡过夜，再用清水冲洗后饲喂。

③ 加铁处理法。将1份棉籽饼，放于2.5份1%硫酸亚铁水溶液中浸泡1天，即可减毒。

注意

用棉籽饼饲喂牛羊，一定要经去毒处理，且用量也要控制在每天1.5千克以内。

2. 治疗措施

1）消除致病因素。立即停止饲喂含棉酚的饲料。

2）破坏毒物，加速毒物排出。急性型病例，先用3%～5%碳酸氢钠溶液或0.05%高锰酸钾溶液洗胃；若胃肠道内容物多，炎症不严重，可灌服硫酸镁等盐类泻剂以排毒；若胃肠炎严重的，可灌服消炎、收敛剂，如乳酸诺氟沙星，犊牛、羔羊每千克体重10～20毫克，每天2次；鞣酸蛋白，牛20～25克、羊4～5克，一次灌服；也可用硫酸亚铁，牛7～15

克、羊2~3克，灌服。

3）辅助治疗。25%葡萄糖注射液500~1000毫升、10%安钠咖注射液10~20毫升、10%氯化钙溶液100毫升，混合一次静脉滴注，加入适量维生素C，以保肝解毒；同时可肌内注射维生素A和维生素D等，连用数天，对失明或夜盲症的病畜使用维生素A疗效更佳。

三、典型病例介绍

1996年11月，某县兽医站接诊一病牛。

【主诉】 打算春节卖牛，给牛追肥。最近1个月来，每天除喂给玉米秸外，添加了1.5千克多棉籽饼。昨天突然不吃草料，不反刍。

【临床检查】 病牛兴奋不安，食欲废绝，反刍停止，心跳增速至100次/分钟，心音微弱；瘤胃触诊，内容物发硬，胃壁紧张度下降，听诊瘤胃蠕动1次/2分钟，蠕动音微弱，大便秘结，粪便球状，表面附着黏液；全身肌肉颤抖，皮肤弹性降低，眼窝下陷。

【初步诊断】 棉籽饼中毒。

【处理措施】

1）硫酸镁600克、人工盐200克，加常水配成10%溶液，用胃管灌服。

2）25%葡萄糖注射液1000毫升、10%安钠咖注射液20毫升、10%氯化钙溶液100毫升、5%葡萄糖生理盐水1000毫升、维生素C 5克，混合一次静脉滴注；每天1次，连用3天。

3）维生素D_3注射液4毫升，一次肌内注射，连用3天。

【医嘱】 停喂棉籽饼，给予少量优质青干草和易消化的饲料（玉米面、麦麸等），勤饮清洁温水。

【转归】 2周后回访，痊愈。

第七节 酒糟中毒

酒糟是酿酒工业的副产品，质软、味香、适口性好，是牛羊的好饲料。酒糟中含有酒精，酒精酸败后形成醋酸、游离酸、杂油醇等，如贮存过久或保管不当，容易腐败霉变。牛羊酒糟中毒，实质是酒精中毒、醋酸中毒和真菌中毒。

一、临床诊断要点

1）有大量饲喂酒糟的病史。

2）急性中毒时，先兴奋不安，后精神沉郁，食欲减退或废绝，呼

吸急促，体温升高，出现皮疹；先便秘后腹泻，严重者有腹痛表现；步态不稳，四肢麻痹，卧地不起。

3）慢性中毒的病牛，表现消化不良，顽固性胃肠卡他，腹泻，消瘦，骨质疏松，牙齿松动，皮肤疮疹，母牛有流产等症状。

4）病变特点。肺充血或水肿，胃肠黏膜肥厚，充血、出血，心脑出血，肝脏与肾脏肿胀变性等。

二、主要防治措施

1）发现病畜应立即停止饲喂酒糟，给予其他优质饲料。

2）清理胃肠，防止毒物吸收，病牛可用液状石蜡 600～800 毫升、人工盐 240～320 克，加水灌服；或滑石粉 450～600 克，加水灌服。

3）纠正酸中毒。病牛可用：

① 碳酸氢钠 100～150 克，加水一次灌服。

② 5% 碳酸氢钠注射液 200～800 毫升，一次静脉滴注。

③ 5% 硫代硫酸钠注射液 100～300 毫升，一次静脉注射。

④ 1% 碳酸氢钠溶液冲洗口腔和灌肠。

4）补充体液，缓解脱水。病牛可用 5% 葡萄糖生理盐水 1500～3000 毫升、25% 葡萄糖注射液 500 毫升、5% 碳酸氢钠注射液 500～1000 毫升，一次静脉滴注。

5）补钙。脱水解除后，10% 葡萄糖酸钙注射液 500～1000 毫升、20% 葡萄糖注射液 500 毫升，一次静脉滴注。

6）对症治疗。

① 对精神高度沉郁病牛，用 10% 安钠咖注射液 20～40 毫升，静脉或肌内注射，同时大量补液。

② 对兴奋不安病牛，用甘露醇注射液或山梨醇注射液 1000～2000 毫升，一次静脉滴注。

③ 继发感染时，可用环丙沙星、乳酸诺氟沙星等抗菌消炎。

注意

牛羊酒糟中毒的治疗，应先清理胃肠，防止毒物吸收；再补充体液，缓解脱水，纠正酸中毒；对症治疗同等重要，缺一不可。

三、典型病例介绍

2008 年 4 月，某县兽医站接诊一病牛。

【主诉】 春节过后一直给牛喂酒糟，没有什么事。这些天牛吃得少，经常拉稀，治疗几次，也不见好。

【临床检查】 病牛消瘦，精神沉郁，粪便稀薄，肷部凹陷，听诊瘤胃蠕动音减弱，蠕动次数减少，1 次/2 分钟，背部皮肤有疮疹。

【初步诊断】 酒糟中毒。

【处理措施】

1）液状石蜡 800 毫升、人工盐 300 克，加水适量灌服。

2）5% 葡萄糖生理盐水 3000 毫升、25% 葡萄糖注射液 500 毫升、5% 碳酸氢钠注射液 750 毫升、10% 安钠咖注射液 20 毫升，一次静脉滴注。

3）第二天复诊：10% 葡萄糖酸钙注射液 1000 毫升、20% 葡萄糖注射液 500 毫升，一次静脉滴注。

【转归】 2 周后回访，痊愈。

第八节 食盐中毒

食盐是动物维持生理活动必不可少的物质之一，适量的食盐，有增进食欲，增强消化机能，促进代谢活动的作用。当采食食盐过多或饲喂方法不当时，就会发生中毒，引起胃肠道炎症和脑组织的变性、水肿等病理变化，出现消化功能紊乱和神经症状。

一、临床诊断要点

1）有过量饲用食盐的病史。

2）病牛烦躁不安，口流白沫，反刍停止，腹痛、腹泻，排出血便，呈腹式呼吸，后肢麻痹或四肢瘫痪，常因窒息死亡。

3）剖检病变。胃肠黏膜潮红、肿胀出血，甚至脱落，尤以瓣胃和皱胃最明显；肠道内有暗红色软便；皮下、骨骼肌水肿，心包积液；膀胱黏膜明显发红。

二、主要防治措施

1. 预防措施

1）正确添加食盐，饲料中添加比例以 0.1%~0.4% 为宜，且要混合均匀。

2）保证充足的饮水。

3）兽医用高渗盐水静脉注射时，应掌握好剂量，防止发生中毒。

2. 治疗措施

1）停喂高盐饲料，改换其他优质饲料。发病初期大量供水，但要

少量多次给予，后期（出现水肿时）应限制饮水。

2）减少盐类吸收。病牛发病初期，内服黏浆剂如鸡蛋清、淀粉糊等；液状石蜡等油类泻剂；食醋1000毫升、三溴片20克，一次灌服。

3）促进盐类排泄。

① 0.1克/毫升溴化钾注射液（牛50～100毫升、羊10～20毫升）、25%葡萄糖注射液（牛500～1000毫升、羊100～200毫升），一次静脉滴注。

② 速尿（呋塞米），以每千克体重2毫克内服，每天2次。

4）制止渗出，降低颅内压，可选用以下药物。

① 10%葡萄糖酸钙注射液（牛100～200毫升、羊10～30毫升）、10%葡萄糖注射液（牛1000毫升、羊100毫升），一次静脉滴注。

② 10%氯化钙注射液（牛50～100毫升、羊30毫升）、10%葡萄糖注射液（牛1000毫升、羊200毫升），一次静脉滴注。

③ 5%溴化钙注射液（牛40～80毫升、羊20毫升）、10%葡萄糖注射液（牛1000毫升、羊200毫升），一次静脉滴注。

④ 20%甘露醇注射液（牛500～1000毫升、羊100～200毫升），静脉滴注。

5）对症治疗。

① 兴奋时选用以下镇静剂。

a. 盐酸氯丙嗪注射液，每千克体重1～3毫克，一次肌内注射。

b. 25%硫酸镁注射液10～20毫升，一次静脉注射。

c. 5%溴化钙注射液10～20毫升，一次静脉注射。

② 患有胃肠炎时，用环丙沙星或乳酸诺氟沙星肌内注射，防止继发感染。

注意

牛羊食盐中毒是常发病，其治疗原则为减少盐类吸收，促进盐类排泄，制止渗出，降低颅内压，对症治疗。各项同等重要，缺一不可。

三、典型病例介绍

1988年7月，某县兽医站接诊一病牛。

【主诉】　让牛去田里干活，出了很多汗，听人说饮水时要加点盐。加盐饮水后时间不长，发现牛不正常。

【临床检查】 病牛烦躁不安，口流白沫，反刍停止；腹泻，排血便；呼吸困难，呈腹式呼吸；后肢麻痹，站立不稳，卧地不起。

【初步诊断】 食盐中毒。

【处理措施】

1）淀粉糊1000毫升、液状石蜡500毫升，一次灌服。

2）0.1克/毫升溴化钾注射液100毫升、25%葡萄糖注射液1000毫升、25%硫酸镁注射液20毫升，一次静脉滴注；每天1次，连用3天。

3）10%葡萄糖酸钙注射液200毫升、10%葡萄糖注射液1000毫升、20%甘露醇注射液1000毫升，静脉滴注，每天1次，连用3天。

4）速尿，0.8克内服，每天2次，连用3天。

【医嘱】 停喂高盐饲料，改换其他优质饲料。发病初期少量多次给予饮水；出现水肿时限制饮水。

【转归】 2周后回访，痊愈。

第九节 萱草根中毒

萱草根中毒是由于牛羊采食了萱草（如北萱草、北黄花菜、小黄花菜、野黄花菜或金针菜）等植物的根而引起的中毒性（萱草根素中毒）疾病。其临床特征为瞳孔散大，双目永久性失明，四肢或全身瘫痪和膀胱麻痹，故又称“瞎眼病”。本病在我国的西北、东北、西南和华中的广大地区均有发生。

一、临床诊断要点

1）本病多发生于放牧绵羊和山羊，多发生在每年的12月和次年的3月，初春解冻前后，牧草青黄不接，草场上的萱草根开始萌发，放牧羊群饥不择食，用前蹄刨食而中毒。

2）症状特点为精神沉郁，双目失明，瞳孔散大，膀胱积尿，进而全身瘫痪，昏迷而亡。牛一次采食多量黄花菜根引起急性中毒时，初见精神沉郁，运步不灵，共济失调，饮食欲降低，离群不愿活动，尿频，腹痛、腹泻，咳嗽，全身颤抖，鼻镜干燥，目光呆滞，对光反射迟钝；继之停食，不反刍，兴奋不安，站立不稳，头角抵墙，四肢不时移动，结膜充血，瞳孔稍大，眼半睁半闭，弓腰努责，尿淋漓至尿闭；后期卧地不起，抽搐，牙关紧闭，角弓反张，四肢强直呈游泳状划动，瞳孔散大，失明，鼻流脓性分泌物，瘫痪，磨牙，呻吟，呼吸浅表，心音微弱，体温下降，心衰而

亡。中毒病羊，初见全身微颤，呻吟，常在1~2天内双目瞳孔散大呈圆形、失明，眼球水平震颤；继之后躯或四肢神经麻痹，不能站立，病羊在挣扎起立过程中，常表现为犬坐姿势、爬卧或俯卧仰头，或侧身躺卧，头颈伸直，前肢做游泳状划动；最后发展为全身瘫痪，多在2~4天内昏迷而死。

二、主要防治措施

1）枯草季节（冬季及初春季节），不去有萱草属植物密生的地方放牧；每天出牧前，给羊补食一部分干草，避免过度饥饿。

2）目前无特效治疗方法。对中毒较轻的牛羊，可及时清除胃肠道毒物，对症处理，精心护理，可以保住生命，消除其他症状，但瞳孔散大、双目失明之症是不可治愈的。

注意

牛羊萱草根中毒在农区为常发病，病死率很高，即使不死，也往往造成永久性失明。对于该病，重在预防。

三、典型病例介绍

2005年1月，某县兽医站接诊一病羊。

【主诉】　这几天都牵出去放牧，一直很好。今天发现羊不舒服，好像看不见东西。

【临床检查】　病羊双眼瞳孔散大呈圆形，眼球水平震颤，失明；站立困难，挣扎起立时，常见犬坐姿势或俯卧仰头或侧身躺卧，头颈伸直，前肢做游泳状划动。

【初步诊断】　萱草根中毒。

【处理措施】

1）液状石蜡80毫升、滑石粉80克，加水灌服。

2）5%葡萄糖生理盐水250毫升、5%碳酸氢钠注射液100毫升、20%安钠咖注射液5毫升，一次静脉滴注。

【转归】　最后全身瘫痪，于第3天昏迷而死。

注意

萱草根中毒，病死率很高。

第十节 尿素中毒

尿素是动物体内蛋白质代谢的终末产物，正常时随尿液排出体外。在牛羊饲养中，尿素可作为其蛋白质饲料来源，正常情况下，成年牛每天可喂尿素200~300克，但首次用量仅是正常量的1/10（即每天20~30克），其后逐渐增加，且喂后2小时才能饮水。若使用不当，如将尿素溶于水中饲喂，或拌料不均匀等，均可在体内形成多量的氨甲酸胺、碳酸铵和氨等有毒物质，引起中毒。

一、临床诊断要点

1）有饲喂尿素的病史。

2）牛食用过量的尿素后30~60分钟即可发病。初见不安，呻吟，肌肉震颤，痉挛，步态踉跄或卧地不起。继之，可见呼吸迫促，口鼻流出白沫，瘤胃臌气，心跳加快，可达100次/分钟以上。末期瞳孔散大，眼球痉挛，肛门松弛，重者经1~2小时死亡。

二、主要防治措施

1）在日粮中给牛羊添加尿素时，一要严格掌握用量，控制在全部饲料总干物质的1%以下，或精饲料的3%以下，不得过量；二要正确使用，严禁尿素溶在水中饲喂，避免出现中毒。

2）发现中毒病畜，立即灌服食醋500毫升；0.5小时后灌服茶叶水（制法：茶叶40克，加水1500毫升，煎30分钟）；连用2次。或1%醋酸溶液1000毫升、糖500~1000克，加水1000毫升，灌服。能抑制瘤胃中脲酶的活性，并中和尿素分解所产生的氨，均有良好效果。

3）瘤胃臌气严重的，立即用胃管或瘤胃穿刺放气；继之灌服1%甲醛溶液1500~5000毫升，甲醛能与氨结合形成乌洛托品从尿中排出而解毒。

4）奶牛中毒，可用25%葡萄糖注射液1000毫升、10%葡萄糖酸钙注射液300毫升、3%过氧化氢溶液100毫升、10%安钠咖注射液20毫升、10%维生素C注射液50毫升，混合静脉滴注；同时，胃管投服醋1000毫升。

5）5%硫代硫酸钠注射液100~300毫升、10%葡萄糖注射液1000毫升，混合静脉滴注；或10%葡萄糖酸钙注射液100~200毫升静脉滴注。

注意

给牛羊饲喂尿素补充氮素，在牛羊的育肥中是常规措施，故尿素中毒是常发病，也是病死率较高的中毒病。对该病的防治，重在预防，严格控制添加量，掌握正确的添加方法，至关重要。

三、典型病例介绍

2006年7月，某县兽医站接诊一病牛。

【主诉】 上午给玉米施化肥（尿素），中午回家，把洗化肥袋子的水给牛喝了，过了一会儿，牛表现不安静，全身打战，走路不稳，怀疑中毒。

【临床检查】 病牛站立不稳，呼吸迫促，口鼻流出白沫，瘤胃臌气，心跳加快，可达100次/分钟以上。

【初步诊断】 尿素中毒。

【处理措施】

1）先用胃管放气，后灌服1%甲醛溶液3000毫升。

2）5%硫代硫酸钠注射液200毫升、10%葡萄糖注射液1000毫升、10%安钠咖注射液20毫升、10%维生素C注射液50毫升，一次静脉滴注，每天1次，连用3天。

【转归】 2周后回访，痊愈。

第十一节　瘤胃酸中毒

牛羊瘤胃酸中毒又称牛羊谷物酸中毒，是由于采食大量谷物或其他富含碳水化合物的精料后，导致瘤胃内产生大量乳酸而引起的一种急性代谢性酸中毒。本病常发于奶牛和乳山羊，临床特征主要是消化机能障碍、瘤胃运动停滞、脱水、酸血症、运动失调、衰弱，常引起死亡。

一、临床诊断要点

1）有采食过量玉米、大麦、小麦、稻谷、高粱等谷物饲料或日粮中精饲料比例过高；长期饲喂酸度过高的青贮饲料或采食过量苹果、青玉米、甘薯、马铃薯、甜菜等含糖分高的饲料的病史。

2）本病呈散发，1~6胎发病的占75%，一年四季都可发生，但以冬春较多；临产前、后3天内母牛发病最多；产乳量越高，越易发病。

3）发病急剧，病程短，病死率高，死亡数占发病的85%；不见任

何临症而死的占46.8%，发病24小时内总死亡数占81%。

4）发病多在喂料后4~8小时内，特别是饲喂多量玉米后，常呈急性中毒。最急性型病例，常在无任何症状的情况下，于采食后3~5小时内突然死亡，或仅见精神沉郁，喜卧，有时出现腹泻，昏迷，很快死亡。

5）急性型病例。病畜行动迟缓，步态不稳，瘤胃鼓胀，内容物多为液体；初卧地时多呈犬坐姿势，不久即横卧地上，四肢强直，双目紧闭，头有时向背部弯曲或甩头，呻吟，磨牙，体温正常或稍高（39.5℃左右），心跳加快（100次/分钟左右），呼吸急促(50次/分钟以上)，常于发病后1~3小时内死亡。

6）亚急性型病例。病畜表现精神沉郁，食欲减退，反刍停止，鼻镜干燥，无汗，眼球下陷，肌肉震颤，走路摇晃，有的排黄褐色或黑色、黏性稀粪，有时含有血液，少尿或无尿，有的卧地不起，此种类型多发生于分娩后3~5小时，病程可持续4~7天，多以死亡告终。

7）轻微病例。病畜精神惊恐，食欲减退，反刍减少，瘤胃蠕动减弱，瘤胃胀满，呈轻度腹痛，粪便松软或腹泻。若无特殊变化，一般经3~4天，可自动恢复。

8）鉴别诊断。要注意与瘤胃积食和急性瘤胃臌气相区别。瘤胃内多为液体和脱水体征明显，对瘤胃酸中毒有诊断意义。

二、主要防治措施

1. 预防措施

1）加强饲养管理，供给充足的优质干草，控制精料饲喂量；青贮饲料酸度过高时，要经过碱处理后再饲喂。

2）若特殊需要，饲料中精料较多时，按混合饲料总量计算，加入2%碳酸氢钠、0.8%氧化镁或2%碳酸氢钠与2%硅酸钠。

3）母羊产前和产后往往日粮中精料比例较高，要进行健康检查，发现尿液的pH下降、酮体阳性者，须及时调整和治疗。

2. 治疗措施

1）因进食大量谷物或精料而导致发病且病情急剧的，可施行瘤胃切开术，排空内容物，并用3%碳酸氢钠溶液或温水反复洗涤瘤胃，以除去胃壁上的乳酸。

2）一般病例，采用洗胃方法来清除瘤胃内的乳酸。用较大口径胃管，1%~3%碳酸氢钠溶液或石灰水（石灰水的配比：生石灰1千克，加水5升，充分搅拌，取其上清液）反复冲洗，直到胃液成碱性为止，最后再灌入冲洗液500～10000毫升于瘤胃内（根据体格大小，确定灌入量），以中和瘤胃内的乳酸及其他挥发性脂肪酸（操作参见第二章第三节）。

3）解除脱水。生理盐水或5%葡萄糖生理盐水注射液（牛8000～10000毫升、羊1000～2000毫升）、20%安钠咖注射液（牛10～20毫升、羊5毫升）、40%乌洛托品注射液（牛20～40毫升、羊5～10毫升），一次静脉滴注，每天1次，连用2次，以补充体液；同时可加入5%碳酸氢钠注射液（牛1000～1500毫升、羊100～200毫升），以解除体内积存的酸性物质。

4）为防止继发瘤胃炎、急性腹膜炎或蹄叶炎，消除过敏反应，可肌内注射抗生素，如青霉素、链霉素、四环素，肌内注射盐酸异丙嗪注射液（一次量：牛0.25～0.5克、羊0.05～0.1克）或盐酸苯海拉明注射液（一次量：牛0.1～0.5克、羊40～60毫克）等。

5）当病畜烦躁不安、严重气喘时，可静脉滴注山梨醇或甘露醇注射液（牛1000～2000毫升、羊100～250毫升），与4倍量的5%葡萄糖生理盐水注射液，一次混合静脉注射，每天早晚各1次。

6）病畜全身中毒减轻，脱水有所缓解，但仍卧地不起时，可适当注射水杨酸类药物和低浓度（5%以内）钙制剂。

注意

牛羊瘤胃酸中毒病情急剧，病死率很高。治疗原则为清除瘤胃内的乳酸，大量补液解除脱水和酸中毒，防止并发症，对症治疗等。要注意及时实施治疗措施，以免贻误最佳治疗时机。

三、典型病例介绍

1992年9月15日，某县兽医院接诊一病牛。

【主诉】　上午牛缰绳开了，在院子里吃了一些玉米穗，下午不吃草，开始胀肚子。

【临床检查】　病牛精神沉郁，鼻镜干燥，眼球下陷，食欲废绝，反刍减少，瘤胃鼓胀，瘤胃蠕动减弱，腹泻；惊恐不安，轻度腹痛。体温39.5℃，心跳90次/分钟左右，呼吸45次/分钟。瘤胃触诊，液体较多。

【初步诊断】 瘤胃酸中毒。

【处理措施】

1）洗胃。用较粗胃管，以石灰水反复冲洗瘤胃，直到胃液成碱性为止，最后再灌入冲洗液约1000毫升。

2）补液、缓解酸中毒。5%葡萄糖氯化钠注射液5000毫升、20%安钠咖注射液20毫升、40%乌洛托品注射液30毫升、5%碳酸氢钠注射液1000毫升，一次静脉滴注，每天1次，连用2天。

3）注射用青霉素钾400万国际单位、硫酸链霉素300万国际单位，混合肌内注射，每天2次，连用3天。盐酸氯丙嗪注射液10毫升，一次肌内注射。

【医嘱】 喂给少量优质青草，不喂精料。

【转归】 1周后回访，痊愈。

第十二节 犊牛水中毒

本病是犊牛大量饮水后排出红尿（血红蛋白尿）的一种疾病，实质上是一种急性低渗性溶血现象。有人认为，犊牛一次饮用占体重8%左右的水时就会发病。

一、临床诊断要点

1）发病的多是6月龄以内犊牛，尤其是断乳前后的牛极易发生，1岁以上牛不发生。

2）突然发病，犊牛大量饮水后10~20分钟，排出血红蛋白尿。轻症病例尿液呈浅红色，无其他异常表现；重症病例尿液初呈红褐色，体温呈一时性下降，呼吸、脉搏减慢；继而腹部膨大，精神逐渐沉郁，呼吸加速，口鼻流出泡沫状液体。最后精神高度沉郁，出汗，可视黏膜苍白，浑身发抖，肠蠕动明显亢进，排出水样粪便，排尿次数和尿量逐渐增加，尿液变为暗红色。

二、主要防治措施

1. 预防措施

1）注意犊牛的饮水管理，采取少量多次的方法供给犊牛饮水，尤其在夏季（6~8月），犊牛处于不能自由饮水的环境中，每次饮水量控制在体重的8%以下。

2）若给犊牛提供的饮水中加入0.4%~0.8%的食盐，可有效预防本

病发生。但要注意摄入的食盐量，避免食盐中毒。

2. 治疗措施

1）轻症病例。一般不用处理，1~2天可自行痊愈。

2）重症病例。

① 病初可按每100千克体重5%食盐水600毫升的剂量灌服。

② 10%氯化钠注射液300毫升，缓慢静脉滴注；同时10%安钠咖注射液5~10毫升、速尿注射液2~4毫升，分别肌内注射。

③ 呼吸困难的严重病例，可行输氧治疗。

三、典型病例介绍

1995年8月，某县兽医院接诊一患病犊牛。

【主诉】 出生5个多月的小牛，中午从地里回来，喝了一些水，一会儿就排红色尿。

【临床检查】 病牛精神沉郁，呼吸浅快，口鼻流出泡沫状液体，全身出汗，眼结膜苍白，浑身发抖，腹部膨大，腹泻，粪便呈水样，频频排尿，尿液为暗红色。听诊：肠蠕动音明显亢进。体温37℃，呼吸83次/分钟，脉搏105次/分钟。

【初步诊断】 犊牛水中毒。

【处理措施】

1）10%氯化钠注射液250毫升×1瓶，缓慢静脉滴注。

2）10%安钠咖注射液10毫升×1支，肌内注射。

3）速尿注射液2毫升×2支，肌内注射。

【医嘱】 2天内，少量多次给予加入0.5%食盐的饮水。

【转归】 1周后回访，痊愈。

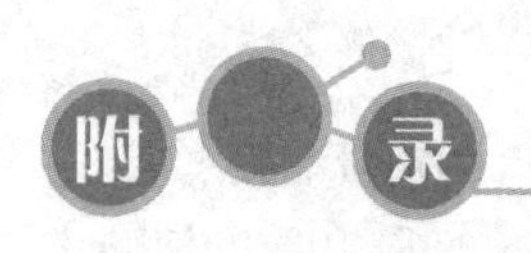

附录 常见计量单位名称与符号对照表

量的名称	单位名称	单位符号
长度	千米	km
	米	m
	厘米	cm
	毫米	mm
面积	公顷	ha
	平方千米（平方公里）	km^2
	平方米	m^2
体积	立方米	m^3
	升	L
	毫升	mL
质量	吨	t
	千克（公斤）	kg
	克	g
	毫克	mg
物质的量	摩尔	mol
时间	小时	h
	分	min
	秒	s
温度	摄氏度	℃
平面角	度	(°)
能量，热量	兆焦	MJ
	千焦	kJ
	焦［耳］	J
功率	瓦［特］	W
	千瓦［特］	kW
电压	伏［特］	V
压力，压强	帕［斯卡］	Pa
电流	安［培］	A

参考文献

[1] 李国江．动物普通病［M］．3 版．北京：中国农业出版社，2008.
[2] 东北农业大学．兽医临床诊断学［M］．3 版．北京：中国农业出版社，2007.
[3] 张建岳．新编实用兽医临床指南［M］．北京：中国林业出版社，2003.
[4] 张秀美．新编兽医实用手册［M］．济南：山东科学技术出版社，2006.
[5] 沈永恕，吴敏秋．兽医临床诊疗技术［M］．2 版．北京：中国农业大学出版社，2009.
[6] 蔡宝祥．家畜传染病学［M］．4 版．北京：中国农业出版社，2001.
[7] 陈杖榴．兽医药理学［M］．2 版．北京：中国农业出版社，2002.
[8] 张宏伟，杨廷桂．动物寄生虫病［M］．北京：中国农业出版社，2009.
[9] 汪明．兽医寄生虫学［M］．3 版．北京：中国农业出版社，2003.
[10] 陆承平．兽医微生物学［M］．4 版．北京：中国农业出版社，2007.
[11] 王凤英，晋爱兰．羊病防治问答［M］．北京：化学工业出版社，2008.
[12] 朱金凤．兽医临床诊疗技术［M］．郑州：河南科学技术出版社，2007.
[13] 李昉．动物微生物［M］．北京：中国农业出版社，2006.
[14] 晋爱兰．羊病防治技术［M］．北京：中国农业大学出版社，2004.
[15] 王凤英，于振洋．肉羊舍饲技术指南［M］．北京：中国农业大学出版社，2004.
[16] 陈怀涛．牛羊病诊治彩色图谱［M］．北京：中国农业出版社，2004.
[17] 刘振相，姚卫东．畜禽传染病［M］．北京：中国农业大学出版社，2008.
[18] 羊建平，梁学勇．动物微生物［M］．北京：中国农业大学出版社，2011.
[19] 石冬梅，李玉冰．动物普通病学［M］．北京：中国农业大学出版社，2008.
[20] 李玉冰．兽医临床诊疗技术［M］．北京：中国农业出版社，2006.

特点：按照养殖过程安排章节，配有注意、技巧等小栏目

定价：29.80

特点：360张临床诊断图，全彩印刷

定价：59.80

特点：养殖技术与疾病防治一本通

定价：29.90

特点：按照养殖过程安排章节，配有注意、技巧等小栏目

定价：29.80

特点：按照养殖过程安排章节，配有注意、技巧等小栏目

定价：26.80

特点：常见羊病的诊断、类症鉴别与防治，全彩印刷

定价：35.00

特点：按照养殖过程安排章节，配有注意、技巧等小栏目

定价：22.80

特点：快速育肥技术与疾病防治一本通

定价：25.00

特点：按照养殖过程安排章节，配有注意、技巧等小栏目

定价：29.80

特点：按照养殖过程安排章节，配有注意、技巧等小栏目

定价：29.80